草坪养护技术

赵美琦　孙　彦　张青文　主编
邵敏健　主审

中国林业出版社

图书在版编目(CIP)数据

草坪养护技术/赵美琦 等主编. -北京:中国林业出版社,2000.9
(走近草坪)
ISBN 7-5038-2531-6

Ⅰ.草… Ⅱ.赵… Ⅲ.草坪-观赏园艺 Ⅳ.S688.4

中国版本图书馆 CIP 数据核字（2000）第 51443 号

草坪养护技术

出版 中国林业出版社(100009 北京西城区刘海胡同 7 号)
E-mail cfphz@public.bta.net.cn **电话** 66184477
发行 新华书店北京发行所发行
印刷 三河市富华印刷包装有限公司
版次 2001 年 1 月第 1 版
印次 2003 年 1 月第 2 次
开本 787mm×960mm 1/16
印张 17 插页:2
字数 313 千字
印数 5001～8000 册

定价 29.80 元

“走近草坪”编委会

序

草坪是人类最古老的伴侣。

草坪作为一个独立的产业，出现于16世纪，但中国的草坪业却是在20世纪80年代初随着改革开放和现代化的建设而迅速发展起来的。目前全国草坪经营单位超过2000家，草坪从建植到营销管理已趋于专业化和产业化。

很高兴看到“走近草坪”系列丛书得以出版，这得益于草坪业这一朝阳产业的繁荣与发展。《草坪植物种植技术》对我国常见的不同类型草坪草的特征和栽培技术进行了较详尽的介绍，同时介绍了草坪建植的多种方法。《草坪养护技术》全面介绍草坪建植后的草坪养护管理技术，对常见的草坪病害、虫害、草害和防除控制措施进行了系统地阐述。

《草皮生产技术》是为草坪建植更趋于专业化提供技术知识保障。草坪利用的历史虽然悠久，但草皮真正成为一种商业性的产品还是在近代从美国发展起来的。20世纪20年代，美国东海岸的农场主对野生的草地早熟禾进行修剪，使它看起来更像是真正的草坪，然后按一定的形状将草皮切割下来进行出售。到了40年代草皮切割机的问世，使得草皮按均一厚度进行切割的效率大大提高，60年代以后随着草皮综合建植技术的发展和养护设备的出现，草皮业成为真正的产业。草皮业现已发展到可根据市场的实际需要生产出专用的草皮。近年来，人们对草坪建设的要求不断提高，环境绿化意识也日益加强，我国的草皮生产从无到有，以几何级数增长，目前草皮生产面积已超过10 000hm^2。

草皮的建植从早期移植野生草皮到种子直播，再发展到用人工生产草皮进行直接铺植，草坪的建植手段的变化透视出草坪业集约化和专业化的发展历程。

我们相信，中国草坪业在大家的努力下必将形成自己的规范和秩序，健康稳步地发展。

愿这套丛书的出版，为我国草坪业的可持续发展起到积极地推动作用。

中国工程院院士 汪建周

2000年8月18日

前 言

草坪是城市景观生态系统的重要组成部分。它的面积及质量已成为衡量城市园林绿化水平、环境质量、精神风貌和文化素质的标准之一。因此，草坪作为一个迅速发展的行业，日益为社会各界所关注。在人类栖身的生态系统中，有着不可替代的作用。它不仅能形成美丽的生活环境，提供运动、娱乐场所和保持水土；还具有净化空气、吸收有害气体、滞尘降尘，减缓太阳辐射、防止噪音；调节和改善城市气候等作用。如：1 公顷草坪吸收 CO_2 900 kg/h，放出 O_2 650 kg/h，若以成人日呼吸 0.75 kg O_2，排出 0.9 kg CO_2 计，每人有 25～30 m^2 的草坪就能把呼出的 CO_2 全部转化为 O_2；草坪可以吸收 NH_4、H_2S、SO_2、NO、HF 和 Cl_2 等有害气体，草坪上空大气中的 SO_2 含量比裸地上空减少 20%；减尘作用比裸地大 70 倍；夏季草坪的地温比裸露地面平均低 3℃，冬季又能平均提高地面温度 4℃；另外，一般草坪可提高附近空气湿度 20% 左右。正是由于草坪的这些特殊功能，使草坪业在国际市场上有很大的竞争力。

我国自改革开放以来，草坪业已步入大规模发展的新时期，几乎每年都以 5%～15% 的速度发展。但是，由于我国草坪科学的滞后，在草坪业的迅速发展过程中，草坪建植和养护管理水平还较落后，草坪质量不高，控制病、虫、杂草危害的有效方法还不多，有关科学养护管理方面的实用性书籍不够丰富，也缺乏系统性，有自己独特管理经验的总结就更少，这些问题的存在，在一定程度上影响和制约了我国草坪业发展的进程。为推动我国草坪业健康、稳步、有序、科学地发展，作者在总结了几年来在草坪建植和养护管理等方面的科研和实践工作的基础上，吸收借鉴了国内外有关最新成果，本着理论和实践、科学性和实用性相结合的原则，编著了“草坪养护技术”一书。

本书共分九章，第一章强调了“建”与“养”的关系，突出了科学建植是养护管理的基础和建植的重要作用；第二章至第五章具体介绍了草坪建植后灌水、施肥、修剪、及滚压、打孔、疏草等基本养护措施的实施方法；第六章至第八章就目前我国草坪上发生的主要病害、虫害和草害，详细介绍了识别与诊断的方法及其有效控制措施，同时阐述了草坪有害生物综合治理的原理，探讨了组建综合治理技术体系的途径；第九章总结了近年来不同功能类型草坪养护管理的经验。书中附有“养护管理工作历”、“病虫害防治表”等。

本书可供草坪科技工作者、从事草坪养护管理人员，植保工作者、及其他有关草坪业生产者阅读和参考。

本书是在多位作者共同努力、团结合作的基础上完成的。第一章至第五章、第九章由孙彦编写，第六章、第八章由赵美琦编写，第七章由张青文、王刚编写。由于作者水平有限，书中难免存有错误或遗漏，敬请读者批评指正。

最后，对在本书编写过程中，给予关心、支持、帮助的朋友和同志，予以真诚的感谢。

赵美琦

2000 年 8 月 16 日

目　录

第五章 草坪其他养护技术 ……………………………… (83)

第六章 草坪病害诊断与防治 ……………………………… (93)

第七章 草坪虫害 ……………………………… (156)

第八章 草坪杂草及其防除 ………………………… (205)

第九章 草坪养护示例 ………………………… (227)

附录

草坪养护基础

草坪建植是草坪养护的基础，只有建植后才能进行养护管理，草坪的建植也称“建坪”。就常规而言，建坪主要包括：坪床的准备、草坪草种的选择、建植过程和种植后的养护管理4个主要环节。

第一节 坪床的准备

通常情况下，坪床准备的好坏很大程度上决定着建坪的成败，坪床是草坪草生长的基础，良好的坪床才能为草坪草生长提供必需生长条件。场地的准备一般包括以下步骤：①环境的调查与土壤的评价；②坪床的清理；③杂草防除；④造型和初平整；⑤草坪面积的测量；⑥旋耕并加土壤改良剂；⑦安装地下排灌系统（可选择）；⑧固定边界（可选择）；⑨精平整；⑩滚压和浇水。

一、环境的调查与土壤的评价

（一）气象因素

气象因素对草坪坪床准备的影响主要是降雨量的影响，降雨量多并且集中的地区，排水设施应放在首位来考虑，而降雨量少的干旱地区灌溉系统就特别重要。

（二）地形因素

地形决定大面积地表的排水状况，地表低洼就应回填土，避免坪床积水，尤其是运动场场地更要注意地形对排灌的影响。

（三）土壤因素

1. 土壤粒级

根据土粒大小与性质的不同，可分为若干等级，称为粒级。土壤粒级一般分为砾石、沙粒、粉沙粒和黏粒。根据中国土壤情况，中国将土粒分为5

级（表 1-1）：石块、砾石、沙粒、粉粒和黏粒。其中沙粒以二氧化硅为主所含养分少，大部分以难溶形式存在，供肥能力低，而黏粒养分含量高且多呈可交换的有效状态，故供肥能力强。

表 1-1　中国土粒分级标准

名称		粒径（mm）
石块		＞3
砾石		3～1
沙粒	粗沙粒	1～0.25
	细沙粒	0.25～0.05
粉粒	粗粉粒	0.05～0.01
	中粉粒	0.01～0.005
	细粉粒	0.005～0.002
黏粒	粗黏粒	0.002～0.001
	细黏粒	＜0.001

2．土壤质地

土壤质地是指土壤中沙、粉粒和黏土的量或比例。在土壤中三者重量百分比决定着质地类别（表 1-2）。

表 1-2　中国土壤质地分类

质地名称		颗粒组成（%）		
		沙粒	粗粉粒	细黏粒
砂土	粗砂土	＞70		
	细砂土	≥60～≤70		
	面砂土	≥50～＜60		
壤土	沙粉土	≥20	≥40	＜30
	粉土	＜20		
	粉壤土	≥20	＜40	
	黏壤土	＜20		
	沙黏土	≥50		≥30
黏土	粉黏土			≥30～＜50
	壤黏土			≥35～＜40
	黏土			≥40～≤60
	重黏土			＞60

（1）沙土类　沙性土沙粒含量＞50%，粒间空隙大，土质疏松，通气性好，水分渗入快，但水分不易保持，土壤易干燥，若使草坪草能正常生长，必须经常灌溉。沙性土所含养分少，并且吸肥、保肥能力差，所以施肥宜少量多次。

（2）黏类土　黏性土含黏粒＞30%，粒间空隙小，通气不良，透水性差，持水性强，易积水，所以黏性土要注意排水。黏性土养分含量丰富，保肥能力强。

(3) 壤土类　介于沙土和黏土之间，土壤中沙粒、粉粒和黏粒比例适当，具有沙土和黏土的优点。通气透水性能好，保水保肥能力也强，含水量适中，土壤较稳定，是比较理想的土壤。

3. 土壤反应

土壤反应是指土壤的酸度和碱度。pH 值是用于度量酸碱度的，土壤 pH＝7.0 为中性，pH＞7.0 呈碱性，pH＜7.0 呈酸性（表 1-3）。

表 1-3　土壤酸碱度分级

等级	强酸	酸性	中性	碱性	强碱
pH 值	＜5.5	5～6.5	6.5～7.5	7.5～8.5	＞8.5

土壤的酸碱度对草坪草影响很大，过酸过碱都使土壤中的营养不易被草坪草吸收。草坪草最适宜的 pH 值为 6.5～7.0（表 1-4）。在建植草坪前可以进行土壤调节使其适宜草坪草生长。

表 1-4　主要草坪草适宜 pH 值

草坪草种	适宜 pH 值	草坪草种	适宜 pH 值
普通狗牙根	5.7～7.0	一年生早熟禾	5.5～6.5
改良狗牙根	5.7～7.0	草地早熟禾	6.0～7.0
巴哈雀稗	6.5～7.5	普通早熟禾	6.0～7.0
野牛草	6.0～7.5	加拿大早熟禾	5.5～6.5
地毯草	5.0～6.0	一年生黑麦草	6.0～7.0
假俭草	4.5～5.5	多年生黑麦草	6.0～7.0
结缕草	5.5～7.5	细羊茅	5.5～6.8
沟叶结缕草	5.5～7.5	苇状羊茅	5.5～7.0
钝叶草	6.5～7.5	细弱翦股颖	5.5～6.5
格兰马草	6.5～8.5	匍匐翦股颖	5.5～6.5
冰草	6.0～8.0	绒毛翦股颖	5.0～6.0
猫尾草	6.0～7.0	无芒雀麦	6.0～7.5

4. 土壤质地的测定

在草坪建植之前，一般需要进行土壤质地的测定，根据用途进行土壤改良。

(1) 实验室分析　土壤质地最精确的测定方法是采用实验室分析方法。分析步骤一般为：将水装到 1 L 瓶的 2/3 处；加一茶匙洗碗碟的清洁剂。清洁剂起分散剂作用，可使土壤团聚体离散成单粒；加土壤直到水位接近瓶口。拧紧瓶盖，用力摇瓶 5 min；停止摇动后，沙即刻开始沉到瓶底，1 min

之内将完全沉下；所有的粉粒（粉沙）在几小时内就会沉下，并在沙层上面形成第二层；小粘土粒将长时间留在悬浮液中。

(2) 用感觉测定　用触摸土壤来估计质地，下面列出了比较重要的和最易分辨质地类别的特征。

① 沙　沙粒比粉粒和黏土大些，触摸有明显的硬渣感觉，在母指和食指之间摩擦时，可感觉到单个的沙粒；用手挤湿沙时尚能握在一起，而一旦去掉压力，用手触摸，又很容易碎裂。

② 砂质壤土　由50%以上的沙粒组成，触摸时有沙的感觉，也含有足够的粉粒和粘粒，稍有凝结性，若挤压湿土，便会粘在一起，用手触摸也不会破碎。

③ 壤土　壤土的凝结力与沙质壤土相似，但感觉不同。壤土约含25%～50%的沙，因此有沙的感觉，但也含有足够的粉粒和黏土粒，触摸时又有光滑的感觉，但不能形成条带。

④ 粉（粉沙）壤土　含粉粒50%以上，粉粒有柔软、光滑的感觉，干粉壤土犹如面粉或扑粉。

⑤ 黏壤土　含黏土近30%～40%，较细的微粒，有光滑感，同时含有足够的沙，触摸时有沙的感觉。粘壤土有较大的凝结性，湿时很黏，能搓捻成条。

⑥ 黏土　黏土至少含40%，质地细，湿黏土很容易滚成一条长带。

用感觉测定土壤质地技术能迅速估计出场地的土壤性质，但需要有准确的测定经验。

二、坪床的清理

清理场地的木头、石块、大树根和草根等。必要时要进行土壤过筛，以筛出大块石头、大土块及其他的杂物。

三、杂草的防除

杂草的主要防治方法：

(1) 在大多数杂草结籽时（多为夏季）用锄头或用灭生性除草剂如草甘膦、卡可基酸等灭除。

(2) 在大多数杂草正活跃生长时（春季或夏季），喷施草甘膦来防治一些多年生难治的杂草如狗牙根，如多数为阔叶杂草，就采用2，4-D丁酯等防除阔叶杂草的除草剂来处理，处理1周或2周后方可播种或铺草皮。

(3) 在杂草没有出苗前（春季或秋季），可用氟乐灵等土壤处理剂进行土壤处理来灭除杂草。

(4) 土壤熏蒸法，此方法在任何时候均可进行。熏蒸剂不但能除灭杂草，也能杀死土壤中的害虫。熏蒸 3 周后，种植一点能快速发芽的种子如萝卜或白菜等来测试土壤是否安全，若所种的萝卜或白菜能发芽且开始正常生长，说明可安全地播种草坪草或铺草皮。

(5) 浇水让杂草萌发后再灭除，重复此过程，直至无杂草萌发为止。

(6) 早期耕翻或耙地，早期耕翻也是诱发杂草萌发的方法，等杂草长出后除掉，并反复多次。在杂草幼小时也可用耙地的方法把杂草幼苗除掉。

四、坪床初平整和造型

整个坪床应设一个理想的水平面，作业时应把标桩钉在固定坡度水平之间，按照所需进行造型。通常是挖掉部分突起部分和填平低洼部分，填方应考虑填土的沉陷问题，细土通常下沉 15%（每米下沉 12～15 cm），填方后应镇压。表面排水应考虑适宜的坡度，坡度的大小要根据场地的用途需求而定，一般为 1%～2%。运动场通常是隆起的，以便排水，高尔夫球场的发球台和球道则应在一个或多个方向向障碍区倾斜。在建筑物附近，坡度应是远离房屋的方向。

五、草坪面积的测量

为了建植草坪，估计所需草坪草种子、草皮和改良剂的数量，避免盲目购料，引起料的缺乏或过多浪费，草坪面积测量可以用长卷尺，规则的场地可用公式来计算，如长方形面积＝长×宽。不规则的场地应先划分出规则的部分，边缘不规则的地方可按最接近的规则形状来计算。

六、旋耕与土壤改良

土壤改良只是在必要或资金较充足的条件下进行，土壤贫瘠或过酸过碱均必需进行土壤改良，不改良会对建植后的草坪带来严重的问题，给养护增加困难。土壤改良是在草坪建植地块初步所需的坡度已经确定后，进行旋耕时添加土壤改良剂。添加土壤改良剂时通常用铲或旋耕机将改良剂均匀掺合至土壤上层 15～20 cm。因为草坪草根系大多数生长在 0～15 cm 或 20 cm 土层。土壤改良一般包括土壤质地的改良和土壤酸碱度的改良两种。

一般草坪草在壤土上能生长良好，而在沙土或黏重土壤上生长不良。在沙土中掺黏，黏土中掺沙是一个办法。用有机物质改良是最好的方法。掺合的有机质必须在土壤上层 15～20 cm 处完全混合，需均匀撒布在土壤上，一般有机物质占土壤体积的25%，也就是掺合大约5 cm厚有机质或再多些效果更好。有机质来源有泥炭、堆肥、锯末等。泥炭是一种优良的土壤改良物质，由于其有效性而被广泛使用。将1.2～4.8 m^3 泥炭加在100 m^2 的面积上，相当于铺上1.3～5 cm厚的一层，泥炭在混入土壤前应弄湿。用腐熟的堆肥也可以。

在我国南方高温多雨和长期施用硫酸铵、氯化铵等酸性盐或生理酸性盐肥料的地区，一般土壤呈酸性。对酸性土壤的改良一般采用石灰，即磨细的石灰石粉，而且越细越好，白云石粉它含有钙和镁，在缺镁土壤上应用较好。在已建成的草坪上施用石灰石粉，每次用量以244 g/m^2 为宜，应撒布均匀，因遗漏处土壤酸性无法中和。下次施用应间隔数月以上。否则会使表土碱性过高，在每次施用时必须进行土壤测试，以确定用量。提高土壤pH值所需石灰石的量见表1-5。

表1-5　提高土壤pH值至6.5所需石灰石的量（kg/100 m^2）*

土壤原始的pH值	沙土	砂壤土	壤土	粉壤土	黏壤土与黏土
4.0	29.3	56.2	78.6	94.2	112.3
4.5	24.9	46.8	64.9	78.6	94.2
5.0	20.0	38.1	51.8	63.0	74.2
5.5	13.7	29.3	38.1	44.9	51.8
6.0	6.9	15.6	20.0	24.9	26.8

注：*在沿海地区施用量大约减少一半。

我国北方，气候干燥，降水少的地区，土壤一般为偏碱性，可采用施石膏、磷石膏、硫磺方法改良。过磷酸钙是酸性肥料，对降低pH值也有一定作用。硫酸铵和硫酸铁等肥料也有类似的作用。施用改良剂降低土壤pH值所需元素硫的量见表1-6。

表1-6　降低土壤pH值至6.5所需元素硫的量（kg/100m^2）

土壤原始的pH值	沙　土	砂壤土	壤　土	粉壤土	黏壤土与黏土
8.5	22.50	24.87	27.88	30.79	33.69
8.0	13.67	15.18	16.58	19.48	22.50
7.5	5.34	6.89	8.83	9.80	11.19
7.0	0.96	1.08	1.94	2.48	3.44

作为基肥可施混合肥或复合肥，一般为高磷、高钾、低氮，如每平方米可施5～10 g硫酸铵、30 g过磷酸钙、15 g硫酸钾的混合肥做基肥。若草坪是在春季建植时，氮肥施量可适当增大。

用旋耕机以交叉方向来回旋耕，以确保所施肥料、有机物质、石灰石粉、硫等混匀，混入的土深为 15～20 cm。

七、地下排灌系统的安装

如果降水量少的干旱地区，灌水系统就很重要，若降水量多并且集中的地区，排水设施就应放在首位。是否安装地下排灌系统要根据当地的降雨情况、场地的用途、资金等条件决定。

排水有主排水管和支排水管，主管与支管常常排列成篦状或人字形。排水管一般应在草皮表面以下 40～90 cm 处，保持 0.5％或更大的坡度。为防止淤塞，支管在进入主管处有一个 45°角，若为 90°角，则水流缓慢，而且排不出沉淀物。支管间的距离要依土壤质地而定。在紧实的黏土中，间隔 6.1 m；而在砂质土中，间距以 30 m 为宜。

足球场等运动场草坪可设置砂槽地面排水系统，砂槽一般宽 6 cm，深 25～37.5 cm 的沟，沟间距 60 cm，并与地下排水沟垂直，上面填满细砂或中砂用碾磙压实。

常用的地下排水管有陶管或水泥管，穿孔的塑料管也较普遍。在排水管周围应放一定厚度的砾石，以防细土粒堵塞管道。

灌水可用地上水车喷灌、安装地下喷灌系统、漫灌等。喷灌系统比较普遍。在有条件的情况下，均可安装地下喷灌系统，喷灌设计在“灌溉”一章将详细介绍。

八、固定边界

边界的固定是根据需要而定，一般要求不高的草坪不需要固定边界，而对于要求水平高的草坪如高尔夫球场或设计一定图案的草坪要严格固定边界，边界的固定可用标桩作指示，划好边界，以保证所设计图案的完整与正确实施。

九、坪床的细平整

各种排水与喷灌系统安装完后，要用耙、重钢垫（糖）、板条大耙和钉齿耙等，细平整应在播种前进行，防止土壤板结，同时注意土壤的湿度，最终达到坪床表面平滑。

十、滚压与浇水

坪床准备的最后步骤为滚压与浇水。滚压时土壤应潮湿（土在手中可捏成团，落地后散开即可），通常选用重 100～200 kg 滚子镇压，镇压应以垂直方向交叉进行。如果发现由于安装管道等，在浇水后土壤下陷不平，重复第九、第十步，直到坪床几乎看不到脚印或脚印深度<5 cm 为止。同时还要检查坡度是否符合要求，以便及时纠正。

第二节　草坪草种的选择

选择草种应考虑对草坪质量的要求和可提供的养护水平。密度、质地、色泽是审美考虑的基本因素。但重要的是要考虑所选择的草种要适应当地的环境条件。要根据所处的地理环境、土壤条件、使用目的、草坪草的特性及其他如资金等条件来选择。

一、草坪草种选择的依据

（一）根据地理环境选择

由于我国地域辽阔、地形复杂、气温与降水量有很大差异。一般来说，冷季型草坪草适应在冷干、冷湿的地方生长；暖季型草坪草适应在暖干、暖湿的环境；在过渡带地区，冷季型草坪草种有的在夏季易感病虫害或不能安全越夏，而暖季型草坪草有的不能安全越冬，有的能正常生长，但绿期比在南方要短。

（二）根据土壤条件选择

草坪草的选择要根据土壤的质地、结构、酸碱度及土壤肥力来选择。草坪草在质地疏松，团粒结构的土壤上生长最好，黏性土壤中生长不良。土壤孔隙为25%，对草坪草有利。

土壤肥力好坏直接影响草坪草的生长。一般在贫瘠的土壤上种植一些耐贫瘠、耐粗放管理的草种，而像匍匐翦股颖这样需精细管理的草种就不适合。土壤酸碱度对草坪草的影响很大，一般草坪草的适宜 pH 值为 6～7。假俭草较耐酸；而格兰马草、冰草、野牛草等较耐碱。

（三）根据使用目的选择

草坪的使用目的多种多样，常见的有观赏草坪、运动场草坪、游憩草坪等。运动场草坪一般需求耐践踏、耐频繁修剪的草种，如高尔夫球场的果岭，在南方一般用狗牙根，而北方则用匍匐翦股颖。

（四）根据草坪草特性选择

草坪草在抗旱、抗寒、抗病、耐热、耐践踏、耐酸碱、再生性和需肥量等多方面的特性都有不同。

(五) 根据资金和个人所好选择

个人所好对草坪草的选择也有很大的影响，每个人对颜色、形态等的爱好有所不同，所选择的草坪草种也就不同。资金比较充足，就可选一些要求管理比较精细的草坪品种，若资金不足就选用一些需求管理比较粗放的草坪品种。总的来说，所选择的草坪草种要与周围环境相协调，使其成为统一的整体。

二、草种组合

草种组合包括单播、混合或混播。暖季型草坪草种宜单播，因为暖季型草坪草在混播中易分划而形成孤立的斑块，产生不一致的草坪。冷季型草坪草混播比较普遍。如草地早熟禾与多年生黑麦草混播，能形成抗病性强，品质高的草坪。

(一) 单播

单播是指只有一种草坪草的一个品种类型的草坪草的播种。在暖季型草坪草中，狗牙根、野牛草及钝叶草一般只用于单播，在冷季型草坪草中翦股颖多采用单独播种。

(二) 混合

混合是指相同草坪草种内不同品种的混合。如多年生黑麦草 3 个品种 33%卡特 Cutter+边缘 Edge33%+34%快车 Express 混合，深绿色，低生长习性，建植快，质地细。

(三) 混播

混播是指包括两种以上草坪草种的播种。最好的混合是抗病虫害且有广泛的适应性。混播在一起的品种要在颜色、质地、生长率及入侵力上相似。在混播组合中，每一草种的含量应控制在有利于混播中主要草种发育的程度。如在苇状羊茅 20%，草地早熟禾 60%，多年生黑麦草 20%组合中，草地早熟禾为主要的建坪种，多年生黑麦草为起保护作用的种。多年生黑麦草一般 3~10 天发芽，生长迅速，能很快覆盖地表，这样可起到防除杂草的目的，但它容易退化，在 1~2 年后就枯死，所以不能作为主要的建坪种，用于起保护作用，其用量通常不超过 15%~25%。

常用的混播组合：

1. 运动场草坪

一般运动场草坪必须具有强的生命力和高的生长速度、耐践踏、有发达的根系，耐修剪等特点，各运动场草坪组合也不尽一致。

如冷凉地带的高尔夫果岭混播组合为：50%草地早熟禾+30%紫羊茅+

20%多年生黑麦草。足球场等运动场组合有25%草地早熟禾（Touchdown）+25%草地早熟禾（Indigo）+25%匍匐紫羊茅（Jasper）+25%多年生黑麦草（Cutter）。

2. 观赏草坪

一般要求叶色好，细而美丽，常采用的组合有：45%细羊茅+35%紫羊茅+10%早熟禾+10%小糠草。

3. 坡地、堤岸、公路两侧水土保持的组合

坡度40°以下，采用70%草地早熟禾（福雷登 Freedom 40%、纽布鲁 Nublue40%、肯利 Kelly20%）+20%苇状羊茅（教练 Cochise）+10%多年生黑麦草（丹迪 Dady）；坡度40°～60°阳坡，采用50%苇状羊茅（猎狗 Houndog）+50%多年生黑麦草（丹迪 Dady）。

4. 荫地草坪草的组合

40%苇状羊茅（教练 Cochise）+40%草地早熟禾（亨特 Huntsville 50%+福雷登 Freedom50%）+10%紫羊茅（维斯塔 Vista）+10%多年生黑麦草（丹迪 Dady）；20%丛生型紫羊茅（Victory）+30%匍匐紫羊茅（Jasper）+10%草地早熟禾（Touchdown）+20%多年生黑麦草（Edge）+20%硬羊茅（Spartan）的组合能耐缺少50%～70%阳光的地方种植。

值得说明的是上述混播比例的组合只是某一局部地区的组合例子，在使用时应根据当地的具体情况而调整。同时也应注意新的草坪草种不断涌现，亦根据各品种特性加以选用和组合。

三、草坪草种子质量检验

草坪草种子质量是一个综合概念，包括种子净度、饱满度、生活力、发芽率、含水量等内容，这些特征对生产者、加工者、消费者、质量检验单位及负责种子管理的政府机构都是极为重要的。草坪草种子质量的优劣，直接关系到草坪建植的能否成功，种子经营部门的信誉和经济效益以及种子事业的兴衰成败。因此，为保证草坪草种子的质量，必须借助于先进的检测手段，严格遵照国家颁布的“牧草种子检验规程”和国际种子检验协会的“种子检验规程”进行，才能在允许误差范围内得出普遍一致的结果，确保优质的种子进入市场。而且严格的种子质量检验还可保证种子贮藏、运输的安全，防止杂草、病虫害的传播。

（一）种子净度与发芽率测定

通常随机取2 500粒种子进行净度分析。种子发芽率是指发芽试验终期（末次计数时）全部正常发芽种子数占供试种子百分比。发芽势高则表示种子的生活力强，发芽出苗整齐一致。发芽率高则表示有生命的种子多。随机分取 400 粒种子，通常每一重复 100 粒，4 次重复，大种子可分取 200 粒，每一重复 50 粒，4 次重复。当试验结束后，如果怀疑种子存在休眠（新鲜种子较多），种子中毒或病菌感染而导致结果不可靠，对种苗的正确评定发生困难或发现试验条件、种苗评定或计数有差错，以及试验结果超过容许误差时，应用相同方法或选用另一种方法进行重新试验。

试验结束后首先计算每一重复各次计数的正常种苗之和，之后计算正常种苗、不正常种苗、硬实种子、新鲜未发芽种子及死种子占供试种子的百分率，其中正常种苗的百分率为发芽率。

发芽率（%）= 发芽终期全部正常种苗数/供试种子数×100

然后计算 4 次重复的平均数，计算至整数位。

（二）种子生活力测定

种子生活力（Seed viability）指种子发芽的潜在能力或种胚所具有的生命力。许多草坪草种子因存在着休眠，特别是刚收获的草坪草种子，发芽率很低，但实际上种子具有生活力，只是处于休眠状态暂时不能发芽。休眠种子可借助于各种预处理打破休眠，进行发芽试验，但这样往往需要延迟发芽时间。而种子贸易中，常因时间紧迫，不可能采用正规的发芽试验测定发芽率。在收获与播种间隔短的情况下，发芽试验会耽搁农时。所以常采用生物化学速测法测定种子生活力。目前常用于草坪草种子生活力测定的方法是四唑染色图形技术。将氯化三苯基四氮唑（TTC）溶于水，水的 pH 值应在 6.5～7.5 之间，最好为 7.0。溶液浓度在 0.1%～1.0% 范围内，通常 0.1% 溶液用于切开的种子，1.0% 溶液用于整粒种子。高浓度（1.0%）溶液需使用缓冲溶液。配制方法：母液 I，称取 9.078 g KH_2PO_4 溶于 1 000 mL 蒸馏水；母液Ⅱ，称取 9.472 g Na_2HPO_4 或 11.876 g $Na_2HPO_4 \cdot 2H_2O$ 溶于1 000 mL 蒸馏水。母液Ⅰ与母液Ⅱ以 2∶3 混合，然后称 1 g TTC，将该缓冲液定溶至 100 mL。其他浓度的 TTC 溶液也可由该母液稀释。从净种子中数取 400 粒种子，分成 4 个重复，每一重复 100 粒。预先湿润，吸湿种子有利于进行切刺处理，不致于严重损伤种子器官或组织，并使染色更为均匀，有利于鉴定。有些种子吸湿处理前需除去颖壳或种皮。许多草坪草种子在染色前需进行切刺处理，使其组织暴露出来，以利于四唑溶液的渗入，并便于鉴定。目前切刺方法如穿刺、纵切、横切均已标准化，这样有利于识别切刺处理中引起的组织损伤。将经过预先湿润和切刺处理的种子样品放入培养皿，按要求加入一定浓度的四氮唑溶液，使四氮唑溶液完全淹没种子，溶液不能直接暴露于光下。染色时间的长短因样品处理方式、四氮唑溶液浓度和温度而异，在 20～45℃范围内，温度每增加 5℃，染色时间则减半，通常染色温度为 30～35℃。当到达规定时间，或染色已很明显时，倒去四氮唑溶液，用清水冲洗后即可观察鉴定。在立体解剖镜下进行观察鉴定，辨别有生活力和无生活力的种子。根据种胚主要结构的染色情况进行判断，如对禾本科草坪草种子的胚芽、胚根、胚轴和盾片及豆科草坪草种子的胚根、胚芽、胚轴和子叶等部位进行仔细的观察。通常，胚的全部或主要结构染成鲜红色的，为有生活力的种子；凡胚的主要结构之一不染色，或染成浅色斑点者为无生活力的种子。禾本科草坪草种子的胚芽、胚根、盾片中央不染色，或盾片末端、胚根不染色斑点超过 1/3 的为无生活力的种子。豆科草坪草种子胚根和子叶末端不染色的面积超过 1/3，胚轴或接近胚芽部分的子叶不染色者为无生活力种子。对带有稃壳的禾本科草坪草种子及小粒豆科草坪草种子，需用乳酸苯酚透明剂使稃壳、胚乳或种皮、子叶变为透明，以便观察种胚的染色情况，正确判断种子的死活。乳酸苯酚透明剂由 20 mL 乳酸、20 mL 苯酚、40 mL 甘油和 20 mL 水混合配制成的。使用方法是，四氮唑反应结束后，去除溶液，并用滤纸吸去残液，将种子集中起来加入 2～4 滴乳酸苯酚，适当摇晃，使透明剂与种子充分接触，然后置于 38℃ 恒温箱 30～60 min，取出培养皿后可鉴定。

（四）种子水分测定

种子水分（Seed moisture content）又称种子含水量，是指种子样品中含有水的重量占供检种子样品重量的百分率。种子含水量的测定对指导种子收获、清选、药物熏蒸及种子贮藏、运输和贸易都有着极其重要的作用。国际上长期采用烘干减重测定法作为标准水分测定方法，是根据样品烘干后失去水分的重量计算水分百分率的。

1．低恒温烘箱法

（1）试样称取　首先选择样品盒，并编号，注在盒上和盒盖上。在 103℃烘箱内烘 1 h，之后于干燥器内冷却 30～45 min，取出样品盒称重并记录编号及盒重。从已充分混和（密封的样品容器内充分混合均匀）的样品中称取两份试验样品，放入盒内并均匀地摊在盒底上，作记录，每份试验样品约为 5 g，称重保留 3 位小数。

（2）烘干称重　将样品盒迅速放入烘箱启开盒盖，保持 103±2℃，烘干 17±1 h，烘箱回升至所需温度时，开始计算烘干时间，到达规定时间后，盖好样品盒盖，放入干燥器冷却 30～45 min。冷却后连同样品盖一起称重。称重时室内相对湿度应低于 70%。

（3）结果计算　根据烘后减少的水分重量计算含水量，保留 1 位小数。

种子水分（%）＝（M_2-M_3）/（M_2-M_1）×100

式中：M_1——样品盒连盖的重量（g）；

M_2——样品盒连盖及样品烘前重量（g）；

M_3——样品盒连盖及样品烘后重量（g）。

2. 高恒温烘箱法

测定程序与低恒温烘箱法相同，不同点是提高烘箱温度，加速种子内水分蒸发，在短期内测得种子水分。首先预热烘箱到 140～145℃，称取样品后装入样品盒，迅速放入烘箱，温度在 5～10 min 回升到 130℃时开始计算时间，在 130～133℃下烘 60 min 后，用坩埚钳或戴上工作手套取出样品盒，盖上盒盖，冷却后称重，并计算水分百分率。适于用高恒温烘箱法测定水分的草坪草种子见表 1-7。

表 1-7 适于高恒温烘箱测定种子水分的草坪草（ISTA，1999）

剪股颖属	黑麦草属
雀麦属	三叶草属
狗牙根	鸭 茅
羊茅属	早熟禾属

3. 两次烘干法

对于大粒种子必须进行磨碎处理，才能进行烘干测定水分。但如果需要磨碎的种子，其水分高于 17%（禾本科草坪草种子水分高于 18%，豆科草坪草水分高于 16%）时，必须进行预先烘干，防止磨碎过程中水分的散发，提高水分测定的准确性。其方法是先称取整粒种子 20 g 放入 130℃烘箱内，烘 5～10 min 后取出，晾干 2 h 称重，然后将预烘过的种子磨，称取 4.5～5 g 试验样品两份，并于 103±2℃或 130～133℃烘箱内烘干，冷却、称重后计算水分百分率。

公式 1：种子水分（%）＝（$W \cdot W_2 - W_1 \cdot W_3$）/（$W \cdot W_2$）×100

其中：W——整粒样品重量（g）；

W_1——整粒样品预烘后重量（g）；

W_2——磨碎试验样品重量（g）；

W_3——磨碎试验样品烘后重量（g）。

公式 2：种子水分（%）＝$S_1 + S_2 - S_1 \cdot S_2/100$

式中：S_1——第一次整粒种子烘后失去的水分（%）；

S_2——第二次磨碎种子烘后失去的水分（%）。

（四）种子标签

种子监督机构所定标准的四个级别种子为：育种家种子、基础种子、登记种子和审定种子。育种家种子是所有许可种子的基础，育种家种子是育种者（个人、单位或设计者）培育出来，并由育种者直接控制生产的种子。作为基础种子的基本种源。基础种子是在育种者（个人、单位或设计者）或其代理的指导和监督下，按照种子审定机构制定的程序，由选定的种植者种植育种家种子或基础种子而生产的种子。登记种子则是按照种子审定机构制定的程序，由种植者种植育种家种子或基础种子而生产的种子，确保了良好的基因纯度和真实性，可以自由出售。审定种子则是按照种子审定机构制定的程序，由种植者种植育种家种子、基础种子或登记种子而生产的种子，保持了良好的基因纯度和真实性。审定种子可自由出售，但不能再进行审定，即审定种子不能用于种子生产，只能用于草地建植。

种子经过一系列的审定程序，最后贴上标签，然后进入销售市场，标签上注明种子审定机构、种子批号、种子的种类（种名、品种名）、审定种子等级、种子生产者的登记号和统一的编号。不同标签颜色代表不同审定种子的等级（表 1-8），种子审定标签在 12 个月内有效。

表 1-8　审定种子标签或包装袋的颜色所代表的审定种子等级

（韩建国，1997）

项目	美国	新西兰	瑞典	经济协作与发展组织（OECD）
育种家种子		绿色（包装袋）	白色（标签）	白色带紫色斜纹（标签）
（前基础种子）			白色带紫色斑点（标签）	
基础种子	白色（标签）	棕色（包装袋）	白色（标签）	白色（标签）
登记种子	紫色（标签）			
审定种子	蓝色（标签）			
（审定一代种子）		蓝色（标签）	蓝色（标签）	蓝色（标签）
（审定二代种子）		红色（标签）	红色（标签）	红色（标签）
商品种子			棕色（标签）	

附在包装袋上的标签对评价种子质量十分有用。标签上列有袋内每个草种或品种的重量、种子纯净度、杂草种子、作物种子、其他杂质的百分数。进口种子，如果种子公司所在当地政府法律没有明确规定，一般标签上不列出特殊杂草种子和其他作物种子的数量。所以在购买草坪种子时一定要注意种子是否有标签以及标签上的说明。如果标签上没有标明，在购买时要进行抽样检测，以便针对当地情况选择草种，避免有害杂草种子，否则对草坪质量将产生严重影响。草坪草种子质量标准列于表 1-9。

表 1-9 草坪草种子质量标准

草坪草种	最小纯净度（%）	最低发芽率（%）
苇状羊茅	95	80
草地羊茅	95	80
匍匐紫羊茅	98	80
羊茅	95	80
草地早熟禾	85	85
普通早熟禾	85	85～90
林地早熟禾	85	80
多年生黑麦草	97	90
一年生黑麦草	97	85～90
匍匐翦股颖	90	90
细弱翦股颖	97	85
绒毛翦股颖	90	85
无芒雀麦	85	80
扁穗冰草	90	80
小糠草	92	90
狗牙根	97	85
野牛草	85	60
结缕草	90	70
地毯草	90	90
巴哈雀稗	72	70
格兰马草	24	
假俭草	45	65
白三叶	99	85
红三叶	99	85

第三节 草坪建植过程

建坪的方法基本上包括两种方法，即种子繁殖方法与营养繁殖方法。其他方法如植生带铺植法和喷播法是种子或营养繁殖方法的特殊形式。具体选择何种建坪方法要根据建坪时间与成本的要求、草坪草的特性、建植的场所而定。通常营养繁殖法成本最高，但建坪最快。种子繁殖的方法成本最低，但建坪的时间要长；目前坡度较大的地方多采用喷播方法建植。大多数冷季型草坪草种子易获得，多采用种子繁殖方法；而大多数暖季型草坪草种子不易获得，多采用营养繁殖方法。主要草坪草种的基本繁殖方法见表 1-10。

表 1-10 主要草坪草种的基本繁殖方法

草坪草种	繁殖方法	草坪草种	繁殖方法
匍匐紫羊茅	种子繁殖与营养繁殖	普通狗牙根	营养繁殖与种子繁殖
苇状羊茅	种子繁殖	改良狗牙根	营养繁殖
羊茅	种子繁殖与营养繁殖	野牛草	营养繁殖与种子繁殖
草地早熟禾	种子繁殖与营养繁殖	地毯草	种子繁殖与营养繁殖
普通早熟禾	种子繁殖与营养繁殖	假俭草	种子繁殖与营养繁殖
一年生早熟禾	种子繁殖	钝叶草	营养繁殖
林地早熟禾	种子繁殖	结缕草	营养繁殖与种子繁殖
细叶早熟禾	种子繁殖与营养繁殖	沟叶结缕草	营养繁殖
加拿大早熟禾	种子繁殖与营养繁殖	细叶结缕草	营养繁殖
多年生黑麦草	种子繁殖与营养繁殖	中华结缕草	种子繁殖与营养繁殖
一年生黑麦草	种子繁殖	大穗结缕草	种子繁殖
匍匐翦股颖	种子繁殖与营养繁殖	巴哈雀稗	种子繁殖与营养繁殖
细弱翦股颖	种子繁殖与营养繁殖	格兰马草	种子繁殖
绒毛翦股颖	种子繁殖与营养繁殖	碱　茅	种子繁殖与营养繁殖
小糠草	种子繁殖与营养繁殖	异穗苔草	营养繁殖
无芒雀麦	种子繁殖	白颖苔草	种子繁殖与营养繁殖
冰　草	种子繁殖	白三叶	种子繁殖
猫尾草	种子繁殖	三色苋	种子繁殖与营养繁殖

一、种子繁殖方法

播种是建坪中花费最少的一种方法，而且要比营养繁殖材料贮存的时间长，如果种子保持在干燥而不过热的环境里，一般可连续保存 5 年。

（一）播种期的确定

因为冷季型草坪草发芽温度为 10～30℃，最适发芽温度为 20～25℃。所以冷季型草坪草适宜播种期为春季、夏末与秋季。但以初秋季最佳（在北京地区为从 8 月末至 9 月末），此时气温适宜，杂草发生的相对少，对种子发芽和幼苗生长是有利的；春季播种气温比夏末低，生长发育相对要慢，杂草发生严重，而且春季风多，易干旱，土壤易板结，所以春季播种要注意加强防除杂草和经常灌溉，确保抓苗。春季播种还可在早春顶凌播种（北京一般在 3 月 10 日左右），这时土壤墒情相对好些，而且杂草多数未萌发，大约杂草大部分萌发时，草坪已基本上覆盖地表，可以抑制杂草。播种最不适宜的时期是仲夏，此时气温高，最不适宜冷季型草坪草的生长，草坪草易感病、虫、杂草危害。北方冬季一般零度以下，不能播种。

暖季型草坪草发芽温度为 20～35℃，最适温度为 25～30℃。所以暖季型草坪草一般在春末或夏初（6～8 月）播种最适宜。在夏末或秋季（除南方外），由于温度太低，不利于种子发芽。

种子能够发芽至最终成坪决定于多种因素，如：水分、草种、发芽率、最初生长率、每日的温度等。一般草坪草 4～30 天发芽，平均 14～21 天。主要草坪草发芽所需的天数见表 1-11。随后大约需 6～10 周成坪。

表 1-11　主要草坪草发芽所需的天数（15～25℃）

草坪草种	发芽所需天数	草坪草种	发芽所需天数
匍匐翦股颖	4～12	普通狗牙根	10～30
草地早熟禾	14～28	野牛草	14～30
普通早熟禾	10～20	假俭草	14～20
加拿大早熟禾	10～28	格兰马草	15～30
苇状羊茅	7～14	巴哈雀稗	21～28
细羊茅	7～21	百脉根	5～12
多年生黑麦草	7～14	小冠花	7～14
一年生黑麦草	7～14	白三叶	5
小糠草	7～10		

（二）播种量的确定

播种量取决于各种因素，如：种子纯净度、种子的大小、种子发芽率、种子特性、草坪的使用目的、环境条件、是否混播等。

种子的纯净度是种子的有效成分，当然是确定播量的首选因素。种子的大小相差很大，野牛草种子最大，每克只有 100 粒左右；绒毛翦股颖种子最小，每克约有 26 000 粒。主要草坪草种每克粒数与播种量列于表 1-12。

表 1-12　草坪草种子克粒数与播种量

草坪草种	克粒数（粒/g）	单播种子用量（g/m^2）
苇状羊茅	500	25～35
草地羊茅	500	25～35
匍匐紫羊茅	1 203	17～20
羊　茅	1 167	17～20
草地早熟禾	4 795	8～10
普通早熟禾	5 595	8～10
加拿大早熟禾	5 496	8～10
多年生黑麦草	500	30～40
一年生黑麦草	500	30～40
匍匐翦股颖	17 532	5～7
细弱翦股颖	19 214	7～7

（续）

草坪草种	克粒数（粒/g）	单播种子用量（g/m^2）
绒毛翦股颖	25 991	4～6
小糠草	10 991	6～8
猫尾草	2 498	4.9～9.8
冰　草	714	18～20
碱　茅	1 754	25～35
狗牙根	3 936	5.0～7.3
野牛草	110	25～30
格兰马草	1 978	7.3～12.2
结缕草	3 015	8～12
地毯草	2 474	10～12
巴哈雀稗	365	29～39
假俭草	900	18～20
白三叶	1 429～2 000	3～4.5
小冠花	19	15

草坪的使用目的也决定播种量，一般运动场草坪播量是普通草坪播量的2～3倍。土壤条件恶劣或播期不适宜均应加大播量，以保证苗的整齐度。

总之，要根据实际情况，采用适宜的播量，播量太大，造成浪费，过小，降低成坪速度，增加管理难度。从理论上讲，每1平方厘米有1株存活苗就行，也就是每平方米要有1万株存活苗。播种量确定的最终标准，是以足够数量的活种子确保单位面积上的额定株数。即1万～2万株/m^2的幼苗。种子即使发芽出苗，苗期还有20%～50%或高于50%的苗死亡。因此，实际有效的种子数/g＝每g粒数×种子纯净度×种子发芽率×（80%～50%）。

播种量的计算公式为：

实际播种量＝理论播种量/（种子纯净度×种子发芽率）

在混播组合中每个草种播种量的计算公式为：混播中每个草种的播种量＝单播量×混播百分率（%）。混播组合中的百分率是指占重量的百分比，如50%草地早熟禾、30%苇状羊茅和20%多年生黑麦草混播组合中，如草地早熟禾播量＝10 g/m^2×50%＝5 g/m^2，苇状羊茅的混播量＝ 35 g/m^2×30%＝10.5 g/m^2，多年生黑麦草＝40 g/m^2×20%＝8 g/m^2。

（三）播种

在坪床准备好，草种选定后，就计算草种的用量，然后播种。播种方法有人工播种和专门的机械播种。小面积可用手撒播或利用人工手摇播种机播种，大面积必须用专门播种机播种。用手播种不如机械播种均匀，为了手播均匀些，可在坪床上划分成若干等面积的块（1 m^2）或条（每 2～3 m 为一条），把种子按划分的块数分开，再在每一块上进行手撒播。不论是手播还是机播，在播后都要轻轻地耙平，使种子与表土均匀掺合，掺合的土厚为 1～1.5 cm，然后再用轻磙压一遍。以确保种子与土壤接触。

二、营养繁殖方法

营养繁殖方法包括铺草皮、塞植、栽草根茎等。其中除铺草皮外，其余几种方法只适于具强烈的匍匐茎和根状茎的草坪草种。能迅速产生草坪是营养繁殖的优点。然而，要使草皮旺盛生长则需要充足的水分、养料和通气良好的土壤环境。

（一）铺草皮

铺草皮是成本最高的建坪方法，但不像播种法受时间的限制，它能在一年的任何有效时间内，提供“速成”草坪，而用播种法需养护 1 年才能形成一种同样密度的草坪。并可消除铺植地上杂草的竞争。在陡坡上，由于土壤侵蚀，用种子很难建植却可采用铺草皮法。

理想的铺草皮时间是冷季型草坪草在夏末、秋初和春初；暖季型草坪草在春末、初夏。

1. 草皮的选择

首先要选择适合当地环境、土壤条件，草种和品种组合适宜的草皮；其次要选择高质量的草皮，即：质地均一、稠密、无病虫害和杂草。

2. 场地的准备

参照“坪床准备”一节。但要注意，最后精细整地的高度要比你所需的高度低 1.3 cm，因为草皮有一定的厚度，这样可保证铺后的草皮能和喷灌系统等的水平适宜。在土壤准备中若已施肥，在铺后的 6 周就不用再施肥，若没施肥就得施含高磷的肥料，利于草皮生根。在铺草皮前要灌水，使土壤湿润。

3. 铺植

草皮收获后必须在 24～48 h 内铺上，若堆放时间太长会伤害草皮，如果在购买后不能立即铺，则必须放置在凉爽处，并保持湿润。铺植有密铺法、间铺法和条铺法。密铺法是切取草皮宽 25～30 cm，草皮长不宜超过 2 cm，或 30 cm×30 cm 的方块，厚 2～3 cm，力求均匀一致，用铲子或铲草机铲下。长条状的草皮可卷起绑扎，以利装车运输。铺后的草皮缝处留有 1～2 cm 的间距。铺后用 0.5～1.0 t 的滚来压平。

(二) 塞植

塞植即包括种植从心土耕作取得的小柱状草皮和利用杯环刀或相似器械如塞植机取出的大塞。大塞主要用于修补被破坏的草坪。塞植材料一般适用于暖季型草坪草，如结缕草、假俭草、钝叶草。塞植的关键是在塞植材料到来前准备好土壤，并尽快栽上。虽然其自身带土，但也能迅速干燥，若不能马上栽，要覆盖塑料等来保持湿润，且避免阳光直晒。

1. 塞植前的准备

在塞植材料到来之前，先用钢的塞植刀（或移植铲或小铲子）挖穴，穴的大小通常要比塞植材料本身的直径大 5 cm、比其深 2.5 cm，穴之间间隔一般 15～30 cm，穴间的距离要根据草坪草种类和塞植材料的大小而定。如杂交狗牙根直径 5 cm 的塞，间距 30.5 cm；假俭草直径 5 cm 的塞，间距 15 cm；钝叶草 7.6～10 cm 的塞，间距 30.5 cm；结缕草 5 cm 的塞，间隔 15 cm；野牛草直径 10 cm 的塞，间隔 91～122 cm. 用于塞植的暖季型草坪草中，巴哈雀稗和狗牙根扩展的较快，而假俭草和结缕草则较慢。

2. 塞植及管理

当塞植材料到来后，使土壤轻微湿润，把塞植材料塞入穴中，固定周围的土壤，使植物的冠（叶片集中于土壤线）与土地水平。然后滚压和浇水，根据气候降水情况，一般头两周每天浇 1 次，以后可以每隔 1 天浇 1 次水，持续 1 个月或直到生根并与土壤牢固地紧密结合起来。如果用手很难把塞拔起，表明塞已生根并与土壤牢固结合了。

当草塞已经建立好，就应开始修剪，刺激匍匐茎的生长，使草坪草更快地扩展。一般每 6～8 周施肥 1 次，直到整个种植面积全部铺满。草塞种植的越近，覆盖整个草坪的速度就越快。塞植是最慢的一种建坪方法。结缕草是靠塞植繁殖的主要草种，草塞之间的裸地大约需要 2 年才能完全长满。

若由于塞植、灌溉、大雨等因素使土壤冲刷，产生不平的草坪，可加一些覆土，使草坪水平。

(三) 匍匐茎栽植

这种方法多用于暖季型草坪草，如狗牙根和假俭草。栽植方法有 3 种。

(1) 将匍匐茎或整个植株分成单株或 2～4 株为一组，条状栽植在沟内，间距 15～30 cm，沟深 5～8 cm。

(2) 把匍匐茎以一定的间隔放在土壤上，压下根茎使其与土壤牢固结合。

(3) 把根茎撒播在土壤上，覆土并用轻磙轻轻地磙压。

不论采用哪种方法，都应保持根茎的湿润，根据土壤类型、阳光、水、草种的类型等，根茎若铺满整个场地，一般需要2～24月。

三、植生带法

植生带包括草皮植生带和种子植生带（即种子带）两种。草皮植生带是在塑料薄膜上铺一层厚2～3 cm的培养土，然后在其上撒一层草根茎，经过3～4个月的培养，即形成一块新草皮。这种方法在我国广东沿海地区广泛应用。优点是运输方便，使用时切成块叠起或成捆运到工地。在生产上不占用土地。成本低，铺植的草坪也很容易压平。

草坪种子植生带法在我国北方广泛应用，生产上已经工厂化。建坪快，4～7天萌发，1个月形成草坪。

（一）坪床准备

与常规草坪建植措施的坪床准备一样，清除场地的石块、瓦砾、渣土等杂物，防治杂草及病虫害。要精心整地，进行翻耕，一般翻土20～30 cm，若土壤质地极差，就应换土、施肥，把翻松的土壤耙平，并浇足底水，然后滚压一下（当土壤潮湿时滚压，即土壤用手能捏成团但落地又散开为宜）。

（二）铺植生带

首先挖出5 cm深的槽，将植生带边缘埋下加固。顺序打开植生带卷，平铺在坪床上，边缘交接处要重叠1～2 cm，在种子带上均匀覆土0.5～1 cm，为防止日晒后龟裂，所用覆盖的土壤要掺些沙子，覆土可用铁筛子（网孔面积0.5 cm×0.5 cm）筛土来均匀覆盖，以不漏出种子带为宜，然后用碌子镇压。

四、喷播法

喷播法主要用于面积特别大或斜坡草坪的种植。所谓喷播技术是以水为载体，将经过技术处理的植物种子、纤维覆盖物、黏合剂、保水剂及植物生长所需的营养物质，经过喷播机混合、搅拌并喷洒到所需种植的地方，从而形成初级生态植被的绿化技术。喷播的优点：①播种后能很好地保护种子与土壤接触，比常规播种成坪快；②在坡地不易施工的地方也能播种，同时可抗风、抗雨、抗水冲；③播种均匀，节省种子；④效率高，播种的同时，肥料、保水剂、浇水等1次成功且均匀。

（一）喷播的主要配料

一般包括水、黏合剂、纤维、染色剂、草坪草籽、复合肥料等（根据情况的不同也有另加保水剂、松土剂、活性钙等材料）。

1．水

水是作为主要溶剂，把纤维、草籽、肥料、黏合剂等均匀混合在一起。

2. 纤维

纤维在水和动力作用下形成均匀的悬浮液体，喷后能均匀地覆盖地表，具有包裹和固定种子、吸水保湿、提高种子发芽率及防止冲刷的作用。这种纤维覆盖物是用木材、废弃报纸、纸制品、稻草、麦秸等为原料，经过热磨、干燥等物理的加工方法加工成絮状纤维，纤维覆盖物一般在平地少用坡地多用，纤维用量为 60～120 g/m^2。

3. 黏合剂

黏合剂是以高质量的自然胶、高分子聚合物等配方组成，水溶性好，并能形成胶状水混浆液，具有较强的黏合力、持水性和通透性，平地少用或不用，坡地多用，黏土少用，沙地多用。一般用量占纤维重的 3%左右。为了提高润滑性和粘合力还需加入一定量的纤维素物质。

4. 染色剂

使水和纤维着色，用以指示界限和提示人们，染色剂一般采用绿色，使覆盖物染成绿色，喷播后很容易检查是否漏播。

5. 肥料

最好为复合肥，一般用量为 0.2～0.3 kg/hm^2。

6. 活性钙

有利于草种发芽生长的前期土壤 pH 值平衡。

7. 保水剂

保水剂为一种无毒、无害、无污染的水溶性高分子聚合物，具有强烈的保水性能。其用量根据气候不同而异，一般 3～5 g/m^2，湿润地方少放或不放，干旱地方用量多些。

8. 草坪草种

一般根据地域、用途和草坪草本身的特性进行选择草种或品种，选择适当的播种方式如单播、混播或混合播种。

金正洪等（1999）报道，在大连开发区新港区的地势起伏较大地块和牡丹江高速公路，利用喷播技术完成了护坡草坪建植，采用配料用量为每平方米用水 4 000 mL，纤维 200 g，染色剂 0.5 g，纤维素 3 g，草籽选用草地早熟禾、多年生黑麦草、紫羊茅混播，取得了良好的效果。

（二）喷播技术

1. 整地

在杂草猖獗地方，要进行化学除草，一般在播前 1 周采用灭生性的除草剂灭除。喷播地段不陡的地方，可以进行耕作，但旋耕方向要与坡垂直，即沿等高线耕。要填平较大的冲蚀沟，沙土多的地段还需填土，以保证草坪生长的必要条件。在国外，在喷播之前，还先加网覆盖在斜坡表面，网每隔 50 cm 用木桩固定，防止土壤冲刷。天气干旱时，最好在播前喷一次水。

2. 喷头的选择

根据不同的地形，可以选用不同的喷头。大型护坡工程或对草坪要求不高的草坪，可以选用远程喷射喷嘴，其效率高，但均匀性差；小块面积或对草坪要求高的草坪则采用扇形喷嘴或可调喷嘴，近距离实施喷植，其效率相对低但均匀性好。

3. 喷播方向

小块近距离喷植，为了保证效果，应采取每次喷 4 m，下一次喷重叠 2 m，且从左右两个方向往复喷植，即每一个地方都是左右方向各喷一次。喷播后 5～10 min，水分下渗，此时容易检查效果，不足应补喷，喷播过的地方严禁踩踏。

4. 操作过程

喷播时，水与纤维覆盖物的重量比一般为 30∶1。根据喷播机的容器容量，计算材料的 1 次用量，不同的机型 1 次用量也不同（表 1-13），一般先加水至罐的 1/4 处，开动水泵，使之旋转，再加水，然后依此加料（种子→肥料→活性钙→保水剂→纤维覆盖物→黏合剂等），搅拌 5～10 min 使浆液均匀混合后，才可喷播，喷播时离心泵将浆液压入软管，从管头喷出，操作人员掌握均匀连续喷到播种地面，每罐喷完，应及时加进 1/4 罐的水，并循环空转，防止上一罐的物料依附沉积在管道和泵中，但要注意，无水时泵不能空转，以免损坏泵的机械密封。喷完一罐再重新如上法操作。完工后要用 1/4 罐清水将罐、泵和管子清洗干净，在冬季应把管子、泵和罐内的水放掉，以免冻坏设备。

表 1-13 喷播机一次用料量

品牌与机型	种子（kg）	肥料（kg）	纤维（kg）	覆盖面积（m^2）
易植（EASY LAWN）HD3503	8.4	16.7	33.8	372
易植（EASY LAWN）HD6003	16.9	33.4	66.8	743
易植（EASY LAWN）HD9003	25.3	51.5	103.2	1 115
易植（EASY LAWN）HD12003	33.7	66.7	133.7	1 486

灌 溉

灌溉是保证适时、适量地满足草坪生长发育所需水分的主要手段之一，可弥补大气降水在数量不足和空间上不匀的有效措施。有时也用喷灌冲洗草坪叶面上附着的化肥、农药和灰尘，以及用于干热天气的降温等。

水分通过降雨进入土壤，经过植物叶面蒸腾、地面蒸发损失和向地下入渗，一般不能满足草坪生长的需要，如不及时灌溉，草坪草可能会休眠或死亡。尤其在太阳辐射强烈的夏季，蒸散大量水分，必须及时灌溉以保证根系分布层的水分供应。草坪根系分布深浅除受草坪草遗传因子影响外，还与草坪生长的环境因素和管理密切相关，如土壤坚实度、通透性、保水性、修剪高度、施肥及灌溉等，都会影响草坪根系发育与分布。草坪根系的深浅又决定着灌溉次数和水量的多少。根系深的一次灌水量可大一些，并可延长灌水周期。在草坪生长季节，如草坪群落所处环境发生变化，灌溉方案也应随之改变。为保证草坪质量，应在环境条件允许的条件下促进根系向土壤深层发展，以吸收深层的水分和养分，增强其抗逆性。

现代的灌溉设备较以前已有了很大改变，采用草坪地面漫灌费时、费工又费水，也很难控制灌溉的均匀度和强度，现代喷灌技术是大势所趋，计算机和水分电子探头已广泛使用，程控精确喷头可实现草坪的均匀高效喷灌，即使是这样，操作者仍需有丰富的专业知识和实践经验。

一、草坪灌溉的意义与作用

（一）灌溉是保证草坪植物正常生长的物质基础

草坪植物生长期间要消耗大量的水分，据测定，禾本科草坪植物每生产 1 g 干物质，需消耗 500～700 g 水。所以只依靠大气降水是远远不够的，尤其在干旱地区，蒸发量大于降水量的地区，水分是草坪草生长发育的最大限制性因素。解决草坪水分不足的最有效的方法就是灌溉。

（二）草坪灌溉是保证草坪植物鲜绿，延长绿期的根本条件之一

干旱季节，草坪植物叶小而薄，叶片变黄。在充足的灌水后草坪才由黄转变为绿色。

（三）草坪灌溉是调节小气候，改变温度的重要环节之一

在夏季炎热气候条件下，适时灌溉能降低温度，增加湿度，防止高温灼伤。在冬季来临前进行冬灌，可以提高温度，防止冻害。

（四）草坪灌溉是增强草坪竞争力，延长利用年限的条件之一

草坪灌溉能增加草坪植物的竞争力，抑制杂草，从而延长其利用年限。

（五）草坪适时灌溉可以预防病虫、鼠害

草坪适时灌溉可以预防病虫害和鼠害，是保证草坪植物正常生长的重要手段之一。有的病虫害在干旱季节会大发生，如蚜虫、黏虫等干旱时，发生率高，危害严重。干旱季节草坪害鼠破坏草坪严重，适时灌水可以消灭仔鼠，或赶走大鼠。

二、草坪需水量的确定

影响草坪需水量的因素很多，主要因素如草种或品种、土壤类型及环境条件等，这些因素通常以复杂的方式相互影响。一般养护条件下，草坪通常每周需水 25～40 mm，可通过降雨、灌溉或两者共同来满足，不同气候条件地区所需灌溉的用水量有差异，植物一般只利用所吸收水分的 1%用来生长和发育。

（一）蒸散

蒸散是决定植物需水量的关键因素，蒸散是指单位面积草坪（绿地）在单位时间内通过植物蒸腾和地表蒸发损失的水分总量。在一块盖度较大的草坪上，植物蒸腾是水分损失的主要部分。

影响蒸散的几个主要因素为草坪草种或品种、湿度、气温、风和植物冠层阻力。

1. 草坪草种或品种

由于暖季型草坪草的 C4 光合系统效率更高，它合成 1 g 干物质所用的水只相当冷季型草坪草（C3 植物）的 1/3，所以暖季型草坪草的蒸散一般低于冷季型草坪草，在气孔关闭的逆境下，这一特性就显得更为重要，因为气孔关闭后光合作用所需的二氧化碳进入植物体也将受到限制，从而影响了光合产物的形成。冷季型草坪草耐受干旱能力不如暖季型草坪草的原因也就在于此。

草坪草种根系发达程度不同，这也是影响蒸散的一个重要因素，根系分布越深越广，就能从更大体积和更深的土壤中吸收水分和营养，可以更高效地利用灌溉和降雨。不同草种或品种间的差异较大，暖季型草坪草一般有比冷季型草坪草更发达的根系，在逆境中表现出更大的优势。在冷季型草坪草中，苇状羊茅的根系分布较深，比其他冷季型草更能适合干旱的气候。同种草坪草的品种间表现出较明显的差异，草地早熟禾的一些改进品种的根系不如普通品种发达，适应干旱的能力较差。另外，同一种草坪草在不同土壤和管理条件下根系的发育状况也有差异，修剪高度直接影响草坪根系的分布，修剪的留茬越高，根系越深；反之，根系越浅。

通常多数多年生草坪草种的根系深且强壮，可耐受长时间的干旱逆境，而一年生草种则根系浅而弱，易受干旱伤害，一些草种依靠一些特殊生理机制提高了对干旱的抗性，如细羊茅的叶片细而卷曲，可通过减小暴露在空气中的叶片面积而有效地降低蒸腾水分损失。

常用的草坪草抗旱性能见表 2-1。

表 2-1　常见草坪草的抗旱性

草坪草种	抗旱性	草坪草种	抗旱性
格兰马草	极好	无芒雀麦	中等
野牛草		草地早熟禾	
结缕草		草地羊茅	
碱茅	好	猫尾草	
羊茅		细弱翦股颖	差
匍匐紫羊茅		匍匐翦股颖	
扁穗冰草		多年生黑麦草	
硬羊茅		粗茎早熟禾	
苇状羊茅			

2. 土壤类型

土壤类型是影响蒸散的另一重要因素，质地粗糙和砂质土壤的持水能力差，土壤接受的水分很快渗透到植物根系不能达到的土壤深处。黏土的渗透率极差，导致灌溉水在地表淤积，以至在被植物利用前蒸发掉，所以黏土是一种不良的根系着生介质，常减低植物的用水效率。而壤土和黏壤土则是具有最佳持水能力的生根介质。

土壤条件影响根系的发育，紧实的土壤限制根系的扩展，使草坪植物不能形成更深、更广泛的根系；钠和硼等有毒元素的积累也是根系发展的限制因素。

3. 风（空气流通）

风是影响水分损失的重要因素，叶片表面有一层由相对静止的空气分子构成的界面层，它起到减少水分损失屏障的作用，风起到扰乱界面层，加快水分损失的作用，特别是在干燥温暖的条件下。

4. 气温和空气湿度

高温和干燥的空气可加快水分的蒸发，一定范围内的高温和干燥也可促使植物加快蒸腾作用，消耗更多的水分，这是一种自我保护性措施，可通过植物表面水分的蒸发吸热而减低高热和强烈阳光对植物组织的伤害，但在极端高温和干燥条件下，植物反而会丧失这种保护功能而受害，所以高尔夫球场果岭区等特殊草坪上，常在炎热的中午，喷水 5 min 或更短时间，以给草坪降温。

5. 植物冠层阻力

植物冠层阻力是一种复合阻力，指水分穿过草坪地上覆盖的组织散失过程中遇到的各种阻力之和。枝条密度、叶片的朝向、宽度及生长速率等都是影响草坪冠层水分损失的重要因素。

（二）土壤质地

土壤质地对水分移动、贮存和有效性具有重要的影响，砂土大孔隙多，所以这些粗质地的土壤排水好，但持水量有限。黏土因微孔隙所占的比例高于砂土，所以排水较慢，质地细的土壤由于颗粒表面积和孔容积较大，所以持水更多。壤土的排水和贮水均属中等。

土壤吸收水分的速率叫做渗透率或吸收力，由于砂土大孔隙多，砂土的渗透率高（除非紧实），排水迅速，而贮水能力低。粗沙中水分 1 h 即可渗入到 7.6 cm 深；黏土的渗透率低，排水缓慢，而持水能力高。由于黏土大孔隙少，其渗透率通常为 0.25 cm/h。土壤结构也对水渗透快慢有重大影响，砂壤土是团粒结构，渗透率为每小时 2.5 cm 以上，但如结构紧密，土壤颗粒紧紧压在一起，渗透率可减低到 0.76 cm/h，这是因为紧密结构减少了大孔隙。水在土壤中的移动还取决于土壤中大孔隙与小孔隙的比例。这种比例主要受土壤质地的影响。有机质能改善土壤结构，并增加土壤中大孔隙的数量和持水能力。

土壤持水能力和质地也有直接关系。作为一般的规律，黏土的持水量约为壤土的 2 倍，砂土的 4 倍或更多。测定土壤持水力的方法很多，如测定将各种土壤湿润到某一深度所需水量，湿润 30 cm 时，粘土需 7.6 cm，壤土 3.8 cm，砂土 1.9 cm。也可比较 2.5 cm 水能渗透各种土壤的深度，结果黏土是 14 cm 左右，壤土是 20 cm，砂土 34 cm 左右。在生长季节，粗质地土比细质地土需水量大，因为它排水和蒸发失水都比较多。

大雨或灌溉期间，如土壤质地细或紧密，渗透和渗滤作用会不好，水会流失或出现积水。如果有斜坡，水不能浸入土壤，会沿斜坡流下，会浪费水并侵蚀土壤，如地势平坦或较低，积水会妨碍行人和管理人员，并导致土壤紧实，在炎热的夏天，积水还会使草坪草死亡。

大雨或灌溉后，土壤表层所有的孔隙都充满水，这时的土壤叫饱和。土壤仅在短时间内保持饱和，除非底下有限制层阻止排水。不久重力使大孔隙内的水经土壤向下移动。从大孔隙中排出的水叫重力水，它快速排出到根系层下而不能为植物所利用，大孔隙叫通气孔的原因是土壤不饱和时它们含有空气。

重力水从上层土壤完全渗滤后，这时的土壤含水量叫田间持水量，达到这个含水量时，水不再垂直向下移动，土壤上层的水保留在小孔隙中，成为土壤颗粒周围的水膜。

达到田间持水量时，根系层约有 1/2 的水可供植物利用。这是由于作用于水的吸引力有两种，内聚力是水分子之间的吸引力。附着力是水分子和土壤颗粒表面之间的吸引力，

土壤颗粒和水分子之间的吸引力，可通过测量水分张力等级来测定。吸引力越大，土壤水分张力就越高。含有大量水的土壤比含有少量水的土壤对水的吸引力小。水趋向于从含水量高的地方向含水量低的地方移动，这是由于含水量少的土壤产生的水分张力或吸引力大的缘故。

当土壤处于田间持水量的时候，土壤颗粒周围的水膜相当厚并充满小孔隙。内聚力使薄膜里的水分子聚集在一起，而附着力使水分子附着于土壤颗粒上。紧贴土壤颗粒表面的水分子，随着同颗粒距离的增大，吸引力减弱。植物根能产生很大的水分张力，以吸引外层的水膜，但随着土壤的干燥，薄膜逐渐变薄，最后薄得使土壤颗粒保留的水分子张力仅高于根能产生的张力。这种被土壤紧紧束缚的水，植物不能利用。不同的土壤质地它的田间最大持水量与土壤容重列于表 2-2。

在处于田间持水量时，土壤含有植物可以利用的最大量的水分。由于蒸腾和蒸发作用，土壤含水量下降到田间持水量以下，草坪植物根系吸收了土壤大量水分，而许多水分由于由蒸腾损失掉。靠近土壤表面的大量水变成气态蒸发到大气中。蒸发像蒸腾一样，在炎热干旱、阳光照射的天气损失最大。风也能增加土壤水分蒸发的速率。由于蒸发和蒸腾作用，土壤水分的85%被损失掉，由于这种损失，土壤可利用水分持续减少，直到下雨或灌溉后，土壤含水量再次增加为止。

表 2-2　土壤容重与田间最大持水量

土壤质地	容重	田间最大持水量	
		重量（%）	体积（%）
砂　土	1.45～1.60	16～32	26～32
砂壤土	1.36～1.54	22～20	32～40
轻壤土	1.40～1.52	22～28	30～36
中壤土	1.40～1.55	22～28	30～35
重壤土	1.38～1.54	22～28	32～42
轻黏土	1.35～1.44	28～32	40～45
中黏土	1.30～1.45	25～35	35～45
重黏土	1.32～1.40	30～35	40～50

小孔隙中的水分能够在土壤中向上输送到水分张力较高的比较干燥的地方，小孔隙中水分的这种向上移动叫做毛细作用或毛细管移动。当土壤表面变干后，由于毛管水被输送到表面，以致蒸发损失仍在继续。

毛管作用也包括根系的吸收过程。当根细胞产生的水分张力比持水的土壤颗粒高时，水进入根系。毛细作用使水从邻近的土壤向由于根的吸收而使水部分消耗的地区移动。然后这种水才能为根系所吸收。但是毛细移动是缓慢的，因此根系是靠伸入含水量较大的地区，而不是靠越过长距离输送来吸水。

（三）气候条件

我国气候条件复杂，各地的降雨量变化很大，从西北的每年几百毫米到东南沿海的一千多毫米，降雨在季节上的分配也极不平衡（表 2-3），在用水量上各地的差异显著，必须因地制宜地确定合理的灌溉用水计划，弥补降水在时空分布上的不均衡。不同的气候条件草坪最大日平均耗水量不同（表 2-4）。

表 2-3　中国主要城市降雨量（谭继清，2000）

城市	年均降水量（mm）	城市	年均降水量（mm）
哈尔滨	526.6	贵阳	1 128.3
长春	571.6	西昌	989.2
沈阳	675.2	昆明	1 034.4
兰州	331.5	台北	1 653.5
乌鲁木齐	194.6	广州	1 622.5
呼和浩特	414.7	福州	1 280.8

（续）

城市	年均降水量（mm）	城市	年均降水量（mm）
大连	671.1	汉中	903.9
北京	584.0	汉口	1 203.1
郑州	640.5	长沙	1 450.2
西安	604.2	南昌	1 483.8
青岛	835.8	重庆	1 098.9
南京	1 013.4	成都	954.0
上海	1 039.3	杭州	1 246.6
吉林	600～710	天津	570～690
厦门	1 036.0	拉萨	463.3

表 2-4　不同气候条件下草坪最大日平均耗水量

气候条件	草坪最大日平均耗水量（mm/日）	气候条件	草坪最大日平均耗水量（mm/日）
寒冷地区，潮湿天	2.5	寒冷地区，干旱天	3.8
温暖地区，潮湿天	3.8	温暖地区，干旱天	5.1
炎热地区，潮湿天	5.1	炎热地区，干旱天	7.6

（四）草坪需水量的计算

1. 利用蒸散确定灌溉需水量

目前草坪界已广泛接受了利用蒸散来确定草坪灌水量，并有很多用计算机程序来控制灌溉系统，估计蒸散，进而设计出更贴近植物需求的灌溉量。如能获得一些关键的数据，不借助于计算机也可很容易地估侧用水量。首先要有气象蒸发量，即通过一个开敞的装满水的圆桶测得的蒸发量，这种圆桶是专门为气象学者和气象站设计的，许多私人气象站和高尔夫球场也用来监测当地的气象状况。

利用敞开的圆桶测定的蒸发量不能单独使用，为估计一块草坪的水分损失，必须利用作物系数（K_C）对它进行修正。作物系数是一个小于 1.0 的小数，圆桶蒸发量乘以作物系数即可得到蒸散的较准确的估计，公式如下：

$$ET_{草坪} = (K_C) \times 圆桶蒸发量$$

K_C 因草种和地区而异，需要用实验来确定。下面看一个例子，我们侧得一块狗牙根草坪的圆桶蒸发量是 5.72 cm/周，该地区狗牙根草坪的作物系数是 0.6，于是有：

$$ET_{草坪} = (0.6) \times 5.72 = 3.432 \text{ cm/周}$$

即这块草坪每周需要 3.432 cm 的降水或灌溉来满足蒸发蒸腾的水分消

耗。以上计算只是一种估侧，具体的灌溉还需管理者依据实际情况和经验来最终确定。

作物系数 K_C 不仅因草种而不同，同一草种在不同生长季节也有差异，在美国南部5～10月，暖季型草坪草的 K_C 一般范围是0.63～0.78，冷季型草从0.79～0.82，这说明对某一草种用水量的季节校正十分必要。如：一些灌溉用水相应重量和容重的换算为：每100 m^2 用水2.5 cm = 25 201 L水 = 2.5 m^3 水，每 km^2（10^6 m^2）用水2.5 cm = 2 520 001 L水 = 252 m^3 水，1 m^3 = 10 001 L。

2. 确定需水量的其他方法

在没有测定蒸散条件的情况下，可依据一些经验数据来确定用水量，作为一般规律，在较干旱的生长季节，每周灌溉量应是2.5～3.8 cm，以保持草坪葱绿，富有活力，在炎热干旱的地区，每周可灌水5.1 cm或更多。由于草坪根系主要分布在10～15 cm以上的土层中，所以每次灌溉后应以土层湿润到10～15 cm为标准。

三、灌溉时间

（一）灌溉时间的确定

灌溉时间的确定是草坪灌溉中的另一个重要环节，灌溉时间的确定需要丰富的管理经验，要求对草坪植物和土壤条件进行细心的观察和认真评价。灌溉时间的确定有多种方法。

（1）有经验的草坪管理者常依据草坪出现的缺水症状来判断灌水时间。萎蔫的草变成蓝绿色或灰绿色，走过或机器驰过草坪后，若能看到脚印或轨迹，则说明草坪已严重缺水，草开始萎蔫时，便失去了膨压，没有了弹性，这种方法对管理水平较高及人流较大的草坪不适用，因为此时草坪已严重缺水，已影响了草坪质量，并且缺水的草坪不耐践踏。

（2）用一把小刀或土钻检查土壤。如草坪根系分布的下限10～15 cm处的土壤是干燥的，就应该浇水，干土的颜色较湿土浅。

（3）使用张力计来测定土壤含水量。张力计的底部是一个多孔的陶瓷杯，连接一段金属管，另一端是一个能指示持水张力的量器，张力计装满水后插入土壤，当土壤干燥时，水从多孔杯吸出，量器指示较高的水分张力。草坪管理者依据这些测量，决定灌溉的恰当时间。

（4）现代草坪灌溉中利用多种机械和电子设备辅助确定灌水时间。有多种土壤电子探头可埋在土壤中，用于测定土壤水分含量，它的优点是可以用多个探头监测一大片草坪中不同区域的水分变化，获得的数据比张力计更有代表性。例如澳大利亚 ICT 公司的 MPS2 土壤水分探头及配套的水分测定仪可依据土壤介电常数与含水量的相关性快速准确地测定土壤含水量。红外测温仪是另一种有前途的仪器，它可快速测定大范围草坪冠层的温度，借助温度与草坪需水量的相关性，可用来指导草坪灌溉，目前这一技术正在不断发展完善中。

（二）一天中的最佳灌溉时间

一天中最适合浇水的时间应该是无风、湿度高和温度较低的时候。这主要是为减少水分蒸发损失，夜间或清晨的条件可满足以上要求，灌溉的水分损失最少，而中午灌溉，水分可在到达地面前蒸发掉 50%。但是草坪冠层湿度过大常导致病害的发生，夜间灌溉会使草坪草在几个小时甚至更长的时间内潮湿，在这种条件下，草坪植物体表的蜡质层等保护层变薄，病原菌和微生物易于趁虚而入，向植物组织扩散，所以综合考虑，许多草坪学家认为清晨是草坪灌溉的最佳时间。

草坪的使用是影响灌溉时间的又一重要因素。高尔夫球场管理者常说“不论何时，只要方便，就是一天中浇水的最好时间”。高尔夫球场在白天通常要进行比赛，所以多采用夜间灌溉，主要是为不影响白天场地的使用，由于高尔夫球场定期喷洒杀菌剂，所以夜间灌溉引起的病害并不严重。

四、灌溉次数

一般而言，草坪管理者可依据前面介绍的方法确定草坪需水量后，每周灌溉 1～2 次，如土壤保水能力好，可在根系层储存很多水，即可将每周需水量 1 次灌溉，保水能力较差的沙土应浇水 2 次，每 3～4 天浇每周需水量的一半。如 1 次用水量超过 2.5 cm，大量的水可能渗到根区下面，造成浪费。

对壤土和黏壤土，灌溉的基本原则是“一次浇透，干透再灌溉”，即每次灌溉时应使土壤湿润到根系层（10～15 cm），再次灌水时等土壤干燥到根系层深度。草坪草受到中等程度的干旱逆境，首先表现为萎蔫，接着叶片卷曲并且气孔关闭，这时是再次用水的最佳时机。这种逆境的长期影响使草坪植物表皮加厚和促进根系向深处分布。应绝对避免每天浇水（高尔夫球场的果岭区除外，因为一方面要求有极高的草坪质量，另一方面由于低修剪造成了极浅的根系，抗旱力极差），因为经常湿润的土壤使草坪草的根系分布在很浅的土表，对各种不良环境缺乏抵抗力。

引起植物根系深度对土壤水分发生反应的生理机制是激素脱落酸（ABA）的形成，较干的土壤条件导致根系合成 ABA，然后运输到叶片，

ABA导致气孔关闭和地上部分生长变慢，这样就可使更多的碳水化合物运输到根系，使根系变得更深广，当土壤长期保持湿润时，ABA水平会很低，根系因缺乏刺激而得不到发展。

间断深灌并不是适用于所有情况下，在砂土上将是一种水分浪费，因为水分会很快渗透到根系不能到达的土壤深处。渗透性不好的黏土也不适用这种方法，会引起地表积水，在这两种情况下，小水量多次灌溉更适合。有些草坪病害受灌水频率的影响，在有些情况下间断深灌会加重夏季斑枯病。

五、草坪喷灌

（一）草坪喷灌的主要质量指标

1. 喷灌强度

喷灌强度是指单位时间喷洒在草坪上的水深或喷洒在单位面积上的水量。一般是指组合喷灌强度，因为大多数情况下草坪喷灌为多个喷头组合起来同时工作，对喷灌强度的要求是水落下后能立即渗入土壤而不出现地面径流和积水，即要求喷头组合的喷灌强度必须小于或等于土壤的入渗速率。不同质地的土壤允许的喷灌强度（ρ 允许）是不同的（表2-5）。

表2-5　各类土壤的允许喷灌强度　　单位：mm/h

土壤类型	砂土	壤砂土	砂壤土	壤土	黏土
允许喷灌强度	20	15	12	10	8

喷灌系统的组合喷灌强度（$\rho_{组合}$）一般要大于单喷头喷灌强度，其计算方法如下：

$$\rho_{组合}=q/A\leqslant\rho_{允许}$$

式中：q 为单喷头的流量；A 为单喷头的有效湿润面积，由设计情况而定，但一定小于等于以喷头射程为半径的圆面积。

2. 喷灌均匀度

喷灌均匀度影响草坪的生长质量，它是衡量喷灌质量的主要指标之一。喷头射程能够达到的地方，草长得整齐美观，而经常浇不到水或浇水少的地方会呈现出黄褐色，影响草坪的整体外观。与喷头距离不同的草坪长势有所差别，这是因为即使水量分布图良好的喷头，水量分布规律也是近处多，远处少。依照这一规律进行喷点的合理布置设计，通过有效的组合重叠可保证较高的均匀度，防止喷水不匀或漏喷。

影响均匀度的因素除设计方面外，还有喷头本身旋转的均匀性、工作压力的稳定性、地面的坡度、风速和风向等。由于风是无法人为控制的，一般大于 3 级风时应停止喷灌，最好在无风的清晨或夜间灌溉。另外在设计时，支管走向应与主风向垂直，或用加密喷头来抗风。

3. 雾化度

雾化度是指喷射水舌在空中雾化粉碎的程度。由于草坪是比较粗放的植物，雾化程度要求低，雾化指标（工作水头与喷嘴直径的比值）介于 2 000～3 000 均可。但在草坪苗期，喷洒水滴不宜过大。

（二）草坪喷灌系统的组成

一个完整的喷灌系统由水源、水泵、动力、管道系统、阀门、喷头和自动化系统中的控制中心构成。控制器通过一个遥控阀，在预定时间打开阀门，水压使喷头高出地面并开始自动喷水；预定时间结束时，阀门关闭，喷头又缩回地下。

1. 水源

在草坪的整个生长季节，应该有充足的水源供应。井、河流、湖泊、水库、池塘和其他质量合格、数量足够的水源都可用于草坪灌溉，现在处理过的城市废水也开始用于草坪灌溉。水是否适合灌溉，取决于水中所含物质（溶解物和悬浮物）类型和浓度，许多水中含有大量盐类、颗粒、微生物及其他物质，其中的一些物质对草坪有害，评价灌溉水质量的两个重要指标是总盐量及钠离子和其他阳离子相对浓度，总盐量或盐分浓度可用水的电导率（EC）来表示，EC 低于 250 μs/cm 为低盐度危险，排水良好时可用于灌溉；EC 介于 250～750 μs/cm 之间，如有相当的淋洗条件也可用于灌溉；EC 介于 750～2 250 μs/cm 之间，土壤排水不良时已不能用于灌溉；EC 大于2 250 μs/cm，一般不能用于灌溉。土壤饱和浸提液中的 EC 一般高于灌溉水的 2～3 倍，这是植物吸收水分速度快于离子吸收的原因。草地早熟禾、细弱翦股颖和紫羊茅对盐分高度敏感；苇状羊茅、多年生黑麦草不太敏感；狗牙根、钝叶草、许多匍匐翦股颖的品种则相当耐盐。

钠吸收率（SAR）是用于估测灌溉用水中钠等阳离子危害程度的指标，土壤中的 Ca^{2+} 和 Mg^{2+} 起到抵消钠离子危害的积极作用，Ca^{2+} 和 Mg^{2+} 含量越低，SAR 越大，钠离子的危害越大。一般土壤中 SAR 含量在 5～15 可造成危害，具体造成危害的含量还与土壤结构有关。

硼（B）是重要的微量营养元素，但如灌溉水中硼的含量超过 1×10^{-6} 时则会对草坪有毒害作用。生活废水中常含有的铬、镍、汞、硒等也对草坪有毒害作用。

悬浮在水源中的各种颗粒使用前必须过滤掉，以避免危害灌溉系统部件，堵塞喷头，引起喷头不转等问题，粉砂和黏粒随水灌入土壤会封闭土壤孔隙，降低水分入渗速度。

2. **水泵**

除非灌溉系统小或是直接分接在城镇总水管上，否则都需要一至几个泵，从水源抽水的泵叫系统抽水泵，如系统中出现压力不足，可在压力管上安装增压泵（管道泵），以增加压力。这两种泵一般都是离心泵，泵壳内的助推器产生压力，旋转并将水压出排水口，以井或自然水体（河湖池等）为水源时，系统水泵多采用潜水泵。

3. **管道系统**

包括干管、支管及各种连接管件。管道是草坪灌溉系统的基础，通过它把水输送到喷头而后喷洒到草坪上，因而管道的类型、规格和尺寸直接影响一个灌水系统的运作。管道多使用便宜、不腐蚀生锈、重量轻的塑料管材，有时总管道用水泥、石棉和硅制成。

现用于灌溉系统的两种基本塑料管材是聚氯乙烯（PVC）和聚乙烯(PE)，PVC 比 PE 管子更坚固耐用，更普及，这两种管道工作压力选择范围大，内壁光滑，水头损失小，移动安装方便，使用年限可达 15 年以上。成段的 PVC 管很容易用溶剂黏合在一起，在管端和接头处（外有塑料套管）涂上石棉水泥，经石棉水泥的化学作用将管子很牢固地黏接在一起。在寒冷的冬天，塑料管中的水可能冻裂管道，所以管道必须埋入足够深的土中，或在冬天排除管道中的水。

4. **阀门和控制系统**

所有灌溉系统都有一套阀门，以调节通过本系统的水流，自动化系统的遥控阀是由控制器操作的。

控制器的基本部件包括一个钟表、定时器和称为端站的一系列终端。每个终端用电线或水管连接到一至多个遥控阀，每个阀依次操作一至多个喷头。终端控制的区域叫带。定时器上的表按预定时间旋转，定时器按顺序给一系列终端供电，这种依次自动接通各终端的过程叫一个循环。随各终端的接通，即可灌溉终端所覆盖的区域。通常由于水量和水压的限制，不能同时开启一个系统中的所有喷头，所以一次只能灌溉一个区域。

遥控阀有两种主要类型——电控型和水压式。当接通控制器端点与阀门之间的电路时，电控阀通电并打开，输电线埋在地下。水控阀靠管内的水压开关。遥控阀埋在它所控制的喷头附近。

较小的灌溉系统只有一个控制器，而大型设施，如高尔夫球场，则有一个能编程并能控制一系列附属田间控制器的中央控制器。更高级的控制器带有附件，如传感器，在下雨或系统内压力不正常时传感器能自动关闭灌溉系统。控制器也可连接在测量土壤水分的张力计或电极探头上。

5. **喷头**

草坪用的喷头种类繁多（图 2-1），为喷灌系统的关键部分。不同喷头的工作压力、射程、流量及喷灌强度范围不同，一般在其工作压力范围内，其他几项指标随压力变化而变化，但变化范围不应很大。性能越好的喷头其变化范围应越小，这对简化设计工作及提高灌溉质量极为有利。适宜的工作压力是保证均匀喷水的关键所在，压力特别低的情况下，多数水分布在一个环内，这就是许多草坪喷头周围出现绿色的环，环外则是褐色或休眠草坪的原因。压力过高，雾化程度又太大，极易受风的影响而使喷水分布形状不规则。压力适合时喷出的水呈楔形，经喷头的适当交叉组合能获得较高的均匀度，喷头间隔是均匀的关键，常用的喷头排列方法有等边三角形和矩形两种，喷头选型及布点正确是喷灌效果好坏的关键。用于草坪的喷头可分为庭院式喷头、埋藏式（上喷式）喷头和摇臂式喷头 3 大类。

(1) 庭院式喷头　庭院喷头多数为低压喷头，以自来水为主要水源，适用于公园、机关、厂区绿化、街道绿地及庭院内的小片草坪和花卉的喷水。

①手持式喷头　外型类似手枪，造型简单，能开关，通过快速接头与水管连接。大多集多种喷嘴一身。转换喷嘴可喷出不同水型。常用型号有国产的 PS 型、以色列的 LP3M、LP5 型等。

②摇摆式喷头　主要由孔管、曲柄机构、水蜗轮等构成，工作时水流驱动弧型喷臂摇摆。多孔射流，喷出水线如风中杨柳左右摇摆，景致优美。喷洒面多为矩形，可通过调整曲柄机构来控制喷管摆幅大小。主要型号有 L111、L100B、PB 等。

③旋转式喷头　主要有孔管式、甩片式等几种，孔管式喷头的每一孔管上有多个出水口，利用喷出水流的反作用力旋转，水型美观，如 PK 孔管式和 252 式。甩片式喷头则是利用水流冲击力旋转，雾化效果好且价格便宜。

④固定散射式喷头　分地埋式和地上式两种，水呈膜状散射喷出，雾化效果好，具喷泉效果。有的角度可调（0～360°），可适应复杂不规则地形，有的通过更换喷嘴可获得圆形或矩形喷洒面，其中矩形喷洒面的喷头对一些长条型绿化带的喷水极为适宜。雨鸟的 1 800 系列均属于这类喷头。

⑤花式喷头　集多种喷头于一身，通过旋转其外罩，对准不同的喷嘴，能喷出最多十余种喷型的水流，可适用更为复杂的不规则的小块草坪。

(2) 埋藏式（上喷式）喷头　草坪专用，不用时喷头埋藏在地下，顶部与地面平齐，可承受人与剪草机碾压，便于管理和行动。工作时升降体在水压作用下自动升起，水流从升降体顶部喷嘴喷出。停水（失压）后，升降体

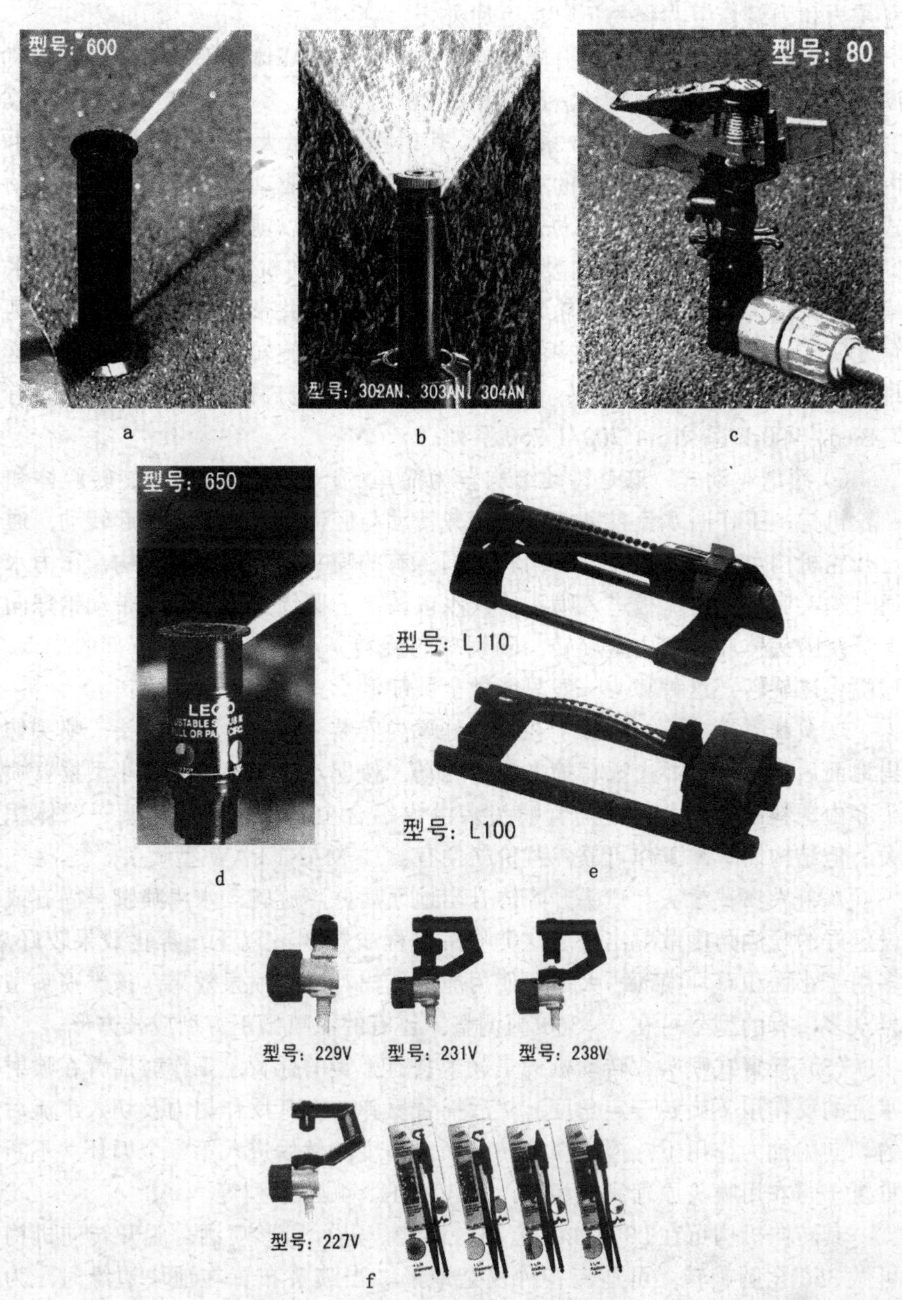

图 2-1 草坪喷头类型

a. 地埋伸缩喷头 b. 地埋散射喷头 c. 摇臂喷头 d. 地上喷头 e. 景观喷头 f. 微喷头

在重力和弹簧恢复力作用下自动返回外壳。

内水流驱动式 工作时升降体伸出，水流从升降体顶部喷嘴以射流状喷出，升降体边喷边自动旋转。旋转角从20°到360°，多数在45°至90°以整数变化。如雨鸟R50系列、F4系列等，其射程及流量大都可调。该类喷头由内水流驱动，是欧美最流行的一类喷头，依其具体驱动方式可分为齿轮驱动式、滚球驱动式、水蜗轮驱动式和活塞式，其中又以前两种居多。

① 齿轮驱动式 喷头内设几组减速齿轮和换向机构，齿轮前端连接水蜗轮，当压力水流冲击水蜗轮时，齿轮也同时旋转并带动喷嘴按设定的喷洒角度旋转。通过调整换向机构的位置来控制喷嘴的旋转角度和喷洒范围。这种喷头结构紧凑，转动平稳，是埋地喷头中应用最广泛的一种，常见的有T-Bird、900-E系列、1 700/1 750系列。

② 滚球驱动式 这是传动结构较为简单的一种，内有钢球旋转腔体和凸轮机构，工作时水流推动钢球转动并带动与腔体连接的喷嘴一起转动，通过凸轮机构可控制喷嘴喷洒方向和范围。有的喷头喷嘴无凸轮机构，压力水通过喷头底部的旋流板进入喷头体，水以较高的圆周速度旋转，带动钢球向上环绕喷头体底部的内壁旋转，随钢球的旋转，不断撞击喷嘴下部的支点，喷嘴得以旋转，这种喷头一般只能做全圆喷洒。

埋藏摇臂式喷头 相当于在喷头外罩内安装了一个摇臂式喷头，喷头伸出地面后借助水流冲击摇臂撞击喷管转动，按即定角度喷洒，中小型摇臂喷头多由塑料制成，大射程摇臂喷头多由铜铝合金制成。该类喷头一般体积大，但结构简单，工作可靠，且价格便宜，如MAXI-PAW型喷头。

散射式埋藏喷头 喷头升降体升出地面后并不旋转，水由喷嘴呈固有或设定好的喷洒角度散射出去。这类喷头射程一般5 m以下，雾化效果较好，多用于小面积草坪喷灌，大面积使用能塑造出壮观的喷泉效果，该类喷嘴型号众多，有的型号可在0～360°内调整，还有的能喷出正方型或长方形。

(3) 摇臂式喷头 转动机构是一个装有弹簧的摇臂，工作时摇臂在喷射水流的反作用下旋转一定角度，然后摇臂反弹，在其反作用力及切入水流后的切向附加力作用下，撞击喷管转动一定角度，然后进入第二个循环，不断重复。与农用喷头原理完全相同，有30PSH、40H系列等。

其转向机构可在20°～340°范围内调整，进行扇形喷洒，脱开转向机构可做360°全圆旋转，可适应各种复杂地形。当喷头布置在地块边缘时，为防止溅起的水花淋湿道路或建筑物，设计了专用精确喷管，如美国的35A－TNT系列。此外，喷头一般还有散水针或压水板用于调节喷头射程和雾化程度。常用的还有80B2系列喷头。

（三）喷灌系统的类型

喷灌系统按自动化程度可分为自动系统、半自动系统和人工系统；按主要组成和移动特点可分为固定式、移动式和半移动式3种。喷灌系统的选择要因地制宜，从实际经济技术条件出发。

1. 固定式喷灌系统

所有管道系统及喷头在整个灌溉季节甚至常年都固定不动，水泵及动力构成固定的泵站，干管和支管多埋在地下，喷头靠竖管与支管连接。草坪固定喷灌系统专用喷头多数为埋藏式喷头，一般除检修外很少移动。少数非埋地喷头在非灌溉季节卸下。

虽然固定式喷灌系统需要大量管材，单位面积投资高，但运行管理方便，极为省工，运行成本低，工程占地少地形适应性强，便于自动化控制，灌溉效率高，在经济发达地区劳动力紧张的情况下应首先采用。

2. 移动式喷灌系统

除水源外，动力、泵、管道及喷头都是移动的，最大优点是设备利用率高，从而可大大降低单位面积设备投资，另外，操作也比较灵活；缺点是管理强度大，工作时占地较多。草坪应用最多的移动式喷灌系统是绞盘卷管式（图2-2），其工作原理是利用压力水驱动水蜗轮旋转，通过变速机构带动绞盘旋转，随绞盘旋转，输水软管慢慢缠绕到绞盘上，喷头车随之移动进行喷洒作业。如常用的NAAN“迷你猫”系列120/43型自走式喷灌系统，性能可调，只需一人操作，整个行程可控制范围可达120 m×40 m，最高时速可达100 m/h，速度及喷灌性能可调，并可自行停机。这类喷洒车适用于运动场、赛马场及大规模草坪场地的喷水，尤其适合已建成的大面积草坪。

3. 半固定式喷灌系统

动力、水泵及干管是固定的，支管与喷头是可移动的，这与农用半固定式喷灌系统基本相同。干管上留有许多给水阀，喷水时把带有快速接头的支管接在干管上，喷头一般安装在支架上，通过竖管与支管连接。这种系统很少用于草坪。

（四）喷灌系统的设计

1. 收集基本资料

通过现场调查，收集必要的地形、土壤、水源、气象、能源和动力机械等有关资料，还应准备一张1∶500或更详细的地形图作为设计底图。这些基本资料是规划设计中不可缺少的。

2. 喷头选型与喷点布置

（1）影响喷头布局的因素　影响喷头的因素主要有风、压力、旋转速

图 2-2 绞盘卷管式移动式喷灌系统

度、喷嘴和立管。其中风对喷灌布局的影响最大，因为风变化大，且不易控制。在吹风时，迎风面喷洒范围减小，水量增加，背风面相反，风速越大，这种作用越明显，这种现象可通过缩小喷头间距来解决。压力高于或低于设计压都不好，高压使喷头喷出的水过度雾化而缩小喷洒面积，并使喷头附近的水量增加。而低压不能使水充分雾化，使整个喷洒面积上的水量均减少。因此，应根据喷头说明书上所要求的压力和间隔布置喷头。旋转速度太高则有效喷洒面积减小，单位被喷面积的水量增加，当旋转速度不均匀时，则旋转慢的地方水多，快的部位水少。喷嘴必须与喷头设计间距及水压相一致，不论在最初安装时还是以后的维修等情况下，如果与设计标准不同会影响喷水效果。立管就是用来安装喷头的一段垂直水管，必须有足够的高度使喷头不致太低而影响喷水效果。立管还应具有足够大的直径以免因水的冲击或喷头旋转等造成的震动而影响喷头喷水。

(2) 选型要点　按工作压力喷头可分为低、中、高压三种，小面积草坪或长条绿带及一些不规则草地可选用短射程低压喷头，如 1800 系列和 303AN 系列；体育场、高尔夫球场和大型广场草坪可用中高压喷头，如 TA80、F4、MYZ 等系列。目前使用最多的中压中射程喷头有 R50、Turbo、2688 及 7450 系列。无论采用何种喷头，关键是组合后喷灌强度一定要小于或等于土壤的入渗强度。另外，同一工程应尽可能选用一种型号或性能相似的喷头，以便管理和控制灌溉均匀度。

(3) 喷点的组合布置设计　喷点的组合布置包括喷点组合形式、支管走向、喷点沿支管间距、支管间距等内容，其设计合理与否直接关系到灌水质量。喷点组合形式有矩形、三角形、特例正方形和等边三角形，具体选择决定于地块形状和风速等，不规则地块一般分规则的几大块分别设计。草坪喷点设计以正方形最多。支管布置应考虑地形和当地主要风向。喷点间距依据喷头射程计算，如美国雨鸟公司推荐的其系列喷头间距为相应射程的 0.8～1.3 倍，具体设计射程参考有关水利设计资料。

3. 喷灌水力设计

喷灌水力设计主要包括以下几步：

(1) 初步确定干支管管径　管径决定了工程成本和流量是否足够。

(2) 管道水力损失（水头损失）计算　包括管道水头损失和局部水头损失。

(3) 支管水力设计　一般流程是：喷头选型⟶确定布点及管长⟶确定支管流量⟶初设管径⟶计算水力损失⟶校核⟶调整管径、管长重复计算⟶确定管径、管长。

(4) 干管水力设计　类似于支管，总的要求是支管分流处的压力应满足支管的压力要求。

具体设计计算方法可参阅有关水力学资料。

4. 水泵的选择

根据喷头工作压力、各级管道沿程水头损失、动水位平均高程与喷头高程之差，以及整个系统流量（系统内同时工作的喷头流量之和），选择流量和扬程合适的水泵，一般水泵设计流量和扬程应大于系统流量和所需压力的 10%～20%，以避免实际运行时流量和扬程达不到设计要求。

目前常用的水泵有螺旋离心泵和垂直涡轮泵。一般用压力箱控制水泵效果最好。草坪供水系统通常由一个或多个主泵和一个副泵组成。水泵的功率应适宜，太大太小均不好。喷灌系统设计流量应大于全部同时工作的喷头流量之和。$Q = n\rho$（Q 为喷灌系统设计流量，ρ 为一个喷头的流量 mm^3/h，n 为喷头数量）。水泵选择中功率大小计算可采用下列公式：

$$N（马力）= \frac{1000\gamma K}{75\eta_{泵}\eta_{传动}} Q_{泵} H_{泵}$$

式中：N——动力功率；

K——动力备用系数 1.1～1.3；

$\eta_{泵}$——水泵的效率；

$\eta_{传动}$——传动效率 0.8～0.95；

$Q_{泵}$——水泵的流量（m^3/h）；

$H_{泵}$——水泵扬程（m）；

γ——水的容重（$1t/m^3$）。

因为1马力=0.736 kW，所以上式可改为：

$$N\ (\mathrm{kW}) = \frac{9.81\ K}{\eta_{泵}\ \eta_{传动}} Q_{泵} H_{泵}$$

在实际设计中，在水泵选定后，如果是与电机配套就可以直接从水泵样本中查出配套的电机的功率和型号。在电力不足的地区应考虑采用柴油机。

（五）其他喷灌设备和系统

1. 过滤设备

草坪喷头的出水口一般较小，抗堵塞能力较差，对水质要求较严格。如水中杂质太多，会引起出水口堵塞，严重者使喷头停转，系统瘫痪。

目前常用的过滤设备主要有旋流式分离器、沙过滤器、滤网过滤器和叠片过滤器等。旋流式分离器又叫离心式或旋流式水沙分离器，主要由进出水口、旋涡室、分离器、贮污室和排污口等几部分构成。当含沙量低于5%时，它能消除0.074 mm以上泥沙的98%，而且能连续过滤，但不能消除灌溉水中比重小于1的有机污物，只能起到初级过滤的作用。沙过滤器由进出水口、过滤罐体、沙床和排污口等几部分组成，其沙床是三维过滤，具有较强的截获污物能力，是一种较理想的过滤设备。滤网过滤器的种类繁多，多由进出水口、滤网和排污口几部分构成，构造简单，价格便宜、使用最广泛，主要用于过滤水中的粉粒、沙和水垢等污物，但过滤效果不好，特别当压力较大、有机物较多时，污物甚至会穿过滤网而进入管道，在喷管压力较高时应采用不锈钢滤网，而不是尼龙网。叠片式过滤器是才发展的一种新型过滤器，灌溉水经叠片层层过滤，过滤面积大，周期长，过滤效果最好，价格也较高。

2. 滴灌系统

滴灌系统又叫地下灌溉，将有狭缝或小孔的小塑料管或陶器埋入根系层土壤中，灌溉水经过这些小孔进入土壤，因浇水时没有大气蒸发，所以地下灌溉系统非常节水，但技术要求和建设成本极高。为防止水分下渗，可在根系层下加塑料隔层。

六、节约用水的措施

水资源是宝贵而有限的，伴随社会经济水平的发展，城市水资源越发显得不足，我国是一个水资源紧缺的国家，而且水在地域上的分配极不均匀，所以每个草坪管理者必须密切关注并行动起来，节水灌溉是当务之急。

1. 草种选择

选择适应当地气候条件的草种和品种是节约用水的一项重要措施，一些干旱地区倾向于用暖季型的野牛草代替冷季型草坪草，野牛草可在极端干旱条件下不进行灌溉，而大多数冷季型草无灌溉则生长不良甚至死亡。

在高尔夫球场上，高草区也可使用更节水的野牛草，南方球场果岭用狗牙根比匍匐翦股颖节约更多的灌溉用水。

品种间的需水差异也很明显，在凉爽湿润的地区，有些普通草地早熟禾比改良品种更适应无灌溉的条件。有研究证明，同种草坪草的品种间的蒸散差别很大。

2．修剪高度

提高草坪修剪高度，可使地上有更多的绿色组织通过光合作用合成更多的碳水化合物供根系生长所需，这样根系可变得更深广，可从更大范围土壤中吸收水分，就能更有效地利用水分，提高修剪高度后，更厚的冠层可通过空气流动和减少蒸发而减低蒸散，同时还能促进根系发育并保护草坪草基部分生组织不受高温伤害。

3．施肥

水分管理的一个重要方面是维持恰当的养分平衡，营养不良的草坪，特别是缺氮、铁和镁常出现缺绿症，一块多年不施肥的草坪根系分布很浅，在干旱逆境下很快会进入休眠状态而变成枯黄，所以正确的施肥可提高草坪的用水效率。过多的施肥，特别是氮肥，会导致草坪草地上部分过分生长，而且叶片表皮薄且多汁，会因大量蒸腾而损失过多的水分，伴随蒸散的增高，草坪对水分的利用率和对干旱的抗性开始下降。在干旱时期应控制氮肥用量，应使用富含磷钾的肥料，因为这两种元素能增加草坪草的抗旱性。

4．清除枯草层和打孔

枯草层能降低水分利用效率，它是水分渗入土壤的障碍，常引起水分在地表流动，进而因蒸发而损失，还会导致植物根系分布变浅，所以打孔通气可打破枯草层并加快其分解，改善土壤的渗透性，降低土壤紧实度并促进根系向更深的土层分布。

在草坪面临逆境时应避免进行打孔通气操作，因为这将增加蒸发而使草坪面临更严重的逆境。夏末秋初是冷季型草坪草的最适打孔通气时间，暖季型草在盛夏逆境到来之前打孔通气最有好处。

5．其他管理措施

减少剪草次数并使用锋利的刀片也可有效地节约用水，剪草的伤口水分损失显著，剪草次数越多，伤口张开的时间越长；钝刀片剪草的伤口粗糙，愈合的时间较长。少用除草剂，因为某些除草剂会伤害草坪植物的根系。建植草坪时使用有机肥和土壤改良剂，提高草坪土壤的保水能力。

6. 化学药剂

蒸腾抑制剂可减少蒸腾水分损失，它们通过包裹在植物表面而起作用，蒸腾抑制剂对乔木和灌木很有效，由于草坪生长季节的旺盛生长和不断有一部分组织被剪掉，所以在使用上受到限制，有时他们被用于休眠草坪以防止干燥。

植物生长调节剂具有降低草坪草水分损失的潜力，如抑长灵（Embark）可降低狗牙根的水分消耗率35%。

湿润剂可使水形成水滴，减少水与固体或其他液体间的张力，草坪上使用可增加土壤的湿润度，特别适用于一些难于湿润的疏水土壤，也可使枯草层润湿，使根系层湿润得更均匀，但这些化学药品如使用不当，能伤害草坪，使用后应立即浇水。

施　肥

草坪植物的正常生长发育，除了需要充足的阳光、温度、空气和水分外，还必须有充足的营养供应。施肥是草坪管理的一项重要措施，合理施肥可为草坪植物提供所需的营养，氮肥能刺激草坪植物的茎叶生长，增加绿色；磷肥可促进草坪植物根系生长和细胞分裂，提高抗病性；钾肥可增加草坪的抗性，协调氮磷作用。一般情况下，在一年中，要获得健康的草坪，了解草坪所必需的营养元素，掌握正确的施肥时间和施肥量，科学合理地进行施肥是非常重要的。

一、草坪施肥的目的

草坪绝大多数是多年生的，一次种植要利用数年乃至数十年，为了使草坪良好生长，延长草坪的利用期，保持草坪的绿色度，增强草坪的园林绿化效果，要比农作物需要施更多的肥料，以充分满足草坪植物的营养需求。草坪施肥的目的是：

(1) 增加土壤肥沃性，为草坪植物的良好生长提供充足的养料。

(2) 改善土壤理化性质，促进土壤团粒结构的形成，为草坪植物的生长提供良好的生活环境。

(3) 调节土壤酸碱性，为草坪植物与土壤有益微生物的旺盛活动创造有益条件。

(4) 增加草坪植物的密度、绿度和活力。延长绿期，增强园林绿化效果。

(5) 提高草坪植物的抗逆性。正确的施肥使草坪不易受病、虫、杂草的危害；不合理的施肥，草坪不仅缺乏良好的外观，而且易受外界环境胁迫，即抗性（如抗旱、抗病等）减退。

草坪的施肥，不仅要了解草坪植物营养特性，还要了解土壤肥力状况。为了合理施肥，充分发挥肥效，不仅要了解肥料本身特性，还要必须把土壤、肥料与草坪植物三者结合起来，全面了解三者之间的关系。

二、草坪的营养需求

草坪植物正常生长所必需的营养元素有16种，除碳（C）、氢（H）、氧（O）主要来自空气和水外，其余的包括氮（N）、磷（P）、钾（K）、钙（Ca）、镁（Mg）、硫（S）（以上称大量元素）以及铁（Fe）、锰（Mn）、硼（B）、锌（Zn）、铜（Cu）、钼（Mo）、氯（Cl）（以上称微量元素），都主要依靠土壤来供给。所谓土壤养分，指的就是这些主要依靠土壤供应的必需营养元素。常见草坪植物体内必需营养元素的含量范围及有效态列于表3-1。

表3-1　常见草坪植物体内必需营养元素的含量及有效态

营养元素	正常含量 g/kg 干物质	有效态
N	20.0～60.0	NH_4^+，NO_3^-
P	2.0～5.0	HPO_4^{2-}，$H_2PO_4^-$
K	10.0～25.0	K^+
Ca	5.0～12.5	Ca^{2+}
Mg	2.0～6.0	Mg^{2+}
S	2.0～4.5	SO_4^{2-}
Fe	0.035～0.10	Fe^{2+}，Fe^{3+}
B	0.010～0.060	$H_2BO_3^-$
Cu	0.005～0.020	Cu^{2+}
Zn	0.022～0.055	Zn^{2+}
Mn	0.16～0.40	Mn^{2+}
Mo	0.001～0.008	MoO_4^{2-}

大量元素与微量元素的划分与对草坪的重要性没有关系，微量元素与大量元素对草坪同等重要，只是在草坪植物中需求的数量不同而已。草坪植物在整个生育过程中只有满足所必需的各种营养物质，才能健壮地生长发育。如果在植物生育过程中的一个时期，植物缺乏任何一种营养元素，其正常生长就会减慢或生长受到抑制，甚至引起死亡，因此要根据不同土壤及其养分含量和不同草种（或品种）的不同生育期，实行平衡施肥，有效地保证草坪草生长所需。

我国土地辽阔，由于气候、母质特性、熟化程度等因素的影响，形成了多种多样的土壤类型。从气候来看，北方气温低、雨量少，土壤中相应地保存较多的养分，特别是积累了较多的有机质和氮素；而南方气温高、雨量多，土壤中养分淋失较大。土壤中的有机质、氮、磷、钾等是草坪植物养分的基本来源。

（一）氮

1. **概述**

我国绝大部分土壤的氮含量一般是不高的。土壤中氮素含量与有机质含量呈正相关，土壤中全氮含量大致相当于有机质含量的 8%～12%，通常土壤有机质含量 2.5% 以上为高量，1%～2.5% 为中量，1% 以下为低量。按这个标准，东北地区的黑土有机质含量较高，为 2.5%～5.0%，全氮含量可达 0.12%～0.35%；华北、西北、西南、华南等地区多数土壤有机质含量较低，在 0.7%～2.5%；全氮含量为 0.06%～0.15%；南方相当一部分地区有机质含量在 1% 以下，全氮在 0.06% 以下。在草坪施肥计划中，氮是关键性营养。除碳、氢、氧外，植物需要的氮比其他任何元素都多。健壮的草坪植物，氮占干重的 3%～5%，较其他 15 种必须元素含量少，原因是：通常土壤中含量较低；施用氮肥后由于淋溶和挥发作用损失较大；硝酸根离子是植物利用最普通的化学态，因其带负电，不能贮藏在土壤中的阳离子置换位上，很易被滤掉；挥发作用使氮呈气态进入大气中；剪草带走了大量氮素。

由于氮在草坪营养中是关键性元素，主要是促进草坪草茎叶的生长和维持草坪健康的颜色，氮素缺乏与过量均引起草坪的不健康生长，表现出一定的症状。

2. **氮的生理功能**

氮是蛋白质、核酸、叶绿素的重要组成部分，也是酶和多种维生素（如维生素 B_1、B_2、B_6）以及生长素的组成成分，所以氮能促进草坪植物生长，尤其能促进分蘖及枝叶的发生。氮肥充足时，叶片嫩绿，枝叶繁茂，植株高大，光合作用强，绿化效果就好。

3. **氮缺乏症状**

缺氮草坪植物生长缓慢，植株稀疏而低矮，叶色渐黄。首先出现在下部老叶，逐渐向上部发展。禾草分蘖少，茎短而纤细，苗期生长缓慢，矮瘦，叶色黄绿；生长盛期缺氮，叶的症状更为明显，老叶从叶尖沿着中脉向叶片基部枯黄，枯黄部分呈 V 型，叶缘仍保持绿色而略卷曲，最后呈“焦灼状”而死亡，缺 N 草坪易患币斑病和红丝病。

4. **氮过量的表现**

氮素过多则草坪植物徒长，茎秆柔软，易倒伏，易形成枯草层，降低了草坪植物的抗逆性，容易引起病虫害。同时由于草坪密度过大造成荫蔽，而影响了叶片光合作用的进行，使草坪植物叶片中的碳水化合物含量降低，而蛋白态氮含量增高，叶片呈暗绿色。另外，过多的氮肥还会造成草坪修剪工作量的激增，增加了管理成本。

缺绿草坪失去了应有的绿色，这时草坪管理者会想到施肥，但首先必须弄清草坪植物缺绿是不是由于外界环境的影响（如盛夏的持续高温高湿及干旱等逆境胁迫）或病虫问题所致。密度也应加以考虑，稀疏并有杂草的草坪常常是由于氮肥不足引起的。草坪的修剪量多少也可用于估测植株的含氮量，有效氮少会使草坪生长缓慢，剪草次数减少。可根据植物的颜色、密度、修剪下的草量及草坪的整体外观来决定正确施用氮肥，可提高草坪质量。

（二）磷

1. 概述

土壤中磷大部分是以难溶性状态存在，所以土壤全磷含量与土壤磷酸供应量之间并没有严格的相关性。有的土壤全磷含量较高，但有效磷少，磷供应水平差。然而土壤全磷含量低时，往往表现出磷的供应不足。土壤全磷含量可以粗略地区分为 3 级：0.15%以上为高量，0.08%～0.15%为中量，0.08%以下为低量。我国耕层土壤全磷含量在 0.03%～0.35%之间。东北黑土地区全磷含量为 0.15%～0.30%；华北和西北地区的黄土 0.1%～0.2%；江淮丘陵地区黄土 0.05%～0.15%；长江以南丘陵地区红垠土和黄垠土 0.04%～0.10%；华南地区的橙红垠和赤土 0.03%～0.07%；珠江三角洲的潮垠田 0.10%～0.16%；四川盆地的紫色土一般为 0.10%～0.17%。

植物体的全磷含量一般占干重的 0.2%～1.5%，其中有机磷约占 85%，草坪叶片含磷量一般低于 0.5%，不同草坪草对有效磷含量的要求不同，如结缕草叶片含磷 0.05%～0.1%属正常范围。由于各种植物的磷营养特性不同，因此不同种类的草坪植物及同种植物的不同生育期和不同器官中的含磷量差别很大，一般是喜磷植物高于一般植物，生育前期高于生育后期，幼嫩器官高于衰老器官，叶片高于根系，根系高于茎秆。植物体内的磷含量与磷营养水平密切相关，施磷肥能明显提高植物体内含磷量及各种形态磷的比例，还能提高可溶性磷的含量。一般认为土壤中有效磷含量低于 34 kg/hm^2，全磷低于 0.08%时需要使用磷肥，但实际存在的问题是，多数草坪植物处于潜在缺磷阶段时，在外貌上很难诊断，当表现出明显缺磷症状时，早已遭到缺磷危害，因而探求草坪植物潜在的缺磷临界指标，在草坪建植和管理上有重要意义。

磷肥使用中的主要问题是易被土壤固定，一般应少量多次使用，并注意调节土壤的 pH 值，当土壤的 pH 值小于 6.0 或高于 7.0 时，磷便结合成无效不溶态，保持适当的 pH 值可增加磷的有效性。

磷对草坪草的主要功能是促进草坪草根的形成与生长，提高草坪草的抗性。磷素缺乏与过量均对草坪生长不利，使草坪草表现出一定的病症。

2. **磷的生理功能**

磷是构成草坪植物细胞原生质和细胞核的重要组成部分，为细胞分裂所必需。磷也是植物体内糖分转化和淀粉、脂肪、蛋白质形成不可缺少的物质，磷能调节能量释放，促进体内多种代谢活动，提高植物的抗逆性和对外界酸碱反映变化的适应能力，刺激草坪植物根系生长的作用。因此，磷肥充足有利于幼苗生长，促进根系发育，增加草坪植物的有效分蘖，所以新建草坪需施高比例的磷肥，以促进生根。磷还能促进可溶性糖类的贮藏，增强抗旱、抗寒能力，加强生殖器官的形成与果实的发育。豆科草坪植物一般比禾本科草坪植物更需要磷肥。

3. **磷缺乏症状**

草坪草缺磷一般形成“僵苗”，春季返青后生长缓慢，植株矮小，不分蘖或分蘖少而且延迟，叶形狭长叶面积小，叶身稍呈环状卷曲，叶色暗绿苍老，较老叶片先呈深绿，然后呈紫色和红色，叶心以下第2、第3片叶尖枯萎呈黄绿色；老根黄，新根少而细，严重缺磷影响繁殖器官的形成，延迟开花和成熟，并出现空秆、空壳、秕粒或成熟不整齐。所以用于种子生产的草坪植物要注意磷的缺乏，以免影响种子生产。

4. **磷过量的表现**

过量磷会造成植物过早老化，并引起锌、铁、镁等元素缺乏，使草坪变粗糙，失去使用和观赏价值。

(三) 钾

1. **概述**

土壤全钾含量反映了土壤钾素的潜在供应能力，含量受成土母质及植被和土壤水分淋洗状况的影响，我国土壤耕层钾的含量一般在0.4%～2.8%范围，全钾含量分3级：1.4%以下为低量；1.4%～2.2%为中量，2.2%以上为高量；我国土壤钾含量大致呈北高南低趋势，东北黑土与内蒙古栗钙土为1.7%～2.8%；华北与西北由黄土母质发育的土壤及四川盆地紫泥土为1.5%～2.5%；江淮丘陵地区由下蜀系黄土发育的土壤及南方冲积沉积母质发育的土壤为1.4%～2.0%；南方丘陵地区由红色黏土及花岗岩等发育的土壤一般为0.7%～0.8%；华南和滇南地区的红坭土和赤土只有0.3%～1.0%。土壤耕层全钾低于2%时，植物一般会出现缺钾症状。土壤速效钾含量与草坪植物生长关系的临界值是：$<50\ \mu g/g$ 为低量，钾肥效果显著，不施肥可能出现缺素症；$50\sim100\ \mu g/g$ 为中量，一般施用钾肥有不同程度肥效，$>100\ \mu g/g$ 为高量，肥效不明显。但土壤质地会影响土壤的供钾能力，如砂土—砂壤土缺钾临界指标为 85 μg/g，砂壤土是 100 μg/g，粉砂土—黏土则是 125 μg/g。

钾是维持草坪草生长需要量仅次于氮的元素，在氮磷等肥料供应较低的情况下，钾素营养问题并不突出，但随着近年来草坪管理水平的提高，伴随氮磷肥用量的增加，草坪植物对钾的需求越来越大，特别是在南方低钾土壤上问题更为突出，多数草坪植物叶片中钾的临界含量占干重的 0.7%～1.5%。不同发育时期草坪植物的需钾量不同，禾本科植物分蘖期需钾较多，不同草坪植物及品种间差别较大。

土壤钾素依据在土壤中的存在状态及对植物的有效性可分为矿物态、缓效态和有效态，矿物态以含钾矿物（云母和正长石等）的形态存在于土壤粗粒中，占土壤全钾的 90%～98%，对植物相对无效。缓效态钾存在于黏粒矿物中，占全钾的 2%～6%，这类钾不能被植物迅速吸收，但可以转化为速效钾并与速效钾保持一定的平衡关系，对保钾和供钾起着调节作用。速效钾约占全钾量的 1%～2%，包括土壤溶液和吸附在土壤胶体表面的交换性钾。

钾主要提高草坪草的抗逆性与适应性。同时对氮磷具有平衡的作用。

2. 钾的生理功能

钾能促进植物体酶系统的活化，影响光合作用和光合产物的运转，经常供钾，可提高草坪草对不良环境的适应能力，增强抗旱、抗倒伏和抗病虫害能力，提高草坪的耐践踏性和保水能力，也提高对氮的吸收与利用，对平衡氮磷营养起一定的作用。

3. 钾缺乏症状

草坪草缺钾初期，全部叶片呈蓝绿色，叶质柔弱并卷曲，叶色暗，无光泽，老叶的尖端及边缘先变黄，叶脉间变黄色，再变成棕色以至枯死，叶片呈枯焦状。缺素症一般在生长后期才表现出来。症状往往先出现在下部叶片，逐渐向上发展，中部叶片发展最快，症状还会因过多的氮，特别是氨态氮而加重，同时草坪易发生倒伏现象。

（四）钙、镁、硫

1. 钙

钙是极重要的矿质元素，然而我国只有少数土壤钙的绝对含量低，不能满足草坪草的需求。即在土壤 pH 值低或砂性土中会发生缺钙现象。在我国温暖湿润地区，土壤 pH 值低的地区含钙量不足可施用石灰石或白云石灰石，若只需施钙而不需要提高土壤 pH 值的条件下，施用石灰、石膏都可以。

钙与有机酸代谢、细胞膜的多糖类物质结合有关，能促进根的生长和根毛形成。能增加草坪植物对病虫害的抵抗能力，钙主要以石灰的形式存在，多用于调节土壤的酸碱度。

草坪缺钙植株叶尖或叶缘变黄，整个草坪变成红棕色，枯焦坏死，缺钙时茎和根的生长点以及幼叶先呈现病症，使其凋萎甚至生长点坏死，植株早衰，不结实或少结实。草坪草缺钙对根系发育有影响。

2. **镁**

土壤中全镁含量变化幅度较大，从湿润地区的粗砂土中只占千分之几至干旱、半干旱地区有高镁母质形成的土壤的百分之几。一般 pH 值低，砂性土壤易缺镁。而比较黏重的土壤如黏壤土，一般镁含量很高，所以在砂质基质的高尔夫球场的果岭或砂基的运动场场地很可能发生缺镁现象。一般湿润地区常会出现镁的缺乏症，因为这些地区 pH 值低于 7。

镁是植物叶绿素的重要组成成分，它在植物体中磷酸盐的运转上起一定的作用，所以人们有时把碾细了的蛇纹石或橄榄石等之类的硅酸盐加入过磷酸钙中以提高过磷酸钙的效力。镁是许多酶的活化剂，在碳水化合物代谢、移动起重要作用。

缺镁则影响叶绿素的形成，最明显的症状是缺绿病，叶片脉间缺绿具黄化现象，严重时出现坏死斑点，叶易枯萎，较老的叶片先显现病症。缺镁草坪特征是失绿，外表很象缺乏氮，但如果施氮后仍不能转变成绿色，进行正常生长，应该考虑缺铁问题，若施铁后，颜色仍不能改善，就应该考虑施镁，一般施镁 24 h 左右就可观察到草坪颜色的转变。镁肥最好为硫酸镁。

3. **硫**

硫在大多数土壤中存在的形式是有机态，土壤溶液中的可溶性硫酸盐和土壤复合体上的吸附态硫是草坪植物利用硫元素的主要来源。在湿润地区大部分硫是以有机态存在于土壤中，在干旱、半干旱地区土壤中的钙、镁、钾的硫酸盐往往大量地沉淀在剖面中。硫来源于大气，植物能利用空气中的二氧化硫，但在工厂附近由于硫的浓度过大，有可能形成酸雨而伤害草坪植物，但随着工业废气的净化发展，植物从空气中吸收的硫将会减少，土壤中的硫越来越需要人为补充才能满足草坪植物生长的需要，硫肥的补充主要通过施用如硫酸钾、硫酸铵、硫酸铜、石膏等硫肥。

硫是草坪草植物蛋白质和酶的重要组成部分，膜结构及原生质等形成所必需，参与植物代谢过程。

缺硫草坪植株较矮小，细胞分裂与蛋白质合成受阻，叶小而呈黄色，缺乏时幼叶先出现病症，严重缺乏时叶片几乎全部变成白色。

(五)微量元素

1. 铁

铁在我国土壤中一般含量较高,通常不会发生缺乏现象。缺铁一般发生在土壤 pH 值大于 7 的地方,缺铁的主要症状是草坪缺绿,施用铁可以在 24~48 h 内得到反应,若施铁后未发现转绿反应,应考虑其他因素所致。施铁在碱性土壤一般采用叶面喷洒,硫酸铁和螯合铁对草坪缺铁的纠正很有效。铁是多种酶和蛋白的组分,促进叶绿素合成,参与呼吸氧化还原作用,促进根瘤固氮作用。缺铁草坪上部嫩叶叶脉间变黄失绿,在石灰性或 pH 值较高的土壤下常有缺铁症状。

2. 硼

硼在我国土壤的含量是由北向南、由西向东逐渐降低的趋势,西部内路地区含量较高,而东部尤其是东南部砖红壤、赤壤和红壤地区含硼量较低(表 3-2)。土壤中水溶性硼的含量分级见表 3-3,我国西部内陆干旱、半干旱地区土壤富含硼;东部湿润、半湿润地区为低硼区。我国土壤缺硼区主要有 2 个,一是主要分布在广东、福建、江西南部及西北部、浙江西部和南部等地的红壤、赤红壤、砖红壤和黄壤区。二是主要分布在黄土高原和华北平原地区。发育不良的草甸土和白浆土往往发生缺硼现象,主要分布在黑龙江省的中部和东部以及内蒙古东部。此外,酸性土壤过量施用石灰也可能诱发缺硼。所以在缺硼地区在草坪建植与管理中,应重视硼的施用。硼能促进碳水化合物运转及生殖器官形成,影响生长激素形成及细胞分裂,提高豆科草坪植物根瘤菌固氮活性。缺硼,草坪植物生长点易坏死,花器官发育不正常,出现“花而不实”;茎秆易开,生长缓慢,对双子叶草坪植物易引起病害,硼不足时严重影响开花结实,使豆科草坪植物根上不结根瘤,顶芽和幼根生长点死亡,侧枝增强。

3. 钼

我国土壤缺钼分布很广,南方缺钼土壤包括红壤、赤红壤、砖红壤、黄壤、紫色土、黄棕壤等,这些土壤全钼含量比较高,但由于土壤中钼被吸附固定,不能为植物利用,有效钼含量低。北方缺钼的土壤有黄潮土、褐土、棕壤等,这些土壤全钼与有效钼均很低。钼在土壤中的有效性是随着 pH 值升高而增加,与锌、锰、硼等情况恰恰相反。钼是硝酸还原酶组分,参与氧化还原过程,影响叶绿素稳定;影响豆科草坪植物根瘤形成。老叶灰绿色,脉间失绿,出现斑点,边缘枯焦,豆科草坪植物根瘤小而少。缺钼老叶灰绿色,脉间失绿,出现斑点,边缘枯焦,豆科草坪植物根瘤小而少。

4．锰

我国土壤锰的含量为47～3 000 mg/kg，个别高达5 000 mg/kg，平均为710 mg/kg。锰在土壤中变幅较大，总的趋势是南方酸性土壤锰的含量比北方石灰性土壤高（表3-2）。锰是多种酶的组分和活化剂，影响叶绿素、维生素C、核黄素和胡萝卜素合成，参与呼吸氧化还原，促进光合作用和硝酸还原。缺锰新叶发黄先显病症，叶片脉间缺绿，组织易坏死，根系不发达，开花结实少。

5．锌

我国土壤锌的含量为3～709 mg/kg，平均为100 mg/kg。缺锌主要分布于石灰性土壤以及淋溶强烈的沙土（表3-2与表3-4）。在北方，如黄潮土、栗钙土、棕钙土、棕漠土等。在酸性土壤中，过度施用石灰也可能诱发缺锌。土壤中锌的供给情况主要受土壤条件，尤其是pH值的影响。在碱性土壤中锌的有效性很低，所以缺锌多半发生在pH＞6.0的土壤上。锌是多种酶的组分和活化剂，影响叶绿素合成、氧化还原作用和碳水化合物运转，促进生长素蛋白合成。缺锌草坪生长迟缓，细胞壁因缺乏生长素而不能伸长。节间短，叶变黄，有褐色叶斑。

表3-2　我国土壤部分微量元素含量（mg/kg）

土壤类型	硼	锰	锌	铜	钼
草甸土	14～72	480～1 300	18～163	18～35	0.2～5.0
黑钙土	49～64	730～1 200	56～153	16～34	2.0～4.2
黑土	36～69	590～1 100	58～66	19～28	0.5～2.1
暗棕壤	31～91				
棕壤	57～117	340～1 000	44～770	17～33	1.0～4.0
褐土	45～69	550～900	68～128	18～32	0.2～3.0
栗钙土	35～57		30～83		
暗栗钙土	49～69	250～900	20～98	7～14	0.1～1.2
黑垆土	32～128	660～1 170	55～127		
黄潮土	14～141	190～940	49～150		
黄棕壤	56～106	488～1 500	64～122		
红壤	1～125	11～4 243	11～492	6～68	0.4～3.9
赤红壤	0.5～72	48～750	14～182		
砖红壤	9～58	33～2 614	痕迹～323	15～150	0.6～5.1
黄壤	5～452	10～5 532	痕迹～750	10～40	
紫色土	20～43	425～920	48～131		
红色石灰土	20～351	282～3 627	93～374		
白浆土	45～69	850～1 800	79～100	13～35	1.3～6.0
黑色石灰土	56～153	673～1 950	71～192		

表 3-3　微量元素在土壤中含量分级

水平	土壤中含量 mg/kg		
	水溶态硼	有效钼*	活性锰
很低	<0.25	<0.10	<50
低	0.25～0.50	0.10～0.15	50～100
中等	0.51～1.00	0.16～0.20	101～200
高	1.01～2.00	0.21～0.30	201～300
很高	>2.00	>0.30	>300
缺乏临界值	0.50	0.15	

注：*有效钼用草酸－草酸铵溶液（pH=3.3）提取。

表 3-4　微量元素在土壤中含量分级*

水平	土壤中含量 mg/kg			
	石灰性或中性土壤		酸性土壤	
	有效铜	有效锌	有效铜	有效锌
很低	<0.10	<0.5	<1.0	<1.9
低	0.1～0.2	0.5～1.0	1.0～2.0	1.0～1.5
中等	0.3～1.0	1.1～2.0	2.1～4.0	1.6～3.0
高	1.1～1.8	2.1～5.0	4.1～6.0	3.1～5.0
很高	>1.8	>5.0	>6.0	>5.0
缺乏临界值	0.2	0.5	2.0	1.5

注：* 石灰性或中性土壤用 DTPA 溶液（pH=7.3）提取，酸性土壤用 0.1mol/L 的 HCl 溶液提取。

6．铜

我国土壤中铜的含量为 3～300 mg/kg，平均为 22 mg/kg。我国缺铜主要有黄壤、花岗岩和砂岩发育的赤红壤及黄土母质发育的各种土壤，如黄潮土、黄绵土等。砂质土中有效铜含量常常较低，酸性砂质土是常见缺铜土壤（表 3-4）。铜是多种氧化酶的组分和活化剂，促进叶绿素合成并增加其稳定性，促进蛋白质和碳水化合物代谢，参与呼吸氧化还原作用。缺铜草坪草新叶失绿，叶尖发白卷曲，出现坏死斑，严重时不结实。

其他元素如氯，土壤中含量较高。草坪一般不容易出现缺乏氯的现象。在此不作介绍。

各种大量元素与微量元素，皆为植物正常生长所必需，虽然有些元素间有相似的生理功能，但并不能相互代替，缺乏时都呈现出特有的病症。在这些元素中，N、P、K、Mg、Zn 为可再利用的元素，植株缺乏时老叶先表现病症；而Ca、S、Fe、Cu、Mn、B为不易再利用元素，缺乏时幼叶先出现病症。

三、草坪肥料

草坪肥料按肥料的种类和性质可分有机肥料和无机肥料；按所含营养成分，可分为氮肥、磷肥、钾肥、复合肥及微量元素肥料。复合肥含有一定比例的氮磷钾中的两种或三种，氮磷钾全有的复合肥又称完全肥料。草坪管理者可根据需要选择使用，在土壤缺微量元素的地方，草坪肥料中应含有所缺的元素。使用优质高效的草坪专用复合肥，特别是缓释肥料，是当前国际草坪管理发展的重要趋势。

按照国际惯例，肥料包装上通常用以短线相连的三个整数表示肥料的等级，第一个数字表示元素氮（N）的百分比，第二个数字表示有效磷（P_2O_5）的百分比，第三个数字表示可溶性钾（K_2O）的百分比，如20-5-10肥料表示以重量计，含20% N，5% P_2O_5，10% K_2O。其中：$P = P_2O_5 \times 0.44$，$K = K_2O \times 0.83$。

（一）有机肥料

有机肥料中的有机物质和营养元素比较丰富，养分完全，肥效长，有保肥和缓冲作用，有机肥料又是一种良好的改良剂，可以改良土壤过黏或过砂的质地，调节土壤水气状况，提高土温，改善土壤特性。可减少由于施无机肥料引起的酸碱变化，但是有机肥料含氮量低，一次施用量要比无机化学肥料大，体积大，施肥时比其他类肥料难施，而且有的有机肥料具有难闻的气味，对环境产生污染，不宜用在草坪上。表3-5列举了草坪常用的有机肥料。

（二）无机肥料

无机肥料就是化学肥料（表3-6），简称化肥。是草坪中应用较广的一种肥料，肥效大而快。主要有氮、磷、钾肥以及它们的复合或混合肥，目前有了草坪专用肥料。

1. 氮肥

氮肥能被植物直接吸收，所以多在草坪植物最需要的时期作为追肥施用。按其溶解和释放形式一般可分为水溶氮肥和缓释（溶）氮肥两大类，水溶性氮肥在土壤水分充足的情况下能被草坪植物的根系吸收，受温度影响较小，高溶解度的氮肥有利也有弊，草坪植物在短期内吸收大量氮肥，很快作出反应，但肥效往往是短期的，剩余的氮肥常淋溶到根系下层而浪费掉，而

表 3-5 有机肥料

名称	特点说明
1. 动物粪肥	羊粪：含 N 0.65%，P_2O_5 0.50%，K_2O 0.25%，发酵较快，属热性肥料，经腐熟后可作基肥和追肥 兔粪：含 N 1.72%，P_2O_5 2.95% 牛粪：含 N 0.32%，P_2O_5 0.25%，K_2O 0.15%，发酵温度低，属冷性肥料，用于草坪基肥时，堆积一年后才能使用 马粪：含 N 0.55%，P_2O_5 0.3%，K_2O 0.24%，腐熟快，属热性肥料，肥效高且快，宜作基肥，还可作育苗的酿热物 猪粪：含有机质 15%，N 0.5%～0.6%，P_2O_5 0.45%～0.6%，K_2O 0.35%～0.5%，温性肥料，肥效大而快，维持时间长，可作基肥 鸡粪：含有机质 25.5%，N 1.3%，P_2O_5 1.54%，K_2O 0.85%，发酵腐熟快，肥效长，发热量大，必需腐熟后才能施用 鹅粪：含 N 0.55%，P_2O_5 0.5%，K_2O 0.95% 鸭粪：含有机质 26.2%，N 1.1%，P_2O_5 1.4%，K_2O 0.62%
2. 堆肥	杂草、皮壳、垃圾、灰土及部分粪尿堆积起来，通过分解作用制成的有机肥料，有效成分含量取决于掺土量，一般含 N 1%～2%，P_2O_5 0.5%～0.8%，K_2O 0.4%～0.5%，用于草坪改良盐碱土及酸度较大、较为贫瘠的砂壤及砖红壤性土壤
3. 干血粉	含 N12%，价格高，效果好
4. 鱼肥	含 N 8%～10%，P_2O_5 4%～9%，渔业副产品
5. 海鸟粪	含 N 10%～14%，P_2O_5 9%～11%，K_2O 1.8%～3.6%
6. 蹄角	含 N 12%～14%畜产品加工副产品
7. 生骨粉	含 N 3.7%，P_2O_5 22%，中性
8. 熟制骨粉	含 N 1.8%，P_2O_5 29%
9. 饼粕	豆饼：N 7.0%，P_2O_5 1.3%，K_2O 2.1% 花生饼：N 6.3%，P_2O_5 1.2%，K_2O 0.3% 向日葵饼：N 5.2%，P_2O_5 1.7%，K_2O 1.4% 棉籽饼：N 3.4%，P_2O_5 1.6%，K_2O 1.0%
10. 人造有机肥	常用于管理水平较高的草坪
11. 草坪修剪下的草屑	含 N 3%～5%，P_2O_5 1%，K_2O 1%～3%
12. 泥炭、草炭	用于草坪建植时坪床的改良
13. “三废”类生活垃圾	通过处理可形成具有丰富营养成分的有机肥，一般作草坪基肥
14. 生物液肥	一般根据生物的生理生长机理，用仿生工艺方法合成，有的除具肥料作用外，还具有广谱抑菌及生理触杀鳞翅目害虫功能，可作草坪基肥和追肥

且还存在烧伤草坪植物的危险，所以尽管水溶性氮肥价格较低，但其肥效持续时间和氮素利用率都不高，还会使草坪植物在短时间内吸收超过其需要量的氮。施用水溶性氮肥后，如每平方米一次施入纯氮超过 5 g，在气温较低的时候（尤其是深秋），会伴随草坪植物的吐水，在叶尖出现白色盐类结晶，这一般可作为氮肥一次性施用量过大的标志。

表 3-6 草坪常用化学肥料

种类	名称	分子式	有效成分含量/%	特点
氮肥 N	尿素	$CO(NH_2)_2$	44～46	白色针状结晶，中性、水溶、稍有吸湿性，宜作追肥
	硝酸铵	NH_4NO_3	33～35	白色结晶，弱酸性、水溶、吸湿性强，易结块，易溶于水，有强吸热反应
	硫酸铵	$(NH_4)_2SO_4$	20～21	白色或淡红色结晶，弱酸性、水溶、吸湿性弱，易溶于水肥效快，肥力持续时间短，可作基肥、种肥、追肥
	甲醛尿素（UF）	$[CO(NH_2)_2CH_2]\ nCO(NH_2)_2$	38	冷水缓溶
	二尿甲醛（IBDU）	$[CO(NH_2)_2]_2(C_4H_8)$	31	冷水缓溶
	复硫尿素（SCU）	$CO(NH_2)_2+S$	32	白色或灰白色结晶状细粒，缓释
	碳酸氢铵	NH_4HCO_3	17	弱碱性、水溶、易潮结挥发
	磷酸铵	$(NH_4)H_2PO_4$	48	含 N 12%～18%，中性，水溶
	磷酸二铵	$(NH_4)_2HPO_4$	50	酸性
磷肥 P_2O_5	过磷酸钙	$Ca(HPO_4)+CaSO_4$	16～18	灰褐色粉末状，酸性，易吸湿结块，有腐蚀性，良好的基肥，也可作种肥与追肥
	重过磷酸钙	$Ca_n(H_nPO_4)_2 \cdot H_2O$	45	弱酸性，水溶，吸湿性强，易结块
	磷矿粉	$Ca_5(PO_4)3 \cdot F$	>14	中性，弱酸溶性
	钢渣磷肥	$Ca_4P_2O_9 \cdot CaSiO_3$	5～14	碱性，弱酸溶性
钾肥 K_2O	氯化钾	KCl	60	含氯及其他盐分
	硫酸钾	K_2SO_4	48	白色结晶，不易吸湿成块，易溶于水，用于不宜施 KCl 的地方，沙壤、红壤、黄壤上效果好
	硝酸钾	KNO_3	46	N 13%，中性，水溶

（续）

种类	名称	分子式	有效成分含量/%	特点
	草木灰	K_2CO_3，K_2SO_4	25	还含有 CaO 30%、P_2O_5 3%～6%、Mn、Mo、B 等其他元素，水溶，有效性高，贮存时易流失，注意防潮，草坪上主要作基肥，不能与厩肥和过磷酸钙混施
镁肥 Mg	硫镁钒	$MgSO_4·7H_2O$	16	溶解酸性土壤
	菱镁矿	$MgCO_3$	27	宜用于酸性土壤
	硫酸钾镁	$K_2SO_4MgSO_4$	6.5	宜用于酸性土壤
	泻盐	$MgSO_4·H_2O$	7～9	可溶、喷洒
	镁质石灰岩	$CaCO_3MgCO_3$	3～12	宜用于酸性土壤
钙肥 Ca	生石灰	CaO		中和土壤酸性，易灼伤
	熟石灰	Ca $(OH)_2$		中和土壤酸性，消除铝离子毒害
	石膏	$CaSO_4·2H_2O$		改良碱土
铁肥 Fe	硫酸亚铁	$FeSO_4·7H_2O$	19～20	易溶于水
	螯合铁	FeEDTA	5～14	易溶于水
硫肥 S	硫磺粉		80～100	
	硫酸钾	K_2SO_4	16～18.5	
	硫酸锌	$ZnSO_4$	17.8	
	硫铁矿		22～24	
	硫酸镁	$MgSO_4$	13	
	硫酸铵	$(NH_4)_2SO_4$	24	
复合肥料	氮磷钾复合肥		N 10%，P_2O_5 10%，K_2O 10%	中性，水溶性，弱酸溶性
	氨化过磷酸钙	$NH_4H_2PO_4$ + $CaHPO_4$ + (NH_4) SO_4	N 2%～3%，P_2O_5 14%～18%	中性，水溶性

表 3-6 中的甲醛尿素（UF）、二尿甲醛（IBDU）和复硫尿素（SCU）是缓溶或缓释氮肥，都属于迟效氮载体，它们是在化学反应过程中产生的，反应使尿素中一定百分比的氮变成暂时不能被植物吸收利用的氮。这类肥料可缓慢均匀释放氮素供草坪植物吸收利用，具有较长的肥效，氮素利用率较高，图 3-1 肥料和缓释（溶）肥料的不同养分释放模式，虽然它们的价格较高，但由于减少了施肥次数和肥料用量，仍可降低管理总成本，并可使草坪质量获得持久的改善。

甲醛尿素是甲醛和尿素结合而成的，通常 30% 的氮溶解在水中，称之为冷水溶解氮（CWSN），剩余的氮较大的分子被土壤微生物分解成较小单位游离尿素之前，不能吸收利用。可溶解在热水中的冷水不溶氮（CWIN）

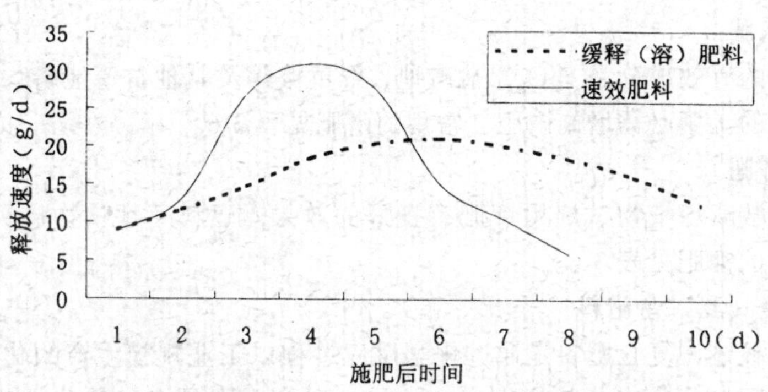

图 3-1 速效肥料和缓释肥料的典型肥力释放模型

(Robert. 1995)

是中间状态或中等缓慢释放的氮，而在热水中不溶解的（HWIN）那一小部分则释放得很慢。甲醛尿素中氮的充分溶解依赖于高温，低土温时微生物对不溶态的递解最少，因此氮的有效性大为降低，这使在一年的某些时间这种载体不能供给足够的氮。活性指数（AI）是一种相对溶解度的计量。它是在热水中（100℃）可溶而在冷水中不溶氮的百分数，AI 越高不溶氮变为可溶氮就越快，甲醛尿素肥料至少应有 40％的 AI，以保证施肥后一年中能给草坪植物提供足够的氮。甲醛尿素肥料的溶解度由尿素与甲醛的比率控制，1.3∶1.0 的比率可产生约 30％的 CWSN，而 20∶1.0 可产生 70％的 CWSN，能提供更多的可溶性氮。

复硫尿素是指硫和密封剂包裹表层的尿素颗粒，属于包衣缓释肥料，与前面提到的缓溶肥料的区别在于包衣内部的肥料是完全可溶于水的，其释放养分的速度不受土壤温度和微生物作用的影响，只决定于包衣层厚度和肥料颗粒的大小。现在包衣肥料的种类很多，大致可按包衣剂材料分为有机和无机两大类，无机包衣剂是现在的发展主流，可减少对环境的污染。复硫尿素的表面涂层起到减少内层尿素水溶有效性的作用，最终由于水渗透到颗粒中，包层破开释放氮素。包衣肥料一般由一定比例的不同包层厚度和大小的颗粒组成，包层薄或较小的颗粒先溶解释放，从而形成一种平稳的释放型，多数复硫尿素肥料中含有约 30％的速效氮。

缓释（溶）肥料和速效肥料各有利弊，理想的草坪肥料应同时含有一定比例的两种成分，以保证迅速而又长期的肥效。

表 3-6 中列出的肥料中，尿素是含氮量最高的肥料；硝酸钾对土壤的酸效应最强烈；硫酸钾含有 18％的硫，常用来替代氯化钾以减少土壤的盐分指数并提供硫营养。

2. 磷肥

磷肥的有效成分是P_2O_5，盐碱地、红黄壤等及其他贫瘠地磷均感不足。用作草坪的土壤必需增施磷肥，常用的磷肥见表3-6。

3. 钾肥

大多数草坪植物试施用钾肥有良好的效果，豆科草坪植物施钾效果更好。常用的钾肥见表3-6。

4. 复（混）合肥料

（1）概述　复合肥料是通过化学反应过程以工业规模生产的化学肥料，它每一个颗粒养分成分与比例完全一样。混合肥则是多种养分的物理混合体。我国草坪专用复合肥的研究开发工作起步较晚，国内高养护水平草坪主要使用进口草坪肥，其他草坪管理中使用的肥料主要为普通农用化肥，缺少优质的草坪专用肥，特别缺少缓释肥料，存在严重的氮肥使用不合理和肥料浪费现象。复（混）合肥按生产工艺又可分为粉状混合肥料、颗粒混合肥料、粉肥或料浆混合造粒以及液体或悬液混合肥料四大类。其中粉状复合肥由于不适合于机械化施肥，现已很少使用；颗粒复合肥是将所需的粒肥按比例机械混合而成的肥料，它具有工艺简单，设备和加工成本低的特点。这种混合肥料对原料粒肥的基本要求是，粒径应尽可能一致，平均粒径差应小于10%，另外，各种粒肥的密度应尽可能一致，以防在运输和使用过程中产生颗粒分异，造成施肥时养分不均匀分布，影响肥效。我国基础肥料的粒径差异较大，如磷酸二铵是1～4 mm，尿素是1～2 mm，氯化钾是0.8 mm，混肥有一定困难，宜采取就近混合就近使用或短距离运输使用。散装颗粒混肥(Bulk Blending)，简称BB肥，一般从大化工厂将基础肥料运到用肥地区后，按适合当地的配方混合生产，并立即在较近的运输距离（通常5～30 km）内售出施用，这可在一定程度上避免了不良化学反应和颗粒分级的产生；对于重新造粒生产复合肥，要求生产者具有一定的生产规模和技术实力，但一般生产较为通用型的复合肥，不能依据不同地区的特殊需要灵活地改变肥料配方；液体或悬液混合肥通常是在磷酸或聚磷酸的基础上，在氨中和的同时加入氮、钾、微量元素等养分，有时也可加入农药或除草剂。这种方法配方灵活，生产工艺较简单，成本较低，是目前草坪专用肥生产的一种趋势，但必须有一套与之配套的液体肥料运输、储存和施用机具。

（2）复混肥的优点和配方依据　①优点：a. 经济节约。在一般情况下多种肥料一次施用可以节省施肥费用，施肥节约的费用大于因混合而增加的费用，但前提是基础肥料的品位较高。b. 可因地制宜。依据当地土壤和草坪植物特点配方，能更好地满足植物的营养需求并充分利用土壤肥力。

c. 科学施肥。可在某种程度上避免草坪生产者因不了解肥料、草坪植物和土壤特点而出现的盲目施肥，浪费肥料问题。②配方依据：不同草坪植物对不同养分的需要比例不同，同一草坪植物在不同地区可能也有变化，最好根据当地多年积累的资料，特别是营养分析的结果，得出草坪植物的营养需求和比例。复合肥料配方的依据是草坪植物需求的养分比例和土壤养分供应状况，前者来自当地多年的资料积累，并要区分不同类型的草坪植物，如可分为禾本科草坪植物、豆科草坪植物、观叶观花植物及其他类型，后者可通过广泛的当地土壤调查和分析得到，有资料表明，土壤有效磷含量 5 mg/kg 以上时，禾本科草坪复合肥料可减少磷肥用量，20 mg/kg 以上时，南方的禾本科草坪复合肥也可考虑不含磷肥。土壤交换性钾如超过 150 mg/kg，对一般草坪植物（不包括需钾多的植物）的复合肥中可以不含钾肥。如当地多年营养试验结果都表明某一养分对某草坪植物或所有草坪植物无明显效果，则对某类草坪植物的复合肥中可以不含该成分，或在当地混合肥中不应含有这种成分。另外，制定配方时如已考虑到有时需用单一氮肥作追肥，则可只考虑采用做基肥时的较低的氮肥比例。

(3) 复混肥常出现的问题　①吸湿结块问题。混合肥在混合过程中的基础肥料（原料）可因混合而增加吸湿性，造成生产困难，如氯化钾与尿素混合，常大量吸水而使肥料溶解结块。肥料的吸湿性可用其化合物的临界相对湿度来表示，简称临界湿度。临界湿度的含义是当空气湿度大于某一肥料或肥料混合物的临界湿度时，则肥料自动地从空气中吸收水分；当临界湿度小于空气湿度时，肥料中水分将挥发；当两者相等时，则肥料即不吸水也不失水。不同肥料混合后临界湿度发生变化，如尿素在 30℃ 时临界湿度是 72.5%，硝酸钙是 46.7%，但混合后可大幅度下降到 37.7%，增加了吸湿性，在选择基础肥料时应尽量避免把混合后临界湿度大大下降的肥料相混合。肥料结块的原因是多种多样的，但含水量是重要的原因。解决肥料吸湿结块的办法通常是加入添加料（如棉籽壳粉、糠粉及花生壳粉等），但添加料的用量应加以控制，否则会影响养分含量。包衣技术是现在广泛应用的技术之一，有些包衣剂除产生缓释效果外，还可起到防止吸湿结块的作用。

②不良化学反应问题。混合过程可能出现不利于产品性质（主要是结块）的化学反应。肥料不正确的混合可造成多种不良后果，首先是物理性质劣变，散落性差，甚至结块；其次会引起某些重要元素的固定作用，降低元素的有效性；第三是引起某些元素的挥发损失。

③颗粒分异现象。以颗粒肥为原料生产的混合肥料在散装运输、贮存和施用过程中会有颗粒分异问题，在肥料颗粒大小不一致，以及不同肥料相对

密度不同时，会使各种肥料在整个混合肥料中的分布不均匀，这样就会使施在草坪不同部位的肥料种类不同，影响肥效，对草坪产生不良影响。解决办法是选择尽可能粒径一致的肥料混合，粒径相差应小于10%，同时应尽量缩短运输距离，缩短贮存期限，施用时也应尽可能混匀，尽量避免颗粒分异现象。

5. 微肥和菌肥

(1) 微肥　由于微量元素施入土壤后易被土壤固定，为提高肥效，常使用螯合态或玻璃肥料，常用的螯合剂有乙二胺四乙酸（EDTA)、羟乙基乙二胺三乙酸（HEDTA)、乙二胺邻位苯乙酸（EDDHA）等；玻璃微肥是玻璃与微量元素熔融后粉碎制成，减少了元素与土壤接触面积，草坪植物可缓慢吸收。

①铁肥　土壤中铁含量较高，但碱性土壤中的有效性较低，而且铁肥易被固定，草坪生长旺盛时常会暂时缺铁。常用的铁肥有 $FeSO_4 \cdot 7H_2O$（含铁19%～20%）和螯合态铁（如含铁5%～14%的 FeEDTA），施用量 0.5 g/m^2，为增加肥效，常与有机肥一起使用。

②硼肥　草坪植物缺硼多发生在pH值大于7的土壤上，土壤水溶性硼（沸水萃取）小于或等于0.5 mg/kg时草坪植物可能缺硼。硼砂追肥0.5～0.6 g/m^2，硼泥可以0.6～0.7 g/m^2 作基肥。

③钼肥　钼在酸性土壤中的有效性很低，草酸——草酸胺（pH值3.3）提取的有效钼低于0.15 μg/ g时草坪植物可能缺钼。施肥用量很小，一般用钼酸胺0.1～0.2 g/m^2，常与磷肥混施效果较好。

④锌肥　缺锌多发生在pH值大于6的土壤上，土温低或大量施用磷肥及含磷高的土壤也易缺锌。在酸性和中性土壤上，0.1 mol/L盐酸提取的有效锌含量低于1 mg/kg、碱性土壤中，螯合态DTPA（0.005 mol/L的MDTPA）+0.1 mol/L三乙醇胺+0.01 mol/L氯化钙提取的有效锌含量低于0.5 mg/kg时，草坪植物可能缺锌。草坪喷施硫酸锌一般可用0.05%～0.10%，某些植物可用0.4%～0.5%，但高浓度易产生药害，加入0.25%的熟石灰可消除。

⑤铜肥　一般土壤不缺铜，高有机质和pH值土壤可能降低铜的有效性。在酸性和中性土壤上，0.1 mol/L盐酸提取的有效铜含量小于或等于1.9 mg/kg，碱性及高有机质土壤中，螯合态0.02 mol/L的EDTA+0.5 mol/L氯化胺提取的有效锌含量小于或等于1 mg/kg时，草坪植物可能缺铜。基肥硫酸铜0.5～0.8 g/m^2，1～2年施用一次。喷施用0.02%～0.4%的硫酸铜。

⑥锰肥　锰以多种价态存在，以二价的水溶性和代换性离子草坪植物可直接吸收，各价态随环境条件变化而转变，pH 值大于 6.5 会降低其有效性，所以一般北方碱性土壤会出现缺锰。硫酸锰与有机肥或生理酸性肥料混合施用肥效较好，用量 0.2～0.5 g/m^2；喷施硫酸锰浓度 0.05%～0.1%，用量 10～15 mL/m^2。

(2) 菌肥

菌肥是一种辅助性肥料，本身不含植物需要的营养元素，而是通过其中微生物的生命活动，改善草坪营养条件，如固定空气中的氮素，参与养分转化；促进草坪植物对养分的吸收；分泌各种激素刺激植物根系发育，抑制有害微生物活动等。菌肥一般与化肥或有机肥料混合施用，而不单施。

常见的草坪菌肥有用于豆科草坪植物的根瘤菌肥和特别适合禾本科草坪植物的固氮菌肥，固氮菌肥独立存在于土壤中，适宜 pH 值 7.4～7.6。菌肥的肥效一般受土壤等环境条件的严格限制，在不适宜的条件下，菌肥中的微生物被抑制甚至死亡。

6. 多功能肥料

多功能肥料就是某些肥料除了对草坪植物生长提供必需的营养元素外，还对草坪草的生存环境和空间起到改善和保护作用，从而更有利于草坪植物的生存与生长，减少管理者对草坪的投入。多功能肥料目前使用的形式有全价肥料与除草剂或杀菌（虫）剂相结合和利用工厂废弃物制成的多功能肥料。全价肥料与除草剂或杀菌（虫）剂结合的多功能肥料的优点是节省时间、劳力、设备等，不足的是选择适当的施用时间是很困难的，因为最好的施肥时间，不一定是防治病虫害与杂草的最佳时期。所以多选择以根除病虫害或杂草为主的方法来施。许多工厂和生物制品厂在生产过程中的某些伴生物（如卷烟厂的烟末、制药厂的废料等）在草坪肥料的配制过程中有很高的利用价值，在配制肥料中加入一定比例，不但可以作为肥料间的缓冲物，同时还有杀虫、杀菌效果。这也是草坪多功能肥发展的趋势。

四、草坪施肥原则

草坪施肥要遵循一定的原则，只有种类齐全，数量充足的肥料是不行的，还要合理地施用，使少量的肥料发挥更大的作用。施用的次数、种类和用量与人们对草坪的质量要求、天气状况、生长期长短、土壤的基本状况、灌溉水平、修剪下草屑的去留、草坪草种类等因素有关。草坪施肥应综合诸多因素，在现有原则的基础上，科学合理地制定施肥计划，无统一的规范模式可循。

1. 根据草坪植物种类与需要量施肥

既按不同草坪草种、生长状况施肥，禾本科、莎草科、百合科等单子叶草坪植物需氮较多，则应以氮肥为主，配合施用磷钾肥。豆科草坪植物根具有根瘤，有固氮能力，氮肥需要量相对少，而磷钾肥需要量相对多。冷季型草坪一般轻施春肥，巧施夏肥，重施秋肥。任何一种草坪植物对肥料的需求量都有一定的限度，要根据草坪植物的生物学特性与营养需要科学地计算出需肥量，按需施肥。

2. 根据土壤质地和土壤肥力合理施肥

根据土壤质地与养分状况确定具体施肥种类和数量，避免盲目施肥。一般黏重土壤保水保肥性能好，肥效较慢，则前期多施用速效肥，但用量不能过多，以免后期草坪植物徒长；砂性土壤保水保肥能力差，供肥力较差，基肥应多施用有机肥，化肥作为追肥应少施和勤施；对贫瘠的盐碱地或白浆土及红黄壤更应增施有机肥。

3. 肥料种类要合理搭配，少施勤施，做到平衡施肥

除非土壤中某种养分特别丰富，不单独施用某一或两种营养元素，这是为满足植物生长中总是需要一定比例的各种营养元素的需要，即使土壤中的某一营养元素比较丰富，也常会出现由于施用其他元素而造成该元素暂时不足的现象。速效氮肥少量多次原则，目的是提高肥料利用效率并避免短期内施肥过量。草坪施肥首先要制定一个施肥计划，即在这一个生长季节中准备施用的肥料总量，首先是氮肥的用量，接着是氮磷钾比例的确定，确定后即可计算出对应的磷钾肥的施用量，施肥计划的第二步是确定施肥的时间和每次使用的肥料种类和数量。

4. 根据土壤水分施肥，灌溉与施肥相结合

土壤的水分直接影响土壤养分的形成和速效养分的积累，土壤水分过多，土壤中微生物活动不旺盛，土壤的速效养分少；土壤水分过少，土壤有机质难以分解，速效养分少，化肥也难被植物吸收，只有在适当的水分下，养分才发挥其最大效益，所以在干旱的地区，施肥要结合灌溉或降水，一般每追一次肥相应灌水一次，这样可以保证肥料的充分发挥，也防止肥料烧伤草坪草。

5. 根据肥料的种类与特性施肥

肥料种类多种多样，但要根据其特性结合土壤与草坪植物来施用。酸性肥料应施入碱性土壤中，碱性肥料应施入酸性土壤中，以充分发挥肥效和改良土壤。有的肥料之间不能混施，如：草木灰不能堆入厩肥中，以防氮素变成氨而挥发，也不能与过磷酸钙混施，以防磷酸钙（$CaHPO_3$）变成难溶的磷酸钙（Ca（H_2PO_4)$_2$），降低磷的有效性。

五、施肥数量

(一) 草坪施肥量的确定依据

草坪施肥量的确定通常根据以下三个方面：

1. 草坪草本身的需肥特性

不同草种和同种草坪草的不同品种的需肥量不同。通常情况下，氮素可根据草坪植物生长状况来确定，而磷钾和石灰的施用，则根据土壤养分测定结果来确定。氮肥较为确切的施用量可根据公式计算。

$$氮素利用率 = \frac{\dfrac{施氮（hm^2）草坪干物质量（kg）}{（氮含量 \times 生长量（kg））} - \dfrac{未施氮（hm^2）草坪干物质量（kg）}{（氮含量 \times 生长量（kg））}}{施用氮素量（kg）} \times 100\%$$

$$氮素施用量 = \frac{氮吸收量（氮含量 \times 生长量）}{氮素利用率}$$

据报道，正常草坪植物中，磷的百分含量为氮的 1/10～1/5，营养生长中，草坪植物叶中磷的百分含量为茎的 2～3 倍。草坪中干物质中钾的含量因草坪草种而异，冷季型草坪植物钾的含量高于暖季型草坪植物，通常冷季型草坪草干物质中 K_2O 含量为 2.5%～3.5%，暖季型草坪草则为 2.0%～2.5%。

表 3-7 列出了几种常见草坪草的建议参考氮肥用量，从中可以看出，冷季型草坪草中的匍匐翦股颖需肥量最大，而暖季型的狗牙根最嗜肥。

2. 草坪生长土壤的肥力状况

即所谓的测土按需施肥，依据土壤的养分状况确定用肥的数量和比例。

3. 养护管理水平

即对草坪质量的期望，高养护水平的草坪一般用肥量较大，施肥次数较多，如低养护水平的草坪每年可仅施用纯氮 0.5 kg/100 m^2，而高养护水平的草坪的氮素施用量可高达 5～7.5 kg/100 m^2，但值得注意的是，如使用非缓释（溶）肥料，每次草坪施肥的纯氮素用量不应大于 0.4～0.5 kg/100 m^2，一次施用氮肥过多，不仅会造成肥料的浪费，还会引起草坪植物徒长并降低草坪对不良环境胁迫的抗性。

其他因素，如天气条件、生长季的长短、土壤质地、灌水量、草坪光照情况、剪下的草屑是否移走、所使用草坪草品种的特性及草坪使用方式等，也是确定草坪施肥量时必须考虑的因素。

表 3-7 常见草坪草氮肥建议施用量纯氮 单位：kg/100 m^2

冷季型草种	建议参考施氮量	暖季型草种	建议参考施氮量
	每生长月		每生长月
草地早熟禾	0.24～0.49	结缕草	0.12～0.24
普通早熟禾	0.12～0.24	野牛草	0.05～0.20
一年生黑麦草	0.12～0.24	假俭草	0.05～0.15
多年生黑麦草	0.12～0.24	地毯草	0.05～0.20
苇状羊茅	0.12～0.24	钝叶草	0.24～0.49
紫羊茅	0.12～0.24	普通狗牙根	0.24～0.49
硬羊茅	0.12～0.24	改良狗牙根	0.34～0.64
羊 茅	0.05～0.20	巴哈雀稗	0.12～0.49
细弱剪股颖	0.24～0.49		
绒毛剪股颖	0.24～0.49		
匍匐剪股颖	0.24～0.64		

（二）草坪施肥量确定方法

草坪施肥确定方法通常采用植物营养诊断法、土壤测定法和田间试验法3种方法。植物营养诊断法：可用外观诊断法，即当植物不能从土壤中得到足够营养元素时，它们的外表和生长状况会发生变化，依据其特定的缺素症即可判断出可能缺乏的营养元素，但更确切的方法是依据植物组织分析的方法进行诊断，但现在的问题是缺乏一套准确适用的草坪植物营养诊断所必需的数量化的诊断标准，主要是依据实践经验来进行大致的判断，这就需要诊断者的经验特别丰富，否则对各种营养元素缺素症与因气候、土壤、病虫害等引起的症状不易加以区分，如低温可引起草叶呈紫红色，类似缺磷或缺氮；干旱可引起生长受抑，并叶缘内卷，类似缺钾；风害也会使草坪叶缘内卷，类似缺钾；排水不良可引起叶片变黄，呈红紫色，也类似缺氮磷或铁锰等。

土壤测定法：草坪上一般每3～5年测定1次，由于土壤营养缺乏和pH值等调节需更频繁的测定，土壤测试一般测试pH值、磷、钾水平，而氮的水平通常是根据草坪草的生长状况而不是通过土壤测试结果。一般取土壤样是用取土器（土钻）或铁铲取样，去掉草坪与枯草层，随机在草坪上取15～20个样，用土钻或铁铲取土至大约10～20 cm深的土壤（图3-2），把所取15～20个样在塑料桶中彻底混合，晒干，而后送至土壤分析实验室化验分析。

磷钾肥用量的确定通常根据土壤化验的结果，表3-8列出了一个依据土壤速效磷钾含量制定的建议磷钾肥用量，施肥者可依据自己对草坪的质量期望，参考确定磷钾肥的用量。

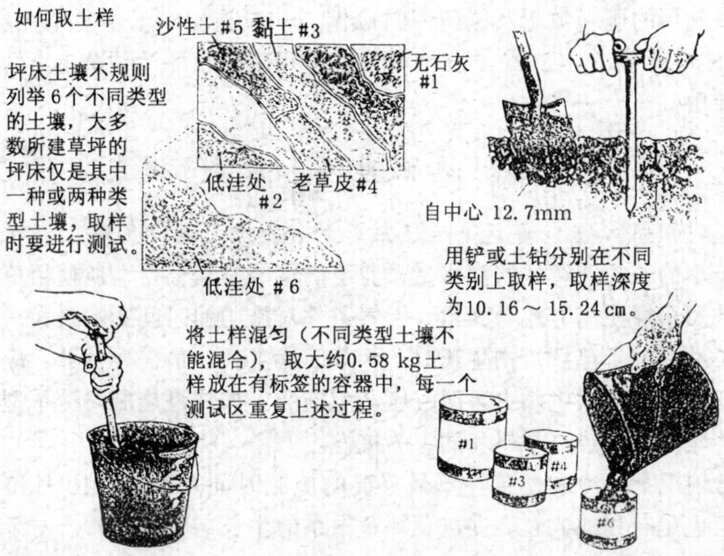

如何取土样

坪床土壤不规则列举6个不同类型的土壤，大多数所建草坪的坪床仅是其中一种或两种类型土壤，取样时要进行测试。

沙性土 #5 黏土 #3 无石灰 #1 低洼处 #2 老草皮 #4 低洼处 #6

自中心 12.7mm

用铲或土钻分别在不同类别上取样，取样深度为10.16～15.24 cm。

将土样混匀（不同类型土壤不能混合），取大约0.58 kg土样放在有标签的容器中，每一个测试区重复上述过程。

#1 #3 #4 #6

图 3-2 取土样示意图

表 3-8 据土壤速效磷钾养分状况提出的磷钾肥建议施用量

土壤速效养分水平 mg/kg	土壤肥力评价	建议施肥量（P_2O_5 或 K_2O kg/100 m^2·a）		
		一般养护水平草坪	高养护水平草坪	新建草坪
磷（新建草坪每次施肥量不能高于 P_2O_5 1 kg/100 m^2）				
0～5	很低	1.5	2	2.5
6～10	低	1	1.5	2
10～20	中	0.5	1	1.5
20～50	高	0	0～0.5	0.5～1
>50	很高	0	0	0
钾				
0～40	很低	2	2.5	
41～175	低	1～1.5	1.5～2	
175～250	中	0～0.5	0～0.5	
250～300	高	0	0～0.5	
>300	很高	0	0	

在确定了氮肥及磷钾肥用量后，施肥者即完成了施肥计划的第一步，知

道了准备施用的肥料数量及氮磷钾的比例，一般施肥中禾本科草坪草的 N、P_2O_5 与 K_2O 比例有 3:2:2、5:4:3 等几种，可依据草坪及种植土壤的实际养分状况选用。

六、施肥时间和次数

施肥时间和次数的确定同样取决于土壤质地、天气条件、草坪光照情况、生长季的长短、草坪的灌水量、剪下的草屑是否移走、所使用草坪草品种的特性及草坪使用方式等因素。天气条件对施肥的时间影响最大，当温度和水分条件有利于草坪植物生长时，禾草旺盛生长，最需要营养，应适时施肥；当环境不适或发生病虫害时，应避免施肥。如仲夏施肥对冷季型草坪草有害，会减低其对热、干旱和病害的抗性。

通常情况下，冷季型草坪草最重要的施肥时间是晚夏，10 月和稍近的晚秋施肥也是有利的，它能促进草坪草根系的生长与春季返青。对于高质量的草坪最好在春季进行第三次施肥；暖季型草坪草最重要的施肥时间是春末，第二次施肥宜安排在夏天。初春和晚夏也都是必要的。

对任何一块草坪都没有固定的施肥计划可供选择，只有一些施肥的基本原则和建议供草坪管理者参考，需要草坪管理者依据自己的实际情况，在实践中得到最适合自己情况的施肥计划。由于冷季型和暖季型草坪草生长习性的差异，在施肥方法上有所不同，以氮肥为例分别介绍冷季型草坪草与暖季型草坪草的施肥措施，磷钾肥的施用最好通过土壤测试，但值得注意的是，除非土壤的磷钾含量特别丰富，一般草坪施肥不单独使用氮肥。

1. 冷季型草坪施肥计划（氮肥）

春季冷季型草坪草从休眠状态中返青后开始快速生长，在炎热的夏季草坪草生长开始变慢，秋季伴随气温的下降，草坪草重新开始快速生长，但生长的程度要小于春季，这也说明温度不是决定草坪草生长速度的惟一因素，基因调控也在起作用。春季返青消耗了大量储存的碳水化合物用于快速生长，但快速生长所形成的绿色组织可通过光合作用合成的碳水化合物来进行补偿，夏季由于逆境的压力而生长缓慢，在温度适于生长的秋季，草坪植物生长速度慢于春季的原因是储藏一部分碳水化合物以备第二年返青之用。

最早的施肥计划主张春季重施氮肥，盛夏少量施用氮肥，秋季施用中量氮肥，结果导致草坪夏季质量极差。最新研究提出了更合理的氮肥计划，即春季轻施氮肥，秋季重施氮肥，而夏季只在草坪出现缺绿症时才施用少量氮肥（特别适合使用前面提到的缓释肥料）。春季重施氮肥可因草坪过分生长而消耗大量碳水化合物，使草坪度过盛夏逆境时没有足够的营养储备。重施秋肥的依据是，冷季型草坪草根系的最适生长温度低于地上部分，根生长最适温度为10～18℃，最高24℃，叶生长最适温度为18～24℃，最高为32℃。秋季伴随气温的下降草坪地上部分生长变慢，深秋时地上部分停止生长，由于土壤温度还适于根系生长，并且土温降低速度慢于气温，所以根系仍可正常生长一段时间，此时地上仍有一定数量的光合组织，可满足根系吸收营养和生长的需要，此时施用的肥料可起到促进根系生长并为第二年储备营养的作用，所以深秋施重肥现已被许多草坪施肥计划广泛采用。

表3-9是依据施肥原则为冷季型草坪制定的一个参考施肥计划，但具体的实施还需要管理者依据当地实际情况和综合考虑其他影响因素来决定，而且每一次施肥的具体开始时间要依据当地的气候条件而确定，其中春季两次施肥和8月和9月两次施肥的间隔时间都应是30～40天，而深秋施肥的时间决定于当地的气温和土温变化，一般开始于日均温10～15℃时，如北京市一般年份是10月下旬至11月初。一般温带地区冷季型草坪一年氮肥的总用量应是1.47～2.44 kg/100 m^2的范围。总的施肥原则是应既不能使草坪因饥饿而缺绿，也不能因过量施肥而徒长。

表3-9 冷季型草坪草氮肥使用计划

(Nick Christians, 1998)

施肥时间	施肥量/N kg/100m^2
3/4月	0.244～0.367
5/6月	0.244～0.367
6/7月	足够防止缺绿即可
8月	0.489
9月	0.489
深秋	0.489～0.733

2. **暖季型草坪施肥计划**（氮肥）

暖季型草坪草冬季的几个月一般处于休眠状态（图3-3），失去叶绿素变成枯黄色，光合作用停止，不能合成碳水化合物。伴随春季气温升高，暖季型草坪草从休眠中缓慢恢复，盛夏生长速度达到最高，秋季气温下降后，暖季型草坪草又转入休眠。

由于生长规律不同，暖季型草坪草不能借鉴冷季型草坪草的氮肥施用计划，只能依据环境和土壤条件作出具体决定，暖季型草坪草一般建议氮肥用量是0.488 kg/100 m^2·生长月（纯氮），这一施肥量对黏重或干燥的土壤来说太多，对大降雨量地区的砂土来说又太少。

有些地区暖季型草坪草冬季不休眠，前面讲的均衡施肥同样适用于暖季型草坪草，既不能让草坪因缺肥而缺绿，也不能因过量施氮而造成徒长。除

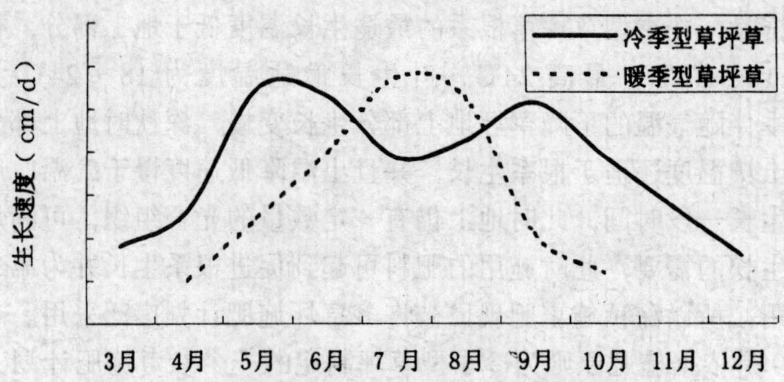

图 3-3 典型暖季型和冷季型草坪草生长模式的差别

(Robert 1995)

热带以外的许多地区，暖季型草坪草有相当一段时间虽然未完全休眠，但生长速度缓慢，这时氮肥用量应相应减少。

七、施肥种类与方法

草坪施肥的种类分为基肥、种肥与追肥。正确的施肥方法是充分发挥肥效，保证草坪植物良好生长的重要条件。不正确的施肥方法和不良的施肥技术，不但不能发挥肥效，还会给草坪带来损坏。

（一）施肥种类

1. 基肥

在草坪播种前或铺植前，即在坪床准备时结合土壤耕作所施入的肥料为基肥。基肥施用量因粪肥种类、土壤肥力和草坪植物不同而异。在土壤肥力低的黄砂壤、红黄壤、盐碱土、白浆土等可多施，而土壤肥力较高的黑土、黑钙土或经过改良的土壤则少施。禾本科、莎草科草坪植物等可多施，而豆科草坪植物可少施。草坪施用的基肥一般以有机肥料为主，在土壤水分充足，有机质含量较高的土壤，则在有机肥中增施一些速效性的化肥。

2. 种肥

在草坪植物播种同时，将肥料拌入种子或作为种衣包在种子表面与种子同时埋入土壤中，或施在种子或种苗近旁的肥料为种肥。种肥必须是充分腐熟的有机肥料、速效的无机肥料、混合肥料或颗粒肥料等。所用肥料必须是对种子无腐蚀和毒害作用。凡过酸过碱及产生高温的未腐熟的粪肥等均不宜作种肥。种肥的施用量少而精。

3. 追肥

在草坪生长期间，喷洒在草坪植物表面或施入根旁的肥料为追肥。草坪追肥以化学肥料为主，而在速效肥料中又以有效成分含量高，对草坪植物体伤害小的为好。追肥应注意以下几项：

（1）看苗追肥：当草坪植物表现出缺肥症状时应采用相应的肥料及时追肥。

（2）看土追肥：当土壤贫瘠，草坪植物生长缓慢或停止时要及时追肥。

（3）看肥追肥：肥料用量一定要按照标准剂量施用，尤其液体肥料，以防发生肥害。

（4）看水追肥：追肥必须与灌溉相结合，即追肥后相应灌一次水，以充分发挥肥效。

（二）施肥方法

有了一个好的施肥计划后，施肥中最重要的是均匀问题，施肥不均匀，会破坏草坪的均一性，减低草坪质量和使用价值，肥多处草色深，因生长快而草面高出，肥少处则色浅低矮，无肥处草色枯黄稀疏，更有甚者还会在大量肥料聚集处造成肥料“烧死”草坪草，形成秃斑。一旦形成以上情况，需很大努力才能纠正，所以最好正确地使用施肥机械并在施肥后给以足够的灌溉。根据肥料的剂型和草坪草的需要情况，施用肥料的方法通常分喷施、撒施、条施和点穴施 4 种。液体肥料或水溶性粉质肥料可采用喷施，干的颗粒肥料采用撒施或点施。喷施是用喷洒器施用，撒施或点施是用手工或机械施用。一般小面积草坪采用手工施肥，大面积草坪一般采用专业施肥机进行。手工撒施肥料或机械施肥通常将肥料两等分，横向施一半，纵向施一半（图 3-4）。在肥料量小时还可用沙拌肥，使肥料更均匀。现在许多草坪管理者使

图 3-4　施肥方式图（分两半施，两次方向垂直）

用液体肥料，液体肥料常同各种药剂混合喷洒在草坪上，尽管喷雾设备的初期花费高于施肥机，但液体肥料更便宜，易溶于水的尿素和细粉状的甲醛尿素常用于液体肥料。

第四章 修剪

最早的草坪修剪是用放牧绵羊啃食实现的，1830年世界上才发明第一台滚刀式剪草机，1880年又生产出重达1.5t以蒸汽机为动力的笨重剪草机，由于对草坪土壤压迫过重而很少使用，直到1919年才有了以内燃机为动力的轻便剪草机，使机械剪草的普遍使用成为可能。

修剪是指去掉草坪地上一部分生长的枝叶。修剪的目的在于保持草坪整齐、美观及充分发挥草坪的坪用功能，适度修剪可促进草坪匍匐茎和枝条密度的提高，利于日光进入草坪基层，抑制杂草，使草坪草健康生长。单从植物学角度看，修剪可引起根系暂停生长，导致根系生物量减少，深度变浅，降低碳水化合物的生产和贮存。然而，草坪草具有低位、壮实、致密的生长点和较快生长特性，这就为草坪的修剪管理提供可能。为了使草坪美观实用，草坪必须定期修剪。

一、修剪原则

（一）修剪原则

草坪修剪的基本原则为每次修剪量一般不能超过茎叶组织纵向总高度的1/3（占总组织量的30%～40%）（图4-1），即修剪的1/3原则，不能伤害根颈，否则会因地上茎叶生长与地下根系生长不平衡而影响草坪草的正常生长。例如，若草坪需要修剪的高度为2 cm（剪草机的刀片置于2 cm的修剪高度），那末当草坪草长至3 cm高时就应进行修剪，剪掉1 cm。如果草坪草长的太高，不应1次就将草剪到标准高度，这样会使草坪草的根系停止生长，修剪量超过40%草坪根系会停止生长6天至2周，正确的做法是：在频率间隔时间内，增加修剪次数，逐渐修剪到要求高度。1/3修剪原则对夏季逆境胁迫下的冷季型草坪草特别适用。由于过低的修剪频率下，草坪修剪时由于1次修剪量大并更接近基部而易发生茎叶剥离，在恢复时要消耗大量贮备的碳水化合物，进而严重影响碳水化合物的贮存，而按照1/3原则进行较频繁的修剪可以避免茎叶剥离，虽然修剪本身消除一部分碳水化合物，但如能正确操作，仍可避免因茎叶剥离而在总体上减少一些碳水化合物消耗。

新建草坪由于草坪草比较娇嫩，根系较浅，加上土壤潮湿疏松，修剪时应高于维持高度的 1/3，最好在草坪高于修剪高度后修剪，并逐渐降低修剪高度，直到达到要求高度，同时应避免使用钝刀片，以防将小草从土中拔出。

图 4-1　草坪修剪原则示意图

（二）修剪对草坪的影响

草坪草对于修剪只是忍耐，并不是旺盛，但修剪对草坪的美丽与健康是有好处的。

修剪总是一种胁迫，单从植物学角度看，修剪可引起根系暂停生长，导致根系生物量减少，深度变浅，即高修剪的草坪，草坪草根系深，草坪密度低；低修剪的草坪，草坪草根系浅，但草坪密度高（图 4-2）。降低形成碳水化合物的能力，并且被修剪破坏的组织，易侵入病菌，用于草坪的草坪草能忍耐修剪，是因为草坪草具有低位、壮实、致密的生长点和较快生长特性，这就为草坪的修剪管理提供可能。为了草坪美观实用，草坪必须定期修剪。

草坪草补偿由于修剪造成的组织损失的能力是有限的，一般来讲，叶片越直立，忍耐低修剪的能力就越差。叶片直立型草坪草种如草地早熟禾和苇状羊茅通常修剪高度的限度为 1.3～2.5 cm 或更高，匍匐茎型草坪草如匍匐翦股颖和狗牙根能忍耐低的修剪高度，匍匐茎与侧茎含有叶绿素，能进行光合作用，能有效地补偿修剪造成的叶组织损失。匍匐翦股颖尤其能忍耐低修剪，在高尔夫球场的果岭修剪高度可达 0.25 cm 之低。有些例外的草坪草缺乏匍匐茎但也能忍耐低修剪，如一年生早熟禾为丛生型，能在修剪高度极低（0.25 cm）的情况下产生种子。多年生黑麦草也是丛生型，也能忍耐 0.63

cm 的低修剪，可用于冷季补播高尔夫球场果岭。这两种丛生型草坪草较草地早熟禾和苇状羊茅更耐低修剪的原因还不明了，观察表明它们对低修剪的反应是形成极短的叶鞘，叶鞘上的叶片以近 90°角生长，这样叶片可在低修剪条件下截取最多的光线，从而允许植物生产维持生存所必需的碳水化合物。

总之，修剪高度越低，草坪草所受的胁迫就越大，草坪草就更易受病菌的侵染。并且在其他管理条件相同的情况下，草坪在最低修剪高度时，也潜在最大种群的杂草。

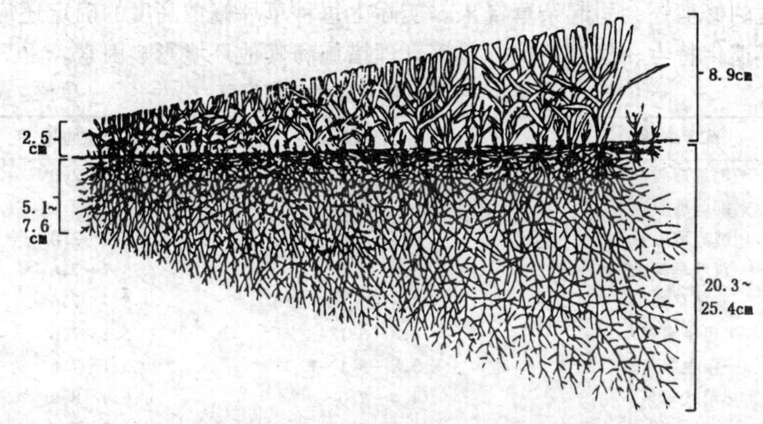

图 4-2 修剪对草坪草根的生长与草坪密度的影响

修剪太低太快被称为“剃头皮或齐根剪”，尽管草坪草可通过增加密度来补偿组织的损失，但这需要时间，如果修剪高度是逐渐降低的，经过几个星期草坪草就可适应这一高度，修剪高度下降太快，草坪没有机会适应这种变化，常造成齐根剪。在夏季的逆境下，齐根剪会对草坪造成严重伤害，甚至毁掉草坪。但在一些特殊情况下可采取一定程度的齐根剪，当草地早熟禾草坪春季从休眠状态中返青时，齐根剪可去除死亡组织，使阳光直接照射到新生植株上；齐根剪对结缕草草坪特别有用，在结缕草从休眠中恢复前剪去 50%～75%的组织有助于防止结缕草草坪变得蓬松，维持其生长季节的良好草坪质量。

二、修剪高度

剪草高度也叫留茬高度。修剪高度是修剪后草坪茎叶的高度，它理论上等于剪草机设置的剪草高度，由于剪草机行走在草坪茎叶上，实际修剪高度应略高于设定高度，差异的大小取决于草坪草的坚挺、弹性、茎叶大小及剪草机自重和部件形状；当地面松软，有枯草层时，剪草机可能下沉，实际高度会等于或略低于设定高度。可结合测量剪草后的实际高度，在一个坚硬的平面上测量和调整剪草机刀片与地面的高度来调节设定剪草高度。

最适宜的剪草高度主要受草种和品种本身的特性、草坪草生长的立地条件及生长季节的气候条件和草坪草自身的状态等因素的影响。

每一种草坪草都有它特定的修剪高度范围，在范围内修剪可获得令人满意的草坪质量，表 4-1 低于耐受范围，草坪变得稀疏、蓬松、柔软而匍匐，质量低下；高于此范围，发生茎叶剥离或剪去过多的绿色茎叶，老茎裸露。不合理的修剪还会引起杂草侵入。实际上每种草坪修剪高度的确定还应综合考虑其遗传特点、气候条件、栽培管理措施和其他环境影响因素。

表 4-1 常见草坪草参考修剪高度 单位：cm

草坪草种	凉爽季节	高温逆境胁迫下
匍匐翦股颖	0.3～1.3	0.5～2.0
细弱翦股颖	0.76～2.0	1.3～2.0
绒毛翦股颖	0.5～2.0	1.3～2.0
草地早熟禾	3.8～5.7	5.7～7.6
普通早熟禾	3.8～5.5	5.7～7.6
多年生黑麦草	3.8～5.1	5.1～7.6
一年生黑麦草	3.8～5.1	5.1～7.6
苇状羊茅	4.4～7.6	6.4～8.9
羊 茅	1.3～5.1	3.8～7.6
紫羊茅	3.5～6.5	3.8～7.6
硬羊茅	2.5～6.4	3.8～7.6
无芒雀麦	7.6～15.2	6.4～8.9
冰 草	3.8～6.4	6.4～8.9
普通狗牙根	1.3～3.8	
杂交狗牙根	0.6～2.5	
结缕草	1.3～5.1	
沟叶结缕草	1.5～3.5	
野牛草	2.5～不修剪	
假俭草	2.5～7.6	
地毯草	2.5～7.6	
钝叶草	7.6～10.2	
巴哈雀麦	3.8～7.6	
格兰马草	3.8～7.6	

草坪的使用要求是决定修剪高度的另一重要因素，运动场必须剪到需要的高度才能进行正常活动，而普通绿地草坪就没有必要修剪到高尔夫球场果岭一样低的高度，从生物学角度说，草地早熟禾的修剪高度不应低到高尔夫球场球道和发球台的 2.5 cm，但为使用的需要，球场必须这样修剪，极低

的修剪逆境引起一系列问题，如杂草和病害侵入等。

环境条件也是修剪高度确定中的一个重要影响因素，修剪和环境条件都是对草坪草产生逆境胁迫的因素，当环境条件不能改变时，修剪高度就成为可控制的胁迫因素，在逆境胁迫阶段，应尽可能地提高修剪高度，决不能在高温胁迫下进行低修剪。所以盛夏适当提高冷季型草坪的修剪高度可弥补高温和干旱的胁迫，表 4-1 中也列出了在夏季高温逆境下冷季型草坪草应采取的建议修剪高度；同样暖季型草坪应该在生长期的早期和后期提高修剪高度以提高草坪的抗冻能力和加强光合作用；多数情况下暖季型草坪草比冷季型草坪草更耐低修剪，冷季型草坪草修剪太低（2.5 cm 以下），会降低根系活力，草坪失绿变稀。

生长在荫面的草坪，无论冷季型还是暖季型，修剪高度都应比正常情况下高 1.5～2.0 cm，使叶面积增大，以利于光合产物的形成。一般进入冬季的草坪修剪高度应高于正常情况，以使草坪冬季绿期加长，春季返青提早。

在草坪处于病虫害等其他逆境胁迫下时也应适当提高修剪高度，以提高草坪抗性，利于度过逆境。

三、修剪时间和频率

修剪次数决定于草坪草的生长速度，不应只按时间是否最方便来决定，尽可能地按照 1/3 修剪原则来进行，1/3 原则是确定剪草时间和频率的惟一依据。

草坪草生长速度取决于环境条件、养护程度和组成草坪的草种和品种。春秋两季温度和降雨等条件最适合冷季型草坪草生长，每周可剪 2 次，夏季气候条件不利，每 2 周剪 1 次就可满足要求。暖季型草坪草则在夏季生长最旺盛，修剪频率也最高。一年中的其他气温较低的时间，剪草频率较低。施肥量大，灌溉多的草坪生长迅速，剪草次数比粗放管理的草坪多。假俭草和细羊茅等生长缓慢的草种修剪次数相对较少。

修剪频率也决定于草坪的修剪高度，修剪高度越低则频率越高，这样才能达到 1/3 修剪原则的要求，修剪高度为 5.1 cm 的草坪每周修剪 1 次就可能满足需要，而修剪 0.32 cm 的高尔夫球场果岭则需要每天修剪；对同一块草坪，为遵守 1/3 原则，当草坪高度高于修剪高度的 50%时，才能剪草。

由于违背 1/3 原则而使草坪变弱的严重程度，取决于草坪草的强壮程度、齐根剪的强度和次数，如草坪草强壮且非 100%高于应剪高度，影响可能不大，多次违反 1/3 原则，草坪会变得稀疏，质量显著降低。

对质量要求不高的粗放管理草坪，可不依照 1/3 原则，仅在整个生长季修剪几次或根本不修剪，但必须是耐粗放管理的一些草种。

每次剪草剪去远远少于 1/3，即在达到需修剪高度以前修剪，除增加了剪草次数，增加了管理成本外，还会因频繁的修剪，减少了根、根茎和地上部分的生长，减少了营养贮存，并增加了汁液。同时剪草伤口的频繁出现为病原菌的侵入提供了更多的机会。

四、修剪机械

现代草坪修剪机械种类繁多，性能各异，能适应不同场合的应用。操作方便。但最常用的有 2 个主要基本类型：滚刀式剪草机和旋刀式剪草机（图 4-3)，滚刀式剪草机比旋刀式剪草机的修剪性能高，能将草坪修剪十分干净、整齐，是高质量草坪通用的机型，但价格较高，并要求严格的保养，因此，最流行的还是旋刀式剪草机。旋刀式剪草机以高速水平旋转的刀片把草割下，剪草性能常不能满足高养护水平的草坪要求，尽管如此，如果保持刀片锋利，还可以达到满意的效果，因此，低养护草坪和大部分绿地可用旋刀式剪草机。除了上述 2 个主要基本类型外，还有剪刀式和甩刀式，不同用途的草坪应采用相应的剪草机械（表 4-2)。目前随着修剪机械特殊功能的开发，已经发展成种类庞多的一系列产品。修剪机的选择要根据草坪面积、草坪要求修剪质量、草坪草种及剪草机修剪的幅宽等具体确定。小面积草坪可选用幅宽 46～53 cm 的剪草机，大型运动场等草坪可选用旋刀式或滚刀式剪草机组，9 筒的机组幅宽可在 6m 以上。

表 4-2　不同类型剪草机适应范围

剪草机类型	剪草高度（cm）	留茬高度（cm）	适应性
滚刀式	0.3～9.5	0.2～6.5	需要管理水平较高，低修剪的运动场草坪，如高尔夫球场果岭。修剪的草坪平整干净，草细匀
旋刀式	3～18	2～12	一般的草坪草，修剪的草坪较平整，粗匀
剪刀式	自然	3～5	杂草与细灌木或公路两侧和河堤的绿地，修剪的质量差
甩刀式	自然	5～8	杂草与细灌木，修剪的质量很差

五、修剪方向

由于修剪方向的不同，草坪茎叶的取向和反光也不同，因而产生象许多体育场草坪见到的明暗相间的条带，由小型剪草机修剪的果岭也有同样的图

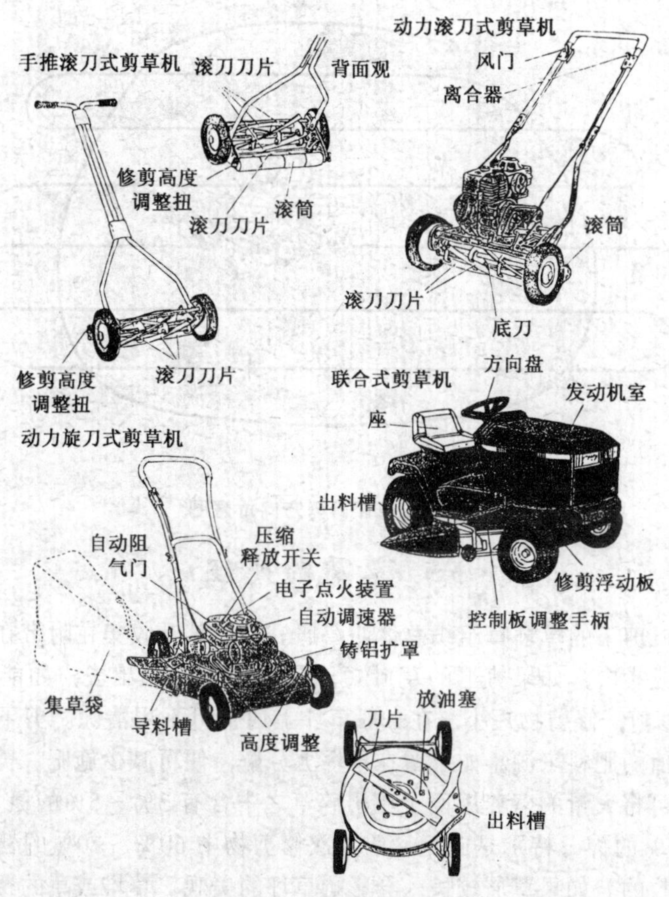

图 4-3　草坪剪草机

案。按直角方向两次修剪可获得像国际象棋盘一样的图案，增加美学效果。一般庭院用小型滚刀式剪草机也可在几天内保持这种图案。

每次剪草总向一个方向，易使草向剪草方向倾斜生长，形成谷穗状纹理，这在高尔夫球场上会影响击球质量，剪草机前面的梳子能起到扶起茎叶的作用。改变剪草方向可避免在同一高度连续齐根剪割，也可防止剪草机轮子在同一地方反复走过，压实土壤成沟。修剪时应尽可能地改变修剪方向(图 4-4)，最好每次修剪时都采用与上次不同的样式，以防草坪土壤板结，减少草坪践踏。

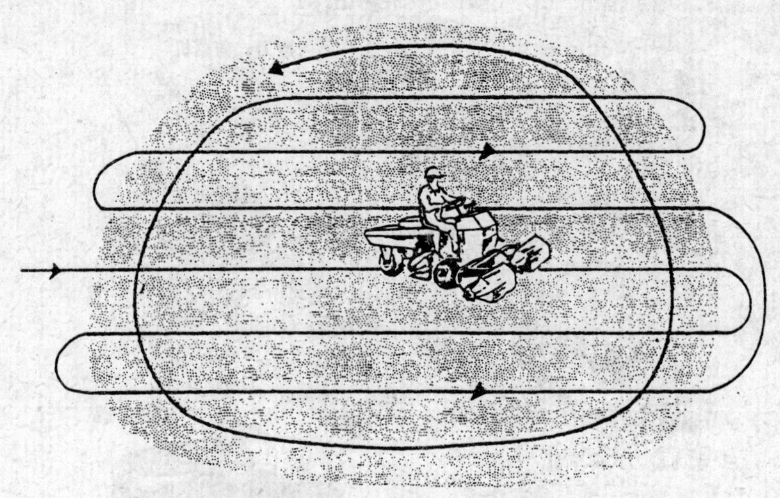

图 4-4　草坪修剪方向示意图

六、草屑的处理

剪草机剪下的草坪草组织总体叫草屑。可将草叶收集在附带在剪草机上的收集器或袋内，如果剪下的草叶短，最好不要清除出去，如能严格按照 1/3 原则修剪，修剪物短小，在一般草坪上通常可不用清除。剪下的草叶是一种有价值的肥料来源，如果留在草坪上分解，便可减少施肥。剪下的草叶分解时，可将大量的营养返回土壤，碎草之中含有 3%～5%的氮、1%的磷和 1%～3%的钾，特别是施肥后前 3 次修剪物中 60%～70%的营养植物是能很快吸收的。如果草屑较长，会影响草坪的美观，草堆或草的覆盖也将会引起草坪草的死亡或发生疾病，则应收集起来运出草坪。

高尔夫球场、足球场等运动场草坪，由于运动的需要，必须清除草屑，一般草坪都可考虑将草屑归还草坪，研究证明只要修剪物被切割得足够细小，一般很快能分解，不会加厚枯草层，也不会造成草坪病害加重。有一种特殊的旋刀式剪草机称为覆盖式剪草机，可将修剪物切成很细小的段，加快碎草分解。

七、化学药剂修剪

目前草坪的养护大部分经费用于草坪的机械修剪，目前部分地方可使用化学试剂来延缓草坪草的生长，但对草坪品质产生不利的影响是有待进一步解决的问题。有时由于剪草机械成本高，草坪面积大，地形障碍等，草坪得不到及时修剪，此时应考虑用草坪生长调节剂（或抑制剂）来控制草坪草的生长，减少修剪费用。目前植物生长调节剂已用于低养护的草坪，如路边、难以修剪的坡地等，生长调节剂常常可延缓草坪草生长5～10周，可减少修剪次数的50%。某些阔叶杂草对调节剂反应不明显，因此，在给草坪草施用调节剂的同时也应注意除草剂的使用。

但是草坪生长调节剂的一些缺点限制了它的广泛使用，特别是在一些高质量草坪上，某些生长调节剂连续使用能引起草坪根系变浅，草叶变黄稀疏；被生长抑制剂抑制的草坪对病虫害和杂草等逆境的抗性差，并缺乏恢复力；混播草坪由于不同草种对药物的反应不同，常破坏草坪的均一性。解决办法在于寻找既能限制草坪纵向生长，又能不影响叶片、分蘖、根茎和根系的正常生长的药品，并掌握科学的使用方法。

（一）草坪生长调节剂的分类

植物生长调解剂分为生长促进剂和生长延缓剂两种，依据调节剂抑制的分生组织的部位分为顶芽抑制型和节间伸长抑制型两大类。顶芽抑制型调节剂可去除顶芽或在某种程度上抑制顶端分生组织活动，可有效抑制草坪植物花芽形成，减少生殖枝的出现，如抑长灵（商品名Embark）可有效防止一年生早熟禾等草坪草生殖枝的出现，青鲜素（MH即马来酰肼）和乙烯利能抑制草坪草顶端细胞分裂和生长，乙烯利还能阻止某些草坪草品种生长素的极性运输，使顶端分生组织以下的生长素减少，这类调节剂通常改变草坪草生长的向地性，造成副芽休眠，并延缓茎的伸长，2，4-D丁酯等除草剂在低浓度时也有类似作用。节间伸长抑制剂是通过抑制节间细胞伸长来控制草坪高度与生长的，它们对顶端分生组织没有影响，不影响生殖枝的形成，这类调节剂一般通过抑制赤霉素的合成起作用，属于赤霉素抑制剂，包括矮壮素（CCC）、多效唑（PP333）、flurprimidol（商品名Cutless）、paclobutrazzol（商品名TGR或Turf-Enhanser）和trinexapac-ethyl（商品名Primo）等，其中的trinexapac－ethyl是最新的一种，通过叶面喷施可有效控制高尔夫球场草坪的生长并减少一年生草地早熟禾的数量，这类调节剂对植物的毒害性比顶芽抑制型调节剂小。

依据生长调节剂的作用是否能被赤霉素所逆转又可分为生长延缓剂和生长抑制剂。生长延缓剂的作用可被赤霉素逆转，而生长抑制剂能完全抑制顶端分生组织的活动，高浓度可逆转整个生长过程，作用不能被赤霉素所逆转。属于生长延缓剂的有：嘧啶醇和矮壮素等；抑长灵和青鲜素属于生长抑制剂。

最新的分类方法把草坪生长调节剂分为四类：A类在赤霉素生物合成的后期进行抑制，目前只有trinexapac－ethyl一种；B类在赤霉素生物合成的早期进行抑制，包括 flurprimidol 和 paclobutrazzol 等；C 类是有丝分裂的抑制物，包括马来酰肼（商品名 Royal Slo-Gro）（即青鲜素 MH)、抑长灵(Mefluidide）和 Amidochlor（商品名 Limit）等；D 类在低浓度时是生长调节剂，高浓度时是除草剂，如正型素（Chlorflurenol）（商品名 Maintain CF125）和 2，4-D 丁酯等。随着研究的逐步深入，草坪生长调节剂的分类也在不断变化中。

（二）草坪生长调节剂的施用方法

生长调节剂的施用方法有喷施和土施两种，喷施调节草坪生长高度快速方便，但操作时务必均匀，对一些喷施易引起叶片变形等不良作用的药物采用土施。不同草坪草种使用的调节剂种类不同，同种草坪草在不同生长时期对药物的反应也不同。浓度和用药均匀是施用成败的关键。

草坪生长调节剂使用的基本原则是：不要在草坪苗期使用；在草坪生长旺盛的季节使用，冷季型草坪草在春秋两季，暖季型草在夏季，以达到最好效果；不连续施用以防草坪退化；施用前修剪草坪，以保证草坪外观质量。为弥补一种药品的不足，可考虑适宜的药品混用，这样还可控制杂草。表 4-3 列出了部分用于草坪上的调节剂与施用方法。

表 4-3　几种调节剂和使用方法

草坪生长调节剂	施用方法
乙烯利	喷施
青鲜素（MH）	喷施或土施
丁酰肼（B_9）	喷施
多效唑（PP333）	土施
2，4-D 丁酯	喷施
嘧啶醇	喷施或土施
矮壮素（CCC）	喷施
抑长灵（Embark）	喷施

第五章

草坪其他养护技术

第一节 草坪滚压技术

一、草坪滚压的作用

过去常采用反复滚压来改善运动场草坪表面的平整度，现在人们认识到这样会引起土壤的板结，所以在采用镇压时应慎重。

草坪播种后镇压可起到平整苗床、改善种子与土壤接触的作用，能提高草坪草种子萌发的整齐度，使建成的草坪坪面更平整。有土壤冻层的地区，冻融交替可使草坪表面高低不平，镇压可将凸出部分压回原处，以防修剪时这些植物被揭盖或因干燥而死亡，滚压应在土壤潮而不湿时进行，以防达不到预期效果或使土壤板结，同时镇压程度不宜过强，不然会影响在变得疏松的土壤中迅速生长的根系。对过于不平整的草坪，应结合铲除草皮下过多土壤或覆土的方法加以平整。镇压可有效修复运动场草坪的损伤，应结合少量灌水进行。草皮生产中起草皮前进行镇压可获得厚度一致的草皮并减少土壤损失，降低草皮重量，以节约运输费用。

二、滚压的方法

滚压分人力手推和机械两种，草坪滚压机的滚压器多数是充水的，也有的是充砂，可通过调节水量、砂量或加取自身重量来改变压力大小，滚压强度必须依据具体情况合理控制，避免强度过大造成土壤板结，或强度不够达不到预期效果。一般手推轮重为 60～200 kg，机动滚轮为 80～500 kg。

滚压的重量依滚压的次数和目的而异，如为了修整床面则宜少次重压(200 kg)，播种后使种子与土壤接触宜轻压（50～60 kg)。滚压也使草坪带来副作用，当土壤硬度超过 242 kg，草坪种子不能发芽、生根。所以经常滚压的草坪应定期进行疏耙，地面修整也可采用表施土壤来代替滚压。

三、滚压时期

(1) 草坪建植坪床准备的最后工序为滚压，使草坪地面平整；播种后若使草坪种子与坪床接触时采用滚压；草皮铺植后，为使草皮与地表充分接触，也要实施滚压；起草皮前需进行滚压。这时滚压的时期应随各种作业实施的时期而定。

(2) 运动场草坪（尤其赛马场）一般在比赛前后进行滚压。

(3) 一般成坪的草坪，宜在草坪草的生长季进行，可使草坪叶丛紧密平整。

(4) 有土壤冻层的地区，一般在成坪春季解冻后进行，滚压可将凸出部分压回原处。

四、滚压注意事项

(1) 在土壤黏重或水分过多时不宜滚压。

(2) 草坪弱小时不宜滚压。

五、草坪滚压机械

专用草坪滚压机有手扶式和乘坐式两种。滚压机的滚压幅宽为 0.6～1 m，重量为 120～500 kg 不等。滚压机拖带的滚筒一般是重量可调的空心滚，根据土壤状况和草坪建植需要注水或沙来调节使用重量。大型拖拉机牵引的滚压机幅宽可达 2 m 以上，重量可达 3 500 kg。

第二节　草坪的通气

草坪在使用一段时间后，由于滚压、浇水、践踏等使草坪表面坚硬，同时由于草坪枯草层的累积，使草坪草严重缺氧，生活力下降，草坪地表排水不良等，严重影响草坪草的正常生长，草坪草受病虫害的侵染。在这种情况下，通常采用打孔、芯土耕作、划破草皮、垂直刈割和松耙等作业之一，增加土壤的通气性，加快草坪枯草层的分解，促进草坪草的生长发育。

枯草层是一层部分分解和未分解的植物组织，枯草层积聚在土壤表面，由活的和死的根与茎组成。枯草层淡棕色，含少量土或不含土，草垫层位于枯草层下面，是含有有机质的土壤层。当植物组织的产生大于分解速度时，枯草层就出现积累，植物残骸主要由土壤微生物分解，如真菌、细菌和放线菌类，蚯蚓也以有机质为食，有助于分解。

薄枯草层是有益的，可增加草坪弹性，防止运动员受伤和土壤被践踏得紧实。未分解的有机物可覆盖和保护土壤表层，使免于干燥；枯草层还能保护植物根茎免受突然温度变化的影响，干燥的枯草层还可防止杂草种子的萌发。

多数草坪枯草层薄于 1.3 cm 是可以接受的，厚于 1.3 cm 会产生一系列问题。首先枯草层危害虫和病原体的生存和生长提供了一种良好的环境；过厚的枯草层会使剪草机轮子下陷，造成剪草过低；草坪的根系、根茎、匍匐茎和根颈覆没在其中，导致根系分布太浅，草坪长势变弱，抗性降低；枯草层保水性差，又有疏水性，加上保肥性差，使草坪水肥状况恶化；过厚的枯草层还会影响农药和除草剂的使用效果。控制枯草层的方法主要有打孔、垂直修剪、松耙及划破草皮等方法。

一、打　孔

打孔是通气的一种形式，打孔有实心的锥体和空心的尖齿两种。空心的是从草坪地上打孔并挖出土芯的作业，也叫芯土耕作或除芯土。通过打孔这一手段来改善土壤通气性，解决土壤紧实问题，过度践踏常造成土壤表层 5~7.6 cm 处的土壤矿质颗粒紧压在一起，紧实土壤的孔隙度严重降低，限制了空气、水、肥料和农药渗入土壤，草坪根系发育不良，有毒有害气体大量积累。

（一）打孔的益处

土壤紧实最大一般在 2.5~5.0 cm 土层，打孔有利于土壤有毒气体的释放，增加土壤的渗透性，利于水肥的进入，刺激草坪根系的生长（图 5-1），由于打破了原有的土壤层次，可控制枯草层的发生，通过结合覆土或将打出的土条耙碎可达到加快枯草层分解的目的。草坪更新前结合除草剂使用进行打孔可起到促进种子萌发及更好控制杂草的目的。

（二）打孔的负面影响

主要有草坪外观暂时受到影响；由于亚表层草坪组织外露，增加了草坪干枯的可能性；利于杂草萌发，增加了杂草侵入的机会；增加地老虎和其他喜穴居孔内害虫的发生机率。

（三）不宜打孔的时期

当土壤太干或太湿时，不应进行打孔作业；干热天气打孔会引起根系干燥，所以打孔后必须进行灌溉；

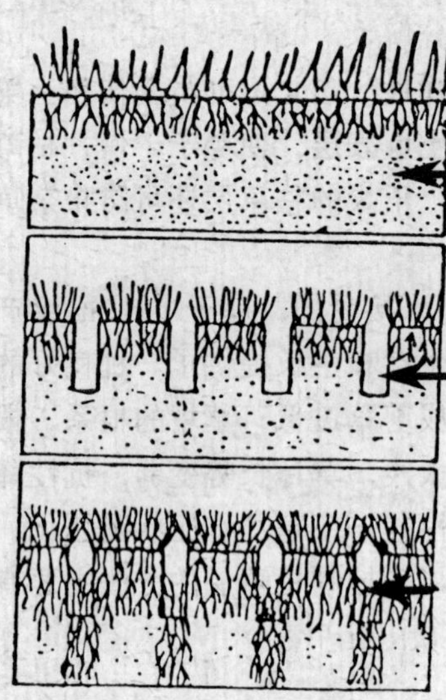

图 6-1　打孔后提高水、空气、养分渗透与草坪草根的深度

(四) 打孔时间

打孔的最佳时间是草坪生长旺盛、恢复力强且没有逆境胁迫时，夏季一般避免打孔，冷季型草坪最适合夏末秋初，暖季型草坪最好在春末夏初进行。

(五) 打孔机械

打孔有专门的草坪打孔机，打孔有手工打孔机和动力打孔机。手工打孔机主要用于一般动力打孔机作业不到的地方，如树根附近、花坛周围及运动场球门杆周围等。动力打孔机有小型手扶打孔机和大型刀辊或刀盘滚动式打孔机。小型手扶打孔机适用于各种草坪的打孔作业，大型动力打孔机适用于大面积绿地的打孔作业。目前打孔机具组有两种类型，一类是带有可垂直运动的空心管，另一类是带有广口杯或空心管的滚筒式打孔机。果岭等修剪低矮的草坪适用垂直运动型打孔机，打孔深、地面破坏小，但效率较低，由于垂直打孔机打孔的同时向前移动，所以操作必须缓慢进行；滚筒式打孔机把打孔杯或空心管固定在筒壁上，工作效率高于前一种，但对草坪表面破坏性大，打孔深度不如垂直运动型。

一般打孔机的打孔直径在 1～2.5 cm，孔深随土壤坚实度和打孔设备功率而变。由于土壤容重和含水量对坚实度影响很大，所以增加土壤湿度可加大打孔深度。在土壤含水量适合的情况下，可打到 7.5 cm 深，大功率打孔机还能打得更深。

（六）打孔后的处理

通常情况下，草坪打孔后或打孔时伴随着覆沙作业，当打孔后不用土壤或沙填充时，草坪根系和附近的土壤很快把孔洞填满，通过践踏和灌溉，沙粒易进入孔内。土壤潮湿时也易向两侧运动，践踏加速了这一填埋打出孔洞的过程。除非孔洞用适合的物质填充，否则打孔带来的优势很快会消失。

打孔产生很多土条，移走土条会带来很多问题，所以在大面积草坪上常采用将土条通过拖耙或垂直修剪等措施原地破碎，这样一部分土条回到孔内，留下的土壤与草坪表面的枯草层混合，加快其分解。打孔后土壤重新混合对枯草层的影响很大，使枯草层内有了土壤特性，变成有利草坪生长的介质，这样的介质阳离子交换量增加，养分和水分状况得到了改善，有机质分解速率加快。

划条和刺孔等措施也能起到类似打孔的效果，但由于强度较小，不如打孔有效彻底。

二、垂直修剪

垂直修剪是借助安装在高速旋转水平轴上的刀片进行近地面垂直修剪，是清除草坪表面枯草层或改进草皮表层通透性为目的的一种养护手段。垂直修剪机刀片间距 2.5～7.6 cm，刀片在机械上的安装分上、中和下三位，由于刀片可以调整，剪切深度可由 5.1 cm 到 7.6 cm，设置为刚好接触草坪时，可减去地上匍匐茎和叶片，减少果岭上的纹理；浅的垂直修剪可破碎打孔留下的土条，使土壤重新混合；设置刀片较深时，多数累积的枯草层被移走，这时需要及时清除梳出的大量有机质，特别是在炎热的天气下；刀片深度达到枯草层下面时，能改善表层土壤的通透性。

机械去除枯草层对浅根系的草坪可造成很大的破坏，枯草土壤交互层中有大量根系盘结，使草坪得到固定。留下的营养繁殖器官和分布决定了草坪恢复的能力，只要气候条件适宜，草坪可在几周内恢复，根茎和匍匐茎切断后可刺激新的生长。最适合垂直修剪的时间是草坪植物生长旺盛，大气胁迫小，恢复力强的季节，与打孔操作一样，冷季型草坪是夏末秋初，暖季型草坪在春末夏初。与打孔操作不同，垂直修剪应在土壤和枯草层干燥时进行，可使草坪受到的破坏最小，也便于垂直修剪后的管理操作。

深层垂直修剪常随草坪更新一起进行，几次垂直修剪后，为覆播创造了良好的苗床。太厚的枯草层垂直修剪也没有明显的效果，惟一的解决办法是用起草皮机清除草坪和枯草层，调整地面高度后，重新铺栽除去枯草层的草皮。

三、松　耙

通过机械的方法将草皮层上覆盖物除去。通常用弹齿耙，弹齿耙分手动弹齿耙和机引弹齿耙两种，当草坪面积较大时，可以采用机引弹齿耙，可使草坪床土获得大量氧气、水分和养料，还能抑制苔藓和杂草的生长。松耙一般在干旱供水时不能很快渗入床土表层时进行。一般成熟草坪每年夏季应进行松耙一次。

四、划破草皮

划破草皮是利用圆盘耙上的"V"型刀将草皮划破，一般划深 7～10 cm，划破草皮作业与打孔相似，但不存在土壤移出现象，可以切断草坪草匍匐枝或根茎，而且对草坪机械破坏性小，在仲夏或不适宜芯土作业的时间亦可进行，不会产生草坪草脱水现象。划破草皮有助于草坪草新枝的产生与发育。

第三节　草坪表施土壤

草坪表施土壤是将沙、土壤和有机质适当混合，均匀施入草坪床土表面的作业。目的是为了使草坪表面平整，提高草坪草的耐践踏能力，促进枯草层的分解，有利于草坪的更新。

一、表施土壤的作用

表施土壤是控制枯草层的另一种方法，覆土后用金属拖网或其他机具将土混入枯草层，可改善枯草层的保水和其他条件，为微生物发育创造有利环境，加强微生物活动而达到加速枯草分解的目的，加入的土粒还有助于改变枯草层的不利影响。覆土可比垂直修剪更有效地控制枯草层，但费用较高，主要用于球场的球洞区。覆土厚度决定于加土次数和枯草层厚度，每立方米沙土可在 1 000 m^2 的草坪上覆土约 1 mm 厚，如覆土有平整草坪凹凸不平的目的，用量可较大，但过厚覆土会阻碍草坪叶片接受光线，影响生长。覆土多用含砂 80％的砂土或纯砂，控制枯草层发展的典型覆土量的 0.15 cm/100 m^2。

覆土的其他作用还包括：草坪建植中用于覆盖种子、枝条等繁殖材料；建成草坪的地面平整、促进受伤或生病草坪的恢复、细弱草坪越冬保护及改变不良草坪生长介质等。

二、表施土壤的材料

表施土壤的材料要与原有的草坪坪床土壤相似，是沙、有机质、沃土、土壤材料等的混合物。有的只用沙。其中所用的有机质应是腐熟的有机质或良好的泥炭土，所采用的沙子应质地均一，粒径小，不含碱的河沙或山沙。沃土应是经腐熟过筛（Φ=0.6 cm）的土壤。

所施土壤材料要求不含杂草种子、病菌、害虫等有害物质，肥料成分含量低，含水较少。

三、表施土壤的时间和数量

表施土壤的时间一般在草坪草萌芽期或生长期进行最好。冷季型草坪草通常在春季（3～6 月）和秋季（10～11 月），而暖季型草坪草通常在春末至夏初（4～7 月）和初秋（9 月）。

表施土壤的数量与次数应根据草坪利用目的和草坪草生育特点而异。一般的草坪通常一年 1 次，运动场草坪则一年需要 2～3 次或更多。一般草坪 1 次施用量可大，施用次数可减少，而运动场草坪则需要每次少量，多次施。

第四节　草坪的补播

在亚热带地区，对暖季型草坪草在秋季用冷季型草坪草重播，以在暖季型草坪草休眠期获得一个良好的草坪外观和功能，还可减少践踏对草坪的伤害，在生产上把这一技术称“冬季补播”，也叫“复播”或“交播”。这项措施普遍用于高尔夫球场果岭和发球台，也用于球道和其他草坪上，其中以狗牙根草坪效果最好，也用于钝叶草和假俭草等暖季型草坪。补播是快速改良草坪和延长草坪绿期行之有效的技术措施。

1. 播前准备

在补播冷季型草坪草之前，首先要进行枯草层清除、施肥控制和杂草控制 3 项准备工作。一般在补播前 50～60 天应完成本年度最后一次的打孔、覆沙等除枯草层作业；补播前 2～4 周不能施肥，以控制暖季型草的竞争，补播后再适量施肥；补播前 50～90 天用地散灵、氟草胺和拿草特等除草剂结合打孔覆土进行萌前除草，控制一年生早熟禾，对有残毒的地方还要用活性碳消毒。

2. 补播草种

我国补播以前多采用 29 g/m^2 的一年生黑麦草或几种冷季型草混播，现多用匍匐翦股颖或改良的草坪型多年生黑麦草，单独或与细羊茅混播来补播狗牙根，多年生黑麦草的典型播种量 12～20 g/m^2，也有用较便宜的一年生黑麦草，播种量 24～50 g/m^2。

3. 补播时间

选择适宜的补播时间可将暖季型草的竞争降到最小，并利于冷季型草的萌发和种苗快速生长，以初霜前 20～30 天，当地午间气温降到 23℃ 为宜。播种、拖耙和灌溉后完成补播。

4. 补播后的管理

补播后的主要问题是病害、暖季型草坪草的竞争和幼苗冻害。补播时用杀菌剂处理种子可控制 4 周左右；控制氮肥用量可有效控制暖季型草坪草的竞争；提高修剪高度可有效防止幼苗冻害。

第五节　草坪的修边、修补与更新

修边是指用修边机切割草坪绿地边缘，以控制草坪根茎或匍匐茎等营养繁殖器官的越范围扩展，维持草坪的美观，便于排水。切边时必须斜切，深度通常为 4～5 cm。

小型手推式修边机在其前侧面有一切割刀片垂直于地面，安装在一根动力轴上，机器支架上有 3 个行走轮，手柄上有油门和刀片旋转离合装置。作业时推动手柄使修边机沿草坪边缘前进，刀片高速旋转切割草坪植株，达到修边目的，修边深度通过升降前后行走轮实现。

草坪在使用过程中，由于严重的践踏、过度的使用、杀菌剂或除草剂等使用不当或其他意外事件等，常使草坪局部损坏或草坪严重的退化。在这样情况下，如果局部损坏可采用修补的方法，若大面积损坏或退化，得进行更新修复。

一、修　补

修补的方法是标出受损地方，利用镘铲（有专门的修补铲）铲去被损坏的草皮，然后翻土，施肥，平整，滚压，最后用健康的草皮铺植。铺后应浇水，确保草皮不干，当草皮生根后（大约 2～3 周），可以减少浇水次数，与原来草坪管理一致。

二、草坪的更新

草坪退化后，可以进行完全或不完全的更新，即不进行土壤耕作下的部分草坪或全部草坪的再植，完全更新的第一步一般是在更新的地方喷洒草甘膦，喷后7天用补播机在草坪上重新播种或用匍匐茎插植机插植。补播机开的沟间距通常为7.6 cm。重新播种后，应耙出垂直修剪机剪下的枯草，然后浇水，直到草坪很好地建立起来为止。在大多数情况下，不能令人满意的草坪仅需要部分更新，部分更新不同完全更新，因残留的草坪植物不必用草甘膦或其他非选择性除草剂杀死，若阔叶杂草是个问题可在种植前用杀阔叶的除草剂进行处理。几周后，再进行播种，播种前要剪低草坪植物，然后用圆盘播种机或匍匐茎栽植机把种子或匍匐茎种入低薄的草坪中。如果在没有播种机械的情况下，应进行5～6次心土耕作，或用垂直修剪机切割几次。这样可使种子接触土壤。播种量应比正常播种量大5倍，并把种子耙入孔穴或沟槽内，播后轻轻压实，以便同土壤良好的接触，如果可能，也可进行加土，最后一步是定期浇水。直到新草坪很好地建立起来。

三、全部重建

若草坪严重退化，所需草坪覆盖面积仅50%或更少，并且出现大量无法控制的多年生禾草杂草时，全部重建是最好的方法。现有的土壤不适合，可以换用质地适宜的土壤，这种为根系层带来新土的方法称为土壤的完全改良，草坪也就是与新建草坪的过程一样。一般来讲，重建的第一步是用非选择性除草剂杀死草坪植物与杂草，通常使用草甘膦，施用后一周或更短时间内即可重新栽植。下一步是旋耕、耙或全部翻犁，建立新播种床。若使用草甘膦，一周后再进行土壤耕作。改善土壤质地的材料有沙子和富含有机质的壤土，沙子有改善黏土的通气性和排水性能，但沙子效能通常较低，所以为达到效果常常需要大量的沙子。富含有机质的土壤改善黏土与沙土具有良好的效能。通常用5～10 cm的土壤均匀混进土壤上层15～20 cm，效果较好，若改善到25～36 cm深时，则能获得最好的效果。改良土壤结构的材料为有机质，通常采用泥炭、完全腐熟的粪肥、堆肥、草屑等。泥炭一般效果好但比较贵，而粪肥比较便宜，但新鲜的粪肥常含有杂草种子，所以必须完全腐熟才能施用。堆肥的来源为有机废料如叶子、剪下的草屑、稻草（或麦秸）等。如果把这些材料切碎并以15 cm一层和2.5～5 cm的土层交错放置，会腐烂得更快。堆肥每月翻1次，并混合1～2次，以促进空气流通，加快微生物分解。堆肥堆不要高于1.8 m，以保证堆底部空气流通，还应为堆肥加肥，并保持潮湿，形成腐熟堆肥一般需要几个月至一年。

有时，在耕作土壤前，用草皮切割机除去原有的植物和枯草层。准备好土壤后，即可播种或铺设草皮等。最后一步为适度浇水与滚压，浇水要在草坪完全建立以后才能减少次数。

草坪病害诊断与防治

草坪是城市景观生态系统的重要组成部分。它的面积及质量已成为衡量城市园林绿化水平、环境质量、精神风貌和文化素质的标准。因此，草坪作为一个迅速发展的行业，日益为社会各界所关注。然而，随着草坪业的迅速发展，病害逐渐成为影响草坪质量、降低草坪利用年限的重要因素之一，轻则限制某个草种或品种的成功建植，抑制草坪生长，缩短绿期，使草坪变色、褪绿、黄化，形成枯死斑块，影响观赏和利用价值；重则成片死亡，难以成坪或使草坪迅速衰败，难以利用。

由于草坪一旦建植就往往要生长多年，为土传病原物的积累提供了良好的条件；同时由于种类的相对稳定和大面积种植给气传病害的流行也造成了有利的机会；加之目前大量的从国外调进种子、片面追求高水高肥、不完善的养护或粗放的管理等，使病害对草坪危害的严重性更加突出。据估计，美国草坪业每年用于购买农药，防治病、虫和杂草的费用为 2.71 亿美元，而且在过去的 5 年内，杀菌剂和除草剂的用量仍呈上升的趋势（Hubbell et al.，1997）。因此，了解病害的基本诊断方法、掌握科学合理的制定防治策略、并学会正确运用各种防治技术，是草坪管理工作者的当务之急。

当草坪草受到病原生物或不良环境的作用，其正常的生理功能偏离到不能或难以调节复原的程度，从而导致生理生化、组织结构和外部形态的一系列病变，生长发育受阻甚至死亡，造成景观效果的破坏和经济损失，这种现象称为草坪病害。凡是草坪病害都有一个病理变化过程。根据这一特点可以将病害与伤害区分开来，如：机械创伤、风害、雹害以及昆虫和其他动物的危害。因为伤害是在瞬时间内突然形成的，没有病理变化过程；另外，草坪病害的概念是建立在经济观点上的，有些植物尽管受到生物或非生物因素的影响，发生了病理变化，经济上非但没受损失，反而增加了经济价值，因此不包括在植物病害范畴，当然也不需要进行防治。

引起草坪发生病害的基本因素是病原（非生物病原和生物病原物）、感病的草坪草和适宜发病的环境条件。也就是说，草坪病害的发生发展是病原、感病的草坪草和环境条件相互作用的最终结果，三因素中的任何一因素都不可缺。在环境条件中，还应特别强调：人类的生产和社会活动对草坪病害发生发展的重要影响。因为很多病害的发生，是由于人类的活动打破了病原和寄主在自然生态系统下长期形成的那种平衡、共存状态而造成的，如大量异地调种造成人为引进了危险性病害、长期大面积种植单一草种品种、高水高肥的养护措施等。因此，人对草坪病害的流行有着重要影响。

根据引起草坪草病害的病原类型，将病害分为两大类型，即侵染性病害和非侵染性病害。侵染性病害是一类由真菌、细菌、类菌原体、病毒、类病毒、线虫等原生生物寄生而引起的病害。非传染性病害是由不良的环境（营养、水分、温度、光照、土壤有毒物质、空气有害气体、药害和肥害等物理的或化学的非生物因素）引起的病害。

由于侵染性病害具有明显的传染性，条件适宜时扩展蔓延的速度很快，对草坪的破坏性极大，防治的难度亦大，为此，针对这类病害，从分布危害、症状识别、发病规律和防治方法等方面进行介绍。

第一节　根部和茎基部病害

一、褐斑病

褐斑病主要是由立枯丝核菌 *Rhizoctonia solani* kühn 引起的一种真菌病害。广泛分布于世界各地，是所有草坪病害中分布最广的病害之一。只要在草坪能生长的地区就都能发生褐斑病，而且该病能侵染所有已知的草坪草如：草地早熟禾、粗茎早熟禾、紫羊茅、细叶羊茅 、高羊茅、多年生黑麦草、细弱翦股颖、匍匐翦股颖、结缕草、野牛草、狗牙根等250余种禾草，其中尤以冷季型草坪禾草受害最重。在北京地区的冷季型草病害调查中，其发生的普遍程度，历年都在80%以上。它不仅造成草坪植株的死亡，更严重的是造成草坪大面积枯死，极大地破坏草坪景观。

（一）症状识别

褐斑病全年都可以发生危害，但以高温高湿的多雨炎热夏季危害最重。病害发生早期（北京地区约在5月至6月上中旬）往往是单株受害，受害叶片和叶鞘上病斑梭形、长条形，不规则，长1～4 cm，初期病斑内部青灰色水浸状，边缘红褐色，后期病斑变褐色甚至整叶水渍状腐烂。严重时病菌可侵入茎秆，病斑绕茎扩展可造成茎及颈基部变褐色腐烂或枯黄，病分蘖枯死。当草坪上出现小的枯草斑块时（北京地区约在6月中下旬或6月底、7月初），预示着病害流行前兆。此时，一旦条件适合时，即降雨和湿热，病害就可很快发展。几天之内，枯草圈就可从几厘米扩展到几十厘米，甚至1～2 m。由于枯草圈中心的病株可以恢复，结果使枯草圈呈现“蛙眼”状，即其中央绿色，边缘为枯黄色环带。在清晨有露水或高湿时，枯草圈外缘（与枯草圈交界处）有由萎蔫的新病株组成的暗绿色至黑褐色的浸润圈，即“烟圈”（由病菌的菌丝形成）。当叶片干枯时烟圈消失。这种现象只是在叶片很湿或空气湿度很高时才可能出现。另外，在病鞘、茎基部还可看到由菌丝聚集形成的初为白色，以后变成黑褐色的菌核，易脱落。在修剪较高的多年生黑麦草、草地早熟禾、高羊茅草坪上，常常没有烟圈。有经验的草坪管理人员，在病害大发生出现之前12～24 h能闻到一种霉味，有时一直到发病后。若病株散生于草坪中，就无明显枯草斑。结缕草受害也很重，以健康草株中镶嵌着枯死株的环状斑为典型症状的代表。另外，该病还可在冷凉的春季和秋季引致黄斑症状（也被称为冷季或冬季型褐斑）。

在此还需要强调的一点是，褐斑病的症状表现变化很大，往往受草种类型（如冷季型或暖季型）、不同品种组合、不同立地环境和养护管理水平（如修剪高度、次数）、不同的气象条件及病原菌的不同株系等的影响，不一定都表现为典型症状。

由于褐斑病田间症状的复杂性，在确诊病害时，最好有条件时要结合病原物的检查。褐斑病是由丝核菌引起的一种真菌病害。该病原菌菌丝的主要特点是初期无色，后变淡褐色至黑褐色，呈近直角分枝，分枝处缢缩，其附近形成膈膜。初生菌丝较细，老熟后常形成粗壮的念珠状菌丝。易形成菌核，大小直径为0.1～5 mm，初期白色，后红褐色至黑色，紧密，粗糙，形状不规则。不产生无性孢子。

（二）发病规律

褐斑病是一种流行性很强的病害。早期只要有几张叶片或几株草受害，一旦条件适合，没有及时防治，病害就会很快扩展蔓延，造成大片禾草受害形成秃斑。病菌以菌核或在植物残体上的菌丝渡过不良的环境条件。菌核有很强的耐高低温能力。它萌发的温度范围很宽为8～40℃，但最适的侵染、发病适温为21～32℃（因病原菌种类和菌系而不同）。当土壤温度升至15～20℃时，菌核开始大量萌发，菌丝开始生长。但直到气温升至大约30℃，同时空气湿度很高，且夜间温度高于20℃（在21～26℃或更高）时，病菌才会明显地侵染叶片和其他部位。由于丝核菌是一种寄生能力较弱的病菌，对于处于良好生长环境中的禾草，只能造成轻微发病，不会造成严重的损害。只有当冷季型禾草生长于不利的高温条件下，即抗病性降低时，才会有利于病菌和病害的发展。因此，冷季型草发病盛期主要在夏季。由于此时气温高、空气湿度大、降雨多、草株上露水、吐水丰富，非常有利于病菌大量侵染，造成病害猖獗发生。

另外，枯草层较厚的老草坪，菌源量大、发病重；低洼潮湿、排水不良；田间郁蔽，小气候湿度高；偏施氮肥，植株旺长，组织柔嫩；低修剪；灌水不当等因素都为病害流行提供了极有利的条件。

（三）防病方法

1. 科学养护、调节生态环境

（1）合理施肥　在高温高湿天气来临之前或其间，要少施或不施 N 肥，可少量增施一定的 P、K 肥，有利于提高抗病性。

（2）科学灌水　避免漫灌和串灌，保持良好的排水功能；要注意灌透水（见湿见干）；特别强调避免傍晚灌水，在草坪出现枯斑时，应在早晨尽早去掉吐水（或露水）有助于减轻病情。

（3）改善草坪通风透光条件　注意排水，降低田间湿度。过密草坪要适当打孔、疏草，以保持通风透光，改善小环境的湿度。

（4）及时修剪　最好草高不超过 10 cm，就要修剪，但剪草又不要过低，一般留草高度在 5～6 cm 。

（5）清除枯草层和病残体，减少菌源量　枯草和修剪后的残草要及时清除，保持草坪清洁卫生。

2. 科学合理的化学防治

化学防治效果的好坏，关键是防治时期、药剂种类和施药技术。最佳的防治时期，一是播种期进行药剂拌种或种子包衣；二是成坪草坪发病始期的喷雾或灌根。

（1）播种时药剂拌种或种子包衣和播前土壤处理　选用草病灵 2 号、3 号、4 号和防病保健 1 号，或甲基立枯灵、五氯硝基苯、粉锈宁等药剂，按种子量的 0.2%～0.4% 药剂拌种或用种子包衣剂，如：用草病灵 2 号可湿性粉剂拌种，用药量为种子量的 0.2%，即每百千克种子用药 200 g。其中尤以草病灵 3 号、草病灵 2 号和草病灵 4 号和防病保健 1 号拌种或包衣效果最好（除防治褐斑病外，还兼治腐霉枯萎病和镰刀枯萎病）；有条件的单位或精致草坪坪床，可选用甲基立枯灵、五氯硝基苯或溴甲烷、棉隆（溴甲烷的替代品）进行土壤处理，处理后需经一段时间后才可播种。

（2）成坪草坪的喷雾或灌根　最佳的防治时期是病菌开始大量侵染前，控制初期病情。因此，必须在症状还未明显表现前用药，才能有效地控制病害；若已看到明显枯草圈后再用药，防治效果就会受到很大影响；同时首先应选择对环境无污染的、具有治疗作用的生物性杀菌剂。抓紧早期防治的时间，北京地区防治褐斑病的第一次用药时间最好在4月底或5月初。首选药剂为褐斑病专用杀菌剂“草病灵1号”或3%井冈霉素水剂（前者防病效果明显高于后者)。因为“草病灵1号”是一种氨基环醇类新型抗生素杀菌剂，具有很强的内吸作用，是专门防治草坪草褐斑病的生物型杀菌剂，对人畜安全，不污染环境；其次是“防病保健1号”或草病灵4号；其他药剂如代森锰锌、甲基托布津、粉锈宁、扑海因等也可选用，但效果不理想。按药剂使用技术说明，加水兑成所需浓度喷雾；一般在发病初期浓度可略低些(1 500～2 000倍)，发病中后期要提高浓度500～1 000倍)。

(3) 灌根或拨浇；严重发病地块或发病中心，选择上述药剂高浓度、大剂量的灌根或拨浇，可有效的控制病害扩张。

(4) 无论是喷雾还是灌根必须要达到足够的药液量，即每平方米不少于200～300 mL（200～300 mL/m^2)；灌根还要多些，否则难以保证防效。施药间隔时间，发病初期间隔时间可长些，中后期间隔短7～10天左右（视病情而定)。

(5) 当草坪上有腐霉枯萎病或其他病害同时发生时，应采取与草病灵2号或草病灵3号混合使用的方法。

3. 选育和种植耐病草种

目前虽没有抗病品种，但草种、品种间有明显的抗病性差异。因此在生产上应选择抗病或耐病草种（品种)。

二、腐霉枯萎病（油斑病)

腐霉枯萎病是由腐霉菌（*Pythium* spp.）引起的一种具有毁灭性的真菌病害，既能在冷湿环境中侵染危害，也能在天气炎热潮湿时猖獗流行。当高温高湿时，它能在一夜之间毁坏大面积的草皮，是草坪上的重要病害。该病在全国各地区普遍发生，可以侵染所有草坪草。如冷季型的早熟禾、草地早熟禾、细弱翦股颖、匍匐翦股颖、高羊茅、细叶羊茅、粗茎早熟禾、多年生黑麦草、意大利黑麦草和暖季型的狗牙根、红顶草等。其中以冷季型草坪草受害最重。据在北京地区调查发现，近一半草坪上的草地早熟禾、高羊茅、黑麦草和紫羊茅上均有发生。1997年颐和园玉带桥旁高羊茅草坪上发生最为严重，植株枯死面积达30%以上，不得不毁掉重新种植；北京西客站和北京市人定湖公园草地早熟禾草坪上发生也很严重，约占草坪面积的20%～30%；北京城市万科花园紫羊茅草坪几乎损失60%～70%，形成大片枯草区，对景观效果破坏极为严重。

（一）症状识别

腐霉菌可侵染草坪草的各个部位，芽、苗和成株，造成烂芽、苗腐、猝倒和根腐、根颈部和茎、叶腐烂。种子萌发和出土过程中被腐霉菌侵染，出现芽腐、苗腐和幼苗猝倒。幼根近尖端部分表现典型的褐色湿腐。发病轻的幼苗叶片变黄，稍矮，此后症状可能消失。

成株受害，一般自叶尖向下枯萎或自叶鞘基部向上呈水渍状枯萎，病斑青灰色，后期有的病斑边缘变棕红色。根部受侵染表现不同的症状。有的根部产生褐色腐烂斑，根系发育不良，病株发育迟缓，分蘖减少，下部叶片变黄或变褐，草坪稀薄。有的根系外形正常，无明显腐烂现象或仅轻微变色，但次生根的吸水机能已被破坏，高温炎热时，病株失水死亡，整块草坪在短短数日内就可完全被毁坏。

高温高湿条件下，对草坪的破坏最甚。常会使草坪突然出现直径 2～5 cm 的圆形黄褐色枯草斑。清晨有露水时，病叶呈水浸状暗绿色，变软、粘滑，连在一起，用手触摸时，有油腻感，故得名为油斑病。当湿度很高时，尤其是在雨后的清晨或晚上，腐烂叶片成簇爬在地上且出现一层绒毛状的白色菌丝层，在枯草病区的外缘也能看到白色或紫灰色的菌丝体（依病菌不同种而不同）。修剪很低的高尔夫球场翦股颖草坪及其他草坪上枯草斑最初很小，但迅速扩大。剪草高度较高的草坪枯草斑较大，形状不规则。在持续高温、高湿时，病斑很快联合，不到 24 h 内就会损坏大片草坪。这类死草区往往分布在草场最低湿的区段或水道两侧。由于病菌可随灌水传播，也能随设备传播，因此，它常在草坪上或沿水流、或沿剪草机或其他农业机械作业路线呈长条形分布。若第一年枯斑未做处理，任其发展，则次年枯死圈一般会向外扩大。

在低温积雪地区，当土壤肥力高、排水不良、积雪覆盖等原因，常会引起雪腐病。症状以积雪融化后最明显，表现为叶片生有大形暗绿色水浸状病斑，叶组织变褐或枯黄色死亡并被卵孢子充满，根大部分未受影响，但根冠已腐烂，根冠腐烂的植株很快死亡。草坪上或出现棕褐色或橙色小的枯死斑，或出现大面积的枯草区。

（二）发病规律

腐霉菌是一种土壤习居菌，有很强的腐生性。它通常存在于病残枯草、土壤或者同时存在于这两种介质上，只有适合的环境条件下才会有致病力。腐霉菌是一种对水要求很高的霉菌，在淹水条件下和池塘中的残体上都能很好地生长。

土壤和病残体中的卵孢子是最重要的初侵染菌源。腐霉菌的菌丝体也可在存活的病株中和病残体中越冬。在适宜条件下，卵孢子萌发后产生游动孢子囊和游动孢子，游动孢子形成休止孢子后萌发产生芽管和侵染菌丝，侵入禾草的各个部位；卵孢子萌发也可直接生成芽管和侵染菌丝。侵入的菌丝体主要在寄主细胞间隙扩展。以后，病株又可产生大量菌丝体以及无性繁殖器官孢囊梗和孢子囊，造成多次再侵染。另外，用含有该菌的湖河、塘池水灌溉也能使草受到感染。游动孢子可在植株和土壤表面自由水中游动传播，灌溉和雨水也能短距离传播，随菌丝体，带菌植物残片，带菌土壤则可随工具、人和动物可远距离传播。

病害主要有两个发病高峰。一个是在苗期，尤其是秋播的苗期（8 月 20 至 9 月上旬左右）；另一个是在高温高湿的夏季，以后者对草坪的危害最大。高温高湿是腐霉菌侵染的最适条件，当白天最高气温在 30℃以上，夜间最低气温 20℃以上，大气相对湿度高于 90％，且持续 14 h 以上时，腐霉枯萎就可大发生。在高氮肥下生长茂盛稠密的草坪最敏感，受害尤重；碱性土壤比酸性土壤发病重。也有一些种在温度 11～21℃最活跃，而另一些种则在 23～34℃时处于休眠状态。北京地区，腐霉枯萎病的主要危害期发生在 6 月下旬～9 月上旬的高温季节。

尽管大多数腐霉枯萎病是发生在高温条件的一种病害（气温 29.4～35℃时危害最重），但它却主要危害喜凉的冷季型草。但也能危害暖季型的狗牙根草，尤其是普通型狗牙根，但造成的损失要比冷季型草小。

(四) 防治方法

1. 改善草坪立地条件

建植前要平整土地，黏重土壤或含沙量高的土壤需要改良，要设置排水设施，避免雨后积水，降低地下水位。良好的土壤排水条件对有效地防治腐霉枯萎病是非常重要的。在排水不良或过于密实的土壤中生长的草坪根系较浅，大量灌水会加重腐霉枯萎病的病情。良好的通风也有助于防治该病。

2. 合理灌水，要求土壤见湿见干

无论采用喷灌、滴灌或用皮管灌水，要灌透水，尽量减少灌水次数，降低草坪小气候相对湿度。灌水时间最好在清晨或午后。任何情况下都要避免傍晚和夜间灌水。

3. 合理施肥

平衡施肥，避免施用过量 N 肥，增施 P 肥和有机肥。N 肥过多会造成徒长，因而加重腐霉枯萎病的病情。

4. 合理修剪，清除枯草层

枯草层厚度超过 2 cm 后及时清除；高温季节不要过多过频的剪草，剪草不要过低，一般保持 5～6 cm 较好。在高温潮湿当叶面有露水、特别看到已有明显菌丝时，不要修剪草，以避免病菌传播。

5. 提倡用不同草种或不同品种混合建植

匍匐翦股颖、细弱翦股颖、意大利黑麦草或多年生黑麦草中几乎没有抗腐霉枯萎病的品种。而其中尤以多年生黑麦草最感腐霉枯萎病。大部分改良的狗牙根品种较耐或较抗腐霉枯萎病。在北京地区提倡以草地早熟禾为主适当混合高羊茅、黑麦草的不同草种混合播种或不同品种的草地早熟禾的混合播种。

6. 药剂防治

(1) 药剂拌种、种子包衣或土壤处理　药剂拌种、种子包衣或土壤处理是防治烂种和幼苗猝倒的简单、易行和有效的方法；同时又有促进发芽和提高出苗率的作用。选用的药剂品种有：草病灵 2 号、3 号、4 号或代森锰锌、拌种双等，一般用药量为种子量的 0.2%～0.3% 拌种；土壤处理可参照褐斑病的使用技术。

(2) 叶面喷雾　高温高湿季节要及时使用杀菌剂控制病害。主要选择内吸性杀菌剂，如草病灵 2 号、3 号、4 号药剂，或甲霜灵、乙磷铝或甲霜灵锰锌等药剂，兑水喷雾或灌根；使用浓度、次数和间隔时间视病情而定，一般使用浓度 500～2 000 倍，间隔 10～14 天左右。为防止抗药性的产生，提倡药剂的混合使用或交替使用，如代森锰锌—甲霜灵—乙磷铝或代森锰锌—草病灵 2 号或 3 号—乙磷铝或甲霜灵—草病灵 2 号或 3 号对半混合使用，或甲霜灵—草病灵 2 号或 3 号—乙磷铝各 1/3 的混合使用。

三、夏季斑枯病（夏季斑）

夏季斑枯病，又称夏季斑或夏季环斑病，1984 年在美国才开始作为冷季型草坪草病害进行描述。在此之前，它是未经确认的镰刀菌枯萎病的一部分，而后者现在已经作为夏季斑枯病、坏死环斑病，或者还有其他的病害组成的综合症状重新描述。夏季斑枯病在北美据报道发生在羊茅和早熟禾属草坪草上。在匍匐翦股颖和多年黑麦草上也分离到该病原菌。我国已在 1997 年，在对北京市冷季型草坪草病害调查时发现，但一直到 1998 年才分离到病原菌被确认。夏季斑枯病是由 *Magnaporthe poae* 引起的一种严重的真菌性病害，可以侵染多种冷季型禾草，其中以草地早熟禾受害最重。据北京地区调查，凡是种植草地早熟禾的草坪均有发生（属国内首次发现并报道）。主要造成整株死亡，使草坪出现大小不等的秃斑，严重影响草坪景观。

（一）症状识别

夏季斑枯病是夏季高温高湿时发生在冷季型草坪草上的一种严重病害，尤其在生长较密的草地早熟禾草坪上。夏初开始表现症状，发病草坪最初出现环行的、生长较慢的、瘦弱的小斑块，以后草株褪绿变成枯黄色，或出现枯萎的圆形斑块，直径约 3～8 cm，斑块逐渐扩大。典型的夏季斑为圆形的枯草圈，直径大多不超过 40 cm 左右，但最大时也可达 80 cm。在持续高温天气下（白天高温达 28～35℃，夜温超过 20℃），病情迅速发展，草坪多处呈现不规则形斑块，且多个病斑愈合成片，形成大面积的不规则形枯草区。在翦股颖和早熟禾混播的高尔夫球场上，枯斑环形直径达 30 cm。在一般绿地草坪上，病斑开始在草坪上出现弥散的黄色或枯黄色病点，很容易与高温逆境、昆虫危害及其他病害的症状相混。典型病株根部、根冠部和根状茎黑褐色，后期维管束也变成褐色，外皮层腐烂，整株死亡。仔细检查这些病组织，可以发现典型的网状稀疏的深褐色至黑色的外生菌丝，或将病草的根部冲洗干净，直接在显微镜下检查，也可见到平行于根部生长的暗褐色匍匐状外生菌丝，有时还可见到黑褐色不规则聚集体结构。

（二）发病规律

病害主要发生在夏季高温季节中。当夏季持续高温（白天高温达 28～35℃，夜温超过 20℃），病害就会迅速发生。

病菌以菌丝体在植物的病残体和多年生的寄主组织中越冬。在人工控制的环境条件下，病菌在 21～35℃温度范围内均可侵染，并在寄主根部定殖，从而抑制根部生长，病害发生的最适温度为 28℃。在田间，病菌在春末土壤温度稳定在 18～20℃时开始侵染。据观察，当 5 cm 土层温度达到 18.3℃时病菌就开始进行侵染，此时只是侵染根的外部皮层细胞。以后，病菌可沿着寄主植物根和匍匐茎的生长而在植物间移动。以后，随着炎热多雨天气的出现，或一段时间大量降雨或暴雨之后又遇高温的天气，病害开始明显显现并很快扩展蔓延，造成草坪出现大小不等的秃斑。这种病斑不断扩大的现象，可一直持续到初秋。由于秃斑内枯草不能恢复，因此在下一个生长季节秃斑依然明显。该病还可通过清除植物残体的机器以及草皮的移植而传播。

另外，夏季斑在高温而潮湿的年份、排水不良、土壤紧实、低修剪、频繁的浅层灌溉等养护方式的地方发病严重；使用砷酸盐除草剂，速效氮肥和某些接触传导型杀菌剂也会加重病害。据研究报道，土壤的 pH 值不影响夏发病率；另外，虽然高温逆境对病害的发生过程起着重要作用，但干旱一般与发病关系不大。在合适的条件下，病原菌可沿着根、冠部和茎组织蔓延，每周可达 3 cm。

（三）防治方法

1. 养护防治措施

由于夏季斑是一种根部病害，所以凡是能促进根生长的措施都可减轻病害的发生。避免低修剪（一般不低于 5～6 cm），特别是在高温时期。最好使用缓释氮肥，如含有硫黄包衣的尿素或硫铵。要深灌，尽可能减少灌溉次数。打孔、疏草、通风，改善排水条件，减轻土壤紧实等均有利于控制病害。

2. 抗病草种混播

选用抗病草种（品种）或选用抗病草种（品种）混合种植，改造发病区是防治夏季斑枯病的最有效而经济的方法之一。不同草种间抗病性的差异表现为：多年生黑麦草＞高羊茅＞匍匐翦股颖＞草地早熟禾（由高到低）。如：在高尔夫球场上以翦股颖属草替换草地早熟禾；种植多年生黑麦草，高羊茅或草地早熟禾的抗病品种等均可减轻病害的发病率。

3. 化学防治

（1）药剂拌种、种子包衣或土壤处理　通过对多种药剂筛选，初步认为下列药剂品种的拌种对夏季斑枯病有较好的防治效果，如：草病灵 3 号、2 号、4 号、乙磷铝、、代森锰锌、甲基托布津等，通常用药量为种子重量的 0.2%～0.3%；也可用种子包衣剂；有条件的单位可用溴甲烷、棉隆等熏蒸剂处理土壤。

（2）成坪草坪的药剂喷雾或灌根　内吸传导性杀菌剂可作为防治夏季斑枯病选择的主要药剂种类，有草病灵 3 号、2 号、4 号、70%代森锰锌可湿性粉剂、70%甲基托布津可湿性粉剂、50%乙磷铝可湿性粉等。防治的关键时期，应基于以预防为目的的春末和夏初土壤温度定在 18～20℃之间时使用。使用浓度、次数和间隔时期视病情而定。一般使用浓度在 500～1 000 倍，间隔 20 天左右，使用 2～3 次即可。同时，为了提高防治效果，要求尽量将药液喷洒到植株根颈部，每平方米最少用药液量 300 mL 左右。灌根时药液量还可增加。

四、镰刀枯萎病

镰刀菌枯萎病是由镰刀菌（*Fusarium* spp.）引起的一种重要的真菌病害。在全国各地草坪草上均有发生，可侵染多种草坪禾草，如早熟禾、羊茅、翦股颖等。主要引起根腐、颈基腐、叶斑和叶腐、穗腐和枯萎等综合症，也常危害幼苗，严重破坏草坪景观。据北京市在冷季型草坪上的调查结果表明，该病发生普遍，约占调查点的 50%以上。

（一）症状识别

镰刀菌枯萎病可造成草坪草苗枯、根腐、颈基腐、叶斑和叶腐、匍匐茎和根状茎腐烂等一系列复杂症状。幼苗出土前后被侵染，种子根腐烂变褐色，严重时造成烂芽和苗枯。发病较轻时，幼苗黄瘦，发育不良。成株叶片受害，病叶上最初为水渍状暗绿色枯萎斑，后变红褐色到褐色，病斑多从叶尖向下或从叶鞘基部向上变褐枯黄。细弱植株基部有红褐色长形病斑，根、根颈、根状茎和匍匐茎等部位干腐，变褐色或红褐色，变色部分还可由根颈向茎秆基部发展，形成基腐。潮湿时，根颈和茎基部叶鞘与茎秆间生有白色至淡红色菌丝体和分生孢子团。

草坪上的症状：开始初现淡绿色小的斑块，随后迅速变成黄枯色，在高温干旱的气候条件下，病草枯死变成枯黄色，根部，冠部，根状茎和匍匐茎变成黑褐色的干腐状。枯草斑圆形或不规则形，直径2～30cm。枯萎的草坪上出现或不出现叶斑。当湿度高时，病草茎底部和冠部可出现白色至粉红色的菌丝体和大量的镰刀菌孢子。另外，温暖潮湿的天气，可造成草坪发生大面积的叶斑。叶斑主要生于老叶和叶鞘上（首先侵染叶尖），不规则形，初期水渍状墨绿色，后变枯黄色至褐色，病健交界处有褐色至红褐色边缘，外缘枯黄色。

3年以上的草地早熟禾草坪被镰刀菌侵染后，可出现直径达1 m左右的、呈条形、新月形、近圆形的枯草斑。枯草斑边缘多为红褐色。由于枯草斑中央为正常植株，整个枯草斑呈“蛙眼状”。这一症状通称“镰刀菌枯萎综合症”，多发生在夏季湿度过高或过低时。

在冷凉多湿季节，可单独或与雪腐捷氏霉并发，在草坪被积雪或其他覆盖物覆盖时造成叶子枯萎或草株死亡的斑块，在没有积雪或覆盖物覆盖时则造成草坪出现弥散的枯萎，引起雪腐病或叶枯病。

（二）发病规律

病土、病残体和病种子是镰刀菌的主要初侵染来源。由于种子带菌率较高，在种子萌发出苗时，常引起猝倒和苗立枯。病菌除以菌丝体在病草和病残体上越冬外，有些种还可以厚壁的厚垣孢子在土壤中或土壤顶层枯草层中越冬。厚垣孢子有很强的抗逆性，可随病残体在土壤中存活2年以上，在9℃条件下的干燥土壤中，厚垣孢子甚至可存活8年多。春天当温度回升，湿度和营养条件适宜时，病菌迅速生长，厚垣孢子也很快萌发产生新的菌丝体，并产生大量孢子，尤其是在潮湿土壤顶层的枯草层中更多。所形成的分生孢子有大形的，也有小形的，还有的则是两种兼而有之，这主要取块于镰刀菌的不同种类。分生孢子随气流传播，不断进行再侵染。此间，导致草株大量受害，或造成叶斑，或造成冠部和根部腐烂。冠部的腐烂可导致整个分蘖的死亡，引起植株腐烂死亡。如果环境条件不适宜，在死亡病株的腐烂组织中可形成大量的厚垣孢子越夏。腐烂组织破碎后，厚垣孢子散入土壤，可随土壤扩散传播。影响镰刀菌侵染发病的因素很多，如大气和土壤的温湿度、pH 值、肥料和枯草层的厚度等。

高温和干旱有利于冠部和根部腐烂病的发生，主要是发生在仲夏高温期间、充分暴露在阳光照射下的土壤干旱地方，特别是南向的斜坡上。土壤含水量过低或过高都有利于镰刀菌枯萎综合症严重发生，干旱后长期高温或枯草层温度过高时发病尤重。此外，在春季或夏季过多的或不平衡的使用氮肥；草的修剪高度过低；土壤表层枯草层太厚等等，均有利于镰刀菌的发生。另外，pH 值高于 7.0 或低于 5.0 等也都有利于根腐和基腐发生。长期高湿条件下有利于叶斑病的发生。

冠腐、根腐、叶斑和冷湿季节的雪腐、叶枯等症状可在任何龄期的草坪上发生。如：草地早熟禾 4 年生草坪发生的“枯萎综合症”，即表现的叶斑、根腐、根颈腐等症状就不受株龄影响。

（三）防治方法

镰刀枯萎病是一种受多种因素影响、表现出一系列复杂症状的重要病害，在防治时更应强调“预防为主，综合防治”的原则。关键在于抓好无病种子和种子药剂处理，加强科学的养护管理和适时的化学防治。冠部和根腐烂病可以通过使逆境胁迫最小化而加以减轻。不要修剪过低。及时清除枯草层。平衡施肥，避免大量使用氮肥。减少浇水次数，应适当深浇，提供足够的湿度而不致造成干旱胁迫。

（1）种植抗病、耐病草种或品种。草种间的抗病性差异明显，如：翦股颖＞草地早熟禾＞羊茅。提倡草地早熟禾与羊茅、黑麦草等混播。病草坪补种时首先考虑黑麦草或草地早熟禾等抗病品种，高尔夫球场可改种翦股颖。

（2）由于种子带菌率高，因此，要尽量从无病的原产地引种。

（3）播种时进行药剂拌种或种子包衣：选择的药剂有草病灵 2、3、4 号，或乙磷铝、代森锰锌、甲基托布津等，通常用种子重量的 0.2%～0.3%。

（4）科学施肥：提倡重施秋肥，轻施春肥。增施有机肥和 P、K 肥，控制 N 肥用量。

（5）减少灌溉次数，控制灌水量以保证草坪既不干旱亦不过湿。斜坡易干旱，需补充灌溉。

（6）及时清理枯草层，使其厚度不超过 2 cm。病草坪剪草高度应不低于 4～6 cm。保持土壤 pH 值在 6～7。

(7) 在发生根颈腐烂症状始期，可用草病灵 2、3 号、多菌灵、甲基托布津等内吸杀菌剂喷雾或灌根。使用方法可参考褐斑病。

五、币斑病

币斑病是由 *Lanzia* 与 *Moellerodiscus* 属中的若干种病原真菌引起的病害，又称钱斑病或圆斑病。发生在北美、欧洲、亚洲和澳洲等世界范围内的、绝大多数草坪草上一种常见的病害，主要侵染早熟禾、巴哈雀稗、狗牙根、假俭草、细叶羊茅、细弱翦股颖、匍匐翦股颖、多年生黑麦草、草地早熟禾、匍茎羊茅、奥古斯丁草、普通翦股颖、结缕草等多种草坪草。尤其是对高尔夫球场草坪危害最严重。在我国的分布至今尚不清楚。赵美琦等人在北京及周边地区连续 4 年的草坪病害调查中还未发现此病。

(一) 症状识别

币斑病的明显症状是形成圆形、凹陷、漂白色或稻草色的小斑块，斑块大小从 5 分硬币到 1 元硬币，因而得名为币斑病。病斑处的草要比其他地方的低，尤其是修剪到 1.5 cm 高或更矮的草坪上。如在修剪很低的高尔夫球场果岭草坪时，出现的症状为：细小、环形、凹陷的斑块，斑块直径很少超过 6 cm。如果病情变得严重时，斑块可愈合成更大的不规则形状的枯草斑块或枯草区。家用草坪、绿地草坪和其他留茬较高的草坪上，可能出现不规则形的、褪绿的呈漂白色的枯草斑块，斑块 2～15 cm 宽或更宽。愈合后的斑块可覆盖大面积的草坪。清晨当草株叶上片有露水存在而病原菌又处于活动状态时，观察新鲜的枯草斑，在发病的草坪上可以看到白色、棉絮状或蛛网状的菌丝体物质图。叶片变干后，这些菌丝体就消失。病原菌产生的气生菌丝可与腐霉属、黑孢属和丝核菌属的真菌的气生菌丝相混，应配合镜检加以区别。单株上典型病斑的特征，是初期在叶片上形成圆形、水渍状的褪绿斑点，病斑逐渐扩大并变成漂白色，病斑边缘环绕一圈黄褐色至红褐色的带。在匍匐翦股颖、草地早熟禾、细叶羊茅、结缕草和狗牙根上，病斑的外缘呈现红棕色带；而在早熟禾上不出现红棕色带。以后，病斑渐渐扩大而横穿整个叶片（叶片质地粗糙的草如黍属的草例外)。病斑往往沙漏形。叶尖枯死的症状也很常见。单片叶上有时只有一个病斑，有时有许多小的斑点，有时整个叶片枯萎。应特别注意，币斑病的叶部症状往往会与红丝病、铜斑病、褐块病和腐霉枯萎病的叶部症状相混淆。

综上所述，典型币斑病症状：单株草坪草受害叶片，开始产生水浸状褪绿斑，最后变成白色病斑，病斑边缘棕褐色至红褐色，病斑可扩大延伸至整个叶片，病斑常呈漏斗状，从叶尖开始枯萎的也常见。单片叶可能只有一个病斑、许多小病斑或整个叶片枯萎；成坪草坪上出现凹陷，圆形、漂白色或稻草色的枯草斑，大小从5分到1元硬币。清晨有露水时，在病草坪上，可以看到白色、絮状或蜘蛛网状的菌丝，干燥时菌丝消失。

（二）发病规律

币斑病以菌丝体和子座组织，在病株上和病叶表面上渡过不良环境。病组织通过风、雨水和流水、工具、人畜活动等方式传播，扩展蔓延。尤其是依赖割草机和其他维护设备携带菌丝和受侵染的植物组织传到健康植株上，甚至也可以通过高尔夫球鞋和手推车携带传播。因此，如果仅防治草坪内发病的部分，就常会在发病部分的边上，人们从受侵染的区域走动的经过地区，发现币斑病又复发了。当草坪草环境条件适于病菌活动时，从病组织或子座上产生的菌丝在叶组织上定殖。生殖生长的菌丝体还可产生孢子散发到潮湿的空气中。当气生菌丝与湿润的叶面接触时，就可穿透叶子造成侵染。病菌的生长需要草坪草冠层长期处于高度潮湿的状态。适于币斑病发病的温度范围为15～32℃。因此，病害可从春末开始发生，一直到秋季。另外，温暖而潮湿的天气、形成重露的凉爽的夜温、土壤干旱瘠薄、氮素缺乏等因素都可以加重病害的流行。但土壤pH值和磷肥水平对发病严重程度没有明显的影响。目前已知币斑病菌至少有两个株系：一个是在凉爽天气条件下发病（气温低于24℃）；另一个是适于高湿，白天高温，夜晚凉爽。病原菌能产生毒素，使根变褐增粗，停止生长，根系机能减弱。如Endo和Endo、Malca等人就发现了一种毒素可致匍匐翦股颖草根变色和死亡（矮化和坏死）。当将植株的根用玻璃纸袋同病菌隔离，玻璃纸袋只能使可溶性的毒素透过时，发现根系仍会出现矮化，变棕色和坏死，而从变形的根部并不能分离到病原菌。Endo发现在低于15℃和高于32℃时病菌失去致病力的原因，是由于病菌缺乏了产生毒素的能力。

（三）防治方法

1. 加强草坪管理

适当增施氮肥，使土壤中的N维持一定的水平。在币斑病严重发病期间一定要保持草坪上有足够高的氮肥水平，以减少病害的严重度并能使杀菌剂发挥更好的效果。因此，轻施、常施N肥是最好的办法，既有助于防治病害，又能满足草的正常生长，特别是高温天气期间。

合理灌水。提倡浇水时深浇水，浇水次数尽量少，以两次浇水间隙不造成水分胁迫为准。不要在午后和晚上浇水，因为在凉爽的夜晚很可能形成露水从而延长了叶面保湿时间。在高尔夫球场草坪用“去除露水”来防止币斑病是一种常见的措施，包括用一个竹杆或拖动一根软管，“滚落”或“擦掉”露水。定期修剪。

修剪和通风透光，或移栽草坪周围的树木和灌木或移去草坪周围的障碍物以改善草坪上的空气对流状况。不要频繁修剪和修剪高度过低。

2. 选用抗耐病草种和品种

匍匐翦股颖中没有抵抗币斑病的抗病品种，早熟禾中目前也没有抗病品种。尽管有的文献列出了中度抗病或中度感病的匍匐翦股颖，但实际上几乎所有的品种都是感病的。表 6-1 指出了不同草种中最感病的品种，供币斑病发生严重的地区在建植草坪时参考。

表 6-1 各草种高感币斑病的品种

草种名称	品种名称	草种名称	品种名称
草地早熟禾	Nuggett, Sydsport	紫羊茅	Dawson
多年生黑麦草	Manhattan	狗牙根	Ormond, Tifway, Sunturf
结缕草	Emerald	巴哈雀稗	Pensacola

引自 Vargas 1994

3. 化学防治

适时喷洒 800～1 000 倍的百菌请、粉锈宁、丙环唑等药剂。

4. 生物防治

Nelson 和 Craft 报道了在田间利用细菌中的阴沟肠杆菌（*Ringers compost* Plus）和玉米肠杆菌（*Enterobacter aloacae*）来抑制币斑病，在轻度到中度发病的年份，防治币斑病的效果较好。不过，在病害发生较重的年份，要取得理想的防治效果就需要配合使用杀菌剂。Goodman 和 Burpee 报道了在温室中利用一种真菌 *Fusarium heterosporum*（异孢镰孢）来抑制币斑病。

六、炭疽病

炭疽病是由禾生刺盘孢（*Colletotrichum graminicola*）引起的一种真菌病害，世界各地都有发生。可侵染几乎所有的草坪草，以在一年生早熟禾和匍匐翦股颖上造成的危害最严重。我国有零星发生，危害不太严重。

（一）症状识别

环境条件不同下炭疽病症状表现不同。冷凉潮湿时，病菌主要造成根、根颈、茎基部腐烂，以茎基部症状最明显。病斑初期水渍状，颜色变深，并逐渐发展成圆形褐色大斑，后期病斑长有小黑点（分生孢子盘）。当冠部组织也受侵染严重发病时，草株生长瘦弱，变黄枯死。天气暖和时，特别是当土壤干燥而大气湿度很高时，病菌很快侵染老叶，明显的加速叶和分蘖的衰老死亡。叶片上形成长形的，红褐色的病斑，而后叶片变黄、变褐以致枯死。当茎基部被侵染时，整个分蘖也会出现以上病变过程。草坪上出现直径从几个厘米至几米的、不规则状的枯草斑，斑块呈红褐色—黄色—黄褐色—再到褐色的变化，病株下部叶鞘组织和茎上经常可看到灰黑色的菌丝体的侵染垫，在枯死茎、叶上还可看到小黑点。

炭疽病症状上的典型特点是在病斑上产生黑色小粒点，显微镜检察分生孢子盘上刚毛存在与分生孢子，可作为快速诊断炭疽病发生的依据。另外，在田间诊断过程中还发现两种病菌也能引起近似炭疽病的症状：一种是由 *Microdochium bolleyi* 引起；另一种是由 *Volutella colletotrichoides* 引起。若要进一步区分，必须进行病原物的准确鉴定。*M. bolleyi* 的产果机构是分生孢子座，不形成刺毛分生孢子也是单细胞的，新月形，但它只有 5～9 μm 长，而 *C. graminicola* 产果机构是分生孢子盘，有刺毛；*V. Colletotrichoides* 与 *C. graminicola* 的区别是 *V. Colletotrichoides* 形成的分生孢子座细小，半球形，其刚毛与刺盘孢的刺毛一样肉眼可见。刺毛深色，约 100 μm，在分生孢子盘上成环形分布。分生孢子单细胞，菜豆形，只有约 5 μm 长。

（二）发病规律

病原菌以菌丝体和分生孢子在病株和病残体中渡过不适时期。当草坪草生长在逆境条件下，湿度高、叶面湿润时，病菌可穿透叶、茎或根部组织造成侵染。分生孢子盘在坏死组织中形成，然后释放分生孢子，分生孢子随风、雨水飞溅传播到健康禾草上，造成再侵染。与病害发生密切相关的基本条件是那些造成草坪草逆境的环境，即：高温高湿的天气，土壤紧实，磷肥、钾肥、氮肥和水分供应不足，叶面或根部水膜等。该病几乎任何时候都能发生，但通常在夏季的数月中的凉爽、暖和天气里最具破坏性。

（三）防治方法

（1）科学的养护管理：适当、均衡施肥，避免在高温或干旱期间使用含量高的氮肥。增施磷钾肥。避免在午后或晚上浇水，应深浇水，尽量减少浇水次数。避免造成逆境条件。保持土壤疏松减少紧实程度。适当修剪。及时清除枯草层。种植抗病草种和品种。

（2）种植抗病草种、品种。

（3）发病初期，用百菌清或乙磷铝等内吸性杀菌剂兑水喷雾，一般浓度为 500～800 倍，可取得较好的防治效果。

七、春季坏死斑病

春季坏死斑病是发生在狗牙根和杂交狗牙根 3 年期或更长期草坪上的一

种典型病的、最重要的真菌病害，也危害结缕草。多在种植狗牙根较多的南方各地区发生。澳大利亚将这种病原菌鉴定为小球腔菌（*Leptosphaeria narmari* 和 *L. Korrae*），而北美，日本等地还未确定。

（一）症状识别

春季休眠的草坪草恢复生长后（秋季和夏季的异常凉爽、潮湿的天气后也可以看到），草坪上出现环形的，漂白色的死草斑块。斑块直径几厘米至1米，3年或更长时间内枯草斑往往在同一位置上重新出现并扩大。2～3年之后，斑块中部草株存活，枯草斑块呈现蛙眼状环斑。多个斑块愈合在一起，使草坪总体上表现出不规则形、类似冻死或冬季干枯的症状。狗牙根根部和匍匐茎严重腐烂。坏死斑块中补播的新草生长仍然十分缓慢。病株的匍匐茎和根部产生深褐色有隔膜的菌丝体和菌核，有时在死亡的组织上还可观察到病原菌的子囊果（假囊壳或子囊壳）。

（二）发病规律

病菌在土壤中存活，秋季和春季当温度较低，土壤湿度较高时生长最活跃，10～20℃生长速度最快，适温为15℃（狗牙根根部35℃时生长最快，15℃时极其缓慢）。因此，从秋季至春季，危害最严重。

（三）防治方法

(1) 种植抗寒的沟牙根品种，或改种多年生黑麦草、高羊茅和草地早熟禾。

(2) 保证充足的肥料和氮磷钾肥的合理施用，特别强调铵态氮与钾肥的混合施用。

(3) 适时的化学防治等措施都可有效地控制病害。

八、白绢病

百绢病又称南方枯萎病或南方菌核腐烂，是由齐整小菌核（*Sclerotium rolfsii* Sacc.）引起的一种真菌病害。主要发生在我国中南部多雨高温地区。寄主范围广泛，多达500余种，主要危害翦股颖、羊茅、黑麦草、早熟禾等多种禾本科和阔叶草坪草，其中包括许多重要农作物，南方马蹄金草坪受害非常严重。

（一）症状识别

病株叶鞘和茎上出现不规则形或梭形病斑，茎基部产生白色棉絮状菌丝体，叶鞘和茎杆间有时亦有白色菌丝体和菌核。病株瘦弱、早衰，严重时皮层撕裂，露出内部机械组织，褐变枯死。最终造成苗枯、根腐、茎基腐等症状。发病草坪开始出现圆形、半圆形，直径可达20 cm的黄色枯草斑。以后枯草斑边缘病株呈红褐色枯死，中部植株仍保持绿色，使枯草斑呈现明显的红褐色环带。天气高温多湿时这种环带迅速扩大，直径可达1 m以上。在枯草斑边缘枯死植株上以及附近土表枯草层上生有白色绢状菌丝体和白色至褐色菌核。菌核表面光滑，内部灰白色，坚硬易脱落。

（二）发病规律

菌核是主要初侵染菌源，在土壤和枯草层中越冬（夏），菌丝可在土壤和枯草层中生长蔓延。高温（25～35℃）、高湿、土壤富含有机质等都有利于病菌生长。23℃以上菌核萌发。低温（15℃以下）、土壤通气性差、碱性土壤均不利于病菌生长。该病菌不耐低温，轻霜即能杀死菌丝体，菌核经受短时间－20℃后死亡。

（三）防治方法

（1）以精细管理为基础，适时清除枯草层，提高土壤通气性，施用石灰改良酸性土壤，将土壤酸碱度提高到pH值8.0以上，加强水肥管理，提高植株生活力。

（2）必要时用扑海因、杀毒矾杀菌剂喷雾或灌根。

九、蘑菇圈

蘑菇圈又称仙环病。是由大量的土壤表层植物残渣和土壤习居的担子菌引起的草坪草上的一种病害。最常见的病菌有小伞属（*Lepiota* spp.）、马勃菌属（*Lycoperdon* spp.）、小皮伞属（*Marasmius* spp.）、硬皮马勃菌属（*Scleroderma* spp.）和口蘑属（*Tricholoma* spp.）。最近研究结果认为主要是由*M. oreades*引起的。全国各地都有发生。可危害各种草坪草。

（一）症状识别

春季和夏初，潮湿的草坪上可出现环形或弧形的深绿色或生长迅速的草围成的圈。疯长的草坪草形成的带宽10～20 cm。在疯长的草坪圈内部偶尔出现由瘦弱的、休眠的或死草围成的同心圆圈。有时候在死草围成的环带里出现旺长的草形成的次生环形带。土壤干旱时，特别是在秋季，最外层疯长的草围成的圈可能消失，使得最外层圈里的草死亡而内层圈的草旺长。在温和天气，降雨或大水漫灌之后，病菌可在外层疯长的草坪草环带里产生蘑菇。

蘑菇圈开始时很小，但可迅速扩大，直径从几厘米至无限大。有时也可突然消失。根据症状表现可以把蘑菇圈描述为三种类型：第一种类型，蘑菇圈有一条由死草围成的环形带和一条或两条由深绿色旺长的草围成的环形带。第二种类型，蘑菇圈只有一深色的旺长的草围成的圈，长有担子果。第三种类型，蘑菇圈的担子果环形排列，它们对草坪草的生长没有明显的影响。无论那种情况，担子果只是暂时产生的。伞菌目的许多担子菌都可引起蘑菇圈病害。

（二）发病规律

蘑菇圈最初的外观一般是病草围成一个小圆圈或出现一束担子果。蘑菇圈的直径每年都增大几厘米，有时可达 0.5 m。随着蘑菇圈病菌往圈外迅速生长，圈内老菌丝逐渐死亡，而随之出现内圈旺长的现象。在第二种类型的蘑菇圈中，内层环带和外层环带的旺长同时出现，没有死草的环带。对于死草机制，目前还无定论。一般沙壤土，低肥和水分不足的土壤上病害最严重。浅灌溉，浅施肥，枯草层厚，干旱都有利病害的发生。

（三）防治方法

（1）保证土壤水分充足，以维持土壤剖面处于非常潮湿的状态。

（2）土壤薰蒸，土壤更换，土壤耕作和混合等。土壤薰蒸应把草坪移走后进行。更换病土是迅速消灭病菌的方法。土壤耕作和混合是把整块的草皮切下移走，然后用重型旋转式中耕机耕作以混合土壤。耕后的地带最好用水浸泡，以促进蘑菇圈病菌的拮抗微生物的生长。

（3）及时清除枯草层，深灌透灌水，拔除担子果。

（4）药剂防治，必要时可用溴甲烷或棉隆薰蒸土壤，也可打孔浇灌百菌清等。

第二节　茎叶部病害

一、锈　病

锈病主要是由锈菌（*Puccinia* spp.）引起草坪禾草上的一类重要病害，分布广、危害重，几乎每种禾草上都有一种或几种锈菌危害。其中以冷季型草中的多年生黑麦草、高羊茅和草地早熟禾，及暖季型草中的狗牙根、结缕草受害最重禾草感染锈病后叶绿素被破坏，光合作用降低，呼吸作用失调，蒸腾作用增强，大量失水，叶片变黄枯死，草坪稀疏、瘦弱，景观被破坏。

草坪草锈病种类很多，常发生的主要锈病有：条锈病、叶锈病、秆锈病和冠锈病。此外，还有一些其他禾草锈病。就北京地区的调查中发现冠锈病危害最重。

（一）症状识别

锈菌主要危害叶片、叶鞘或茎秆，在感病部位生成黄色至铁锈色的夏孢子堆和黑色冬孢子堆，被锈病侵染的草坪远看是黄色的（不同锈病在依据其夏孢子堆和冬孢子堆的形状、颜色、大小和着生特点进行区分）。

（二）发病规律

锈菌是一种离开寄主就不能存活的严格寄生菌。只要冬、夏季禾草能正常生长的地区，病菌就可以在病草的发病部位越冬、越夏。但条锈菌因不耐高温，当夏季最热一旬的旬均温超过 22℃时就不能越夏。北京地区一般春秋季发病重，4 月份就可始见发病中心，1998 年四元桥下的草坪时至 11 月下旬病害还很重。当病菌在适宜温度和叶面必须有水膜的条件下才能萌发。由气孔或直接穿透表皮侵入，一般 6～10 天就可发病，10～14 天后产生夏孢子，随风传播，不断造成新的侵染，使病害迅速扩展蔓延。夏孢子可以随风远距离传播，在发病地区内随气流、雨水飞溅、人畜机械携带等途径在草坪内和草坪间传播。

影响锈病发生的因素很多，有不同品种的抗病程度，温度，降雨（特别是夏孢子萌发和侵染所必需的叶面湿时）、蔽荫、草坪密度、水肥、修剪（留茬高度）等遭受逆境而生长缓慢的草上最为严重都会影响锈病的发生。其中几种重要锈菌对温度的要求，以秆锈病最高，叶锈病、冠锈病居中，条锈病最低。

（三）防治方法

1. 种植抗病草种和品种并进行合理布局

由于草种间和品种间对锈病存在着明显的抗病性差异，因此，在建植草坪时首先应选择抗病的草种和品种，并提倡不同草种或多品种混合种植，如：草地早熟禾、多年生黑麦草和高羊茅（7:2:1）的混播，或草地早熟禾不同品种的混播。

2. 科学的养护管理

增施 P、K 肥，适量施用 N 肥。合理灌水，降低田间湿度，发病后适时剪草，减少菌源数量。适当减少草坪周围的树木和灌木，保证通风透光。

3. 化学防治

三唑类杀菌剂防治锈病效果好、作用的持效期长。常见品种有：粉锈宁、羟锈宁、特普唑（速宝利）、立克秀等。可在播种时按每百公斤种子用三唑类纯药 0.02%～0.03% g 拌种，或生长期喷雾。一般在发病早期（以封锁发病中心为重点时期），常用 25%三唑酮可湿性粉剂 1 000～2 500 倍液，12.5%速保利（特普唑）可湿性粉剂 2 000 倍液等兑水喷雾。通常在修剪后，用 15%粉锈宁乳剂 1 500 倍喷雾，间隔 30 天后再用 1 次，防治锈病效果可达 85%以上。

二、黑粉病

黑粉病是一类主要由黑粉菌（*Ustilago* spp.）引起的禾草病害，世界各地均有分布，以条黑粉病的分布最广，危害性最大。黑粉菌是一种高度寄生专化性的病原物，可以在植物的叶片、叶鞘、茎以及花序等部位引起特异性症状。常见的病害有：条形黑粉病、冰草秆黑粉病、鸭茅叶黑粉病（疱黑粉病）等，以条黑粉病的分布最广，危害性最大。由于多数禾草黑粉病主要危害花序，所以对种子生产的影响最大，甚至造成毁灭性的损失。

条形黑粉病可侵染26属48种禾本科植物，其中翦股颖、黑麦草、早熟禾易感病，尤以草地早熟禾最感病。秆黑粉病可在8个属的禾本科植物及小麦等农作物上寄生。疱黑粉病主要寄生在早熟禾属、翦股颖属、羊茅属等植物上。

(一) 症状识别

条形黑粉病和秆黑粉病症状基本相同，植株矮化、叶片变黄，随病害的发展，叶片卷曲并在叶片和叶鞘上出现沿叶脉平行的长条形、黑色冬孢子堆，以后孢子堆破裂，散出黑粉，如果用手触摸这些黑色的或烟灰状的粉末会被抹掉。严重病株叶片卷曲并从顶向下碎裂，甚至整个植株死亡。由于被侵染植株分蘖少和病株的死亡，草坪变稀，造成秃斑，引起杂草侵入。叶黑粉病症状主要表现在叶片上，病叶背面有黑色椭圆形疱斑，即冬孢子堆，长度不超过2 mm，疱斑周围褪绿。严重时，整个叶片褪绿变成近白色。冬孢子堆始终埋在寄主叶表皮下。

(二) 发病规律

条黑粉病最常出现在春秋季冷、湿天气阶段（昼温低于21.1℃时），随天气变暖症状逐渐消失。尽管症状在冷季最明显，但对草坪的损失较少，而对草坪造成严重的却是在干、热的夏季（当草处于炎热、干旱逆境时）或是遭受干燥和低温逆境时的冬季。

(1) 条黑粉病主要通过种子和病土壤传播，造成系统发病。由于病菌的累积并能在土壤中存活多年，所以病害通常只在至少3年的老草坪上发生比较严重。

(2) 秆黑粉病，易发生在晚春或初秋。发病规律基本与条黑粉病相同，土壤干旱、瘠薄、黏重以及播种过深时，发病重。

(3) 叶（疱）黑粉病主要发生在春、秋两季。较低的温度，适宜的湿度和营养条件有利病原存活，高温干旱，施肥不足或过量均会加速病株的死亡。病害由叶片侵入，通过气流、雨滴飞溅、人畜和工具的接触等途径传播。

（三）防治方法

（1）种植抗病草种和品种，更新或混合种植改良型草地早熟禾品种能有效地控制病害。

（2）播种无病种子，使用无病草皮卷和无病无性繁殖材料。

（3）用0.1%～0.3%三唑酮、三唑醇、立可秀等药剂进行拌种。对于叶黑粉病，在发病初期，用三唑类的粉锈宁等药剂喷雾。

（4）适期播种，避免深播，缩短出苗期。

三、白粉病

白粉病是由禾布氏白粉菌（*Erysiphe graminis* DC.）引起的一种真菌病害。广泛分布于世界各地，为草坪禾草常见病害。可侵染狗牙根、草地早熟禾、细叶羊茅、匍匐翦股颖、鸭茅等多种禾草和大、小麦等农作物，其中以早熟禾、细羊茅和狗牙根发病最重。主要是造成草坪早衰，生长不良，严重影响草坪景观。

（一）症状识别

主要侵染叶片和叶鞘，也危害茎秆和穗部。受侵染的草皮呈灰白色，像是被撒了一层面粉。开始的症状是叶片上出现1～2 mm大小病斑，以正面较多。以后逐渐扩大成近圆形、椭圆形绒絮状霉斑，初白色，后变灰白色、灰褐色。霉斑表面着生一层粉状分生孢子，易脱落飘散，后期霉层中形成棕色到黑色的小粒点，即病原菌的闭囊壳。随着病情的发展，叶片变黄，早枯死亡。

（二）发病规律

病菌主要以菌丝体或闭囊壳在病株体内越冬，也能以闭囊壳在病残体中越冬。翌春，越冬菌丝体产生分生孢子，越冬的子囊孢子也释放、萌发，通过气流传播。在晚春或初夏侵染禾草，在草坪草上形成初侵染。着落于感病植物上的分生孢子很快萌发而侵染禾草，在新病叶上1周内（大约4天左右），就可以产生大量分生孢子，不断引起再侵染。但夏季高温可以限制分生孢子的萌发，据报道，小麦白粉病菌在夏季最热一旬，旬均温超过23.5℃地区不能越夏，需外地菌源或越夏的子囊孢子侵染秋苗。分生孢子壁薄、寿命短，只能存活4～5天，萌发时对温度要求严格，适温17～20 ℃（1～30 ℃的温度都可萌发），对湿度要求不严格，只要湿度足够高（相对湿度0%～100%，湿度越高越好，但在水滴中不能萌发），大约4～8 h就可以萌发。温湿度与白粉病发生程度密切相关。通常在春秋季发病较重。气温

2℃上下就可发病，15～20℃为发病适温，当温度超过25℃以上时病害发展趋于缓慢。湿度越高对病害越有利，但雨水太多或连续降雨又对病害不利。

草种和品种的抗病性及种植方式、有利病害发生的气象因素、不合理的水肥管理、荫蔽、空气不流通等都是诱发病害流行的重要因素。如：在凉爽(15～22 ℃)、潮湿以及多云阴天的环境病重。

生长在适宜光照条件下的狗牙根、草地早熟禾、匍匐翦股颖、细叶羊茅等禾草就抗病，而荫蔽、低光照下变得感病；重施氮肥的 *P. pratensis* 上白粉病尤为严重。

(三) 防治方法

(1) 种植抗病草种和品种并合理布局是防治白粉病的重要措施。品种抗病性根据反应型鉴定：免疫品种不发病，高抗品种叶上仅产生枯死斑或者产生直径小于1 mm的病斑，菌丝层稀薄，中抗品种病斑亦较小，产孢量较少。多年生黑麦草和早熟禾及草地早熟禾的Nugget和Bensun两个品种比较抗病。

(2) 三唑类杀菌剂防治锈病效果好、作用的持效期长。常见品种有：粉锈宁、羟锈宁、特普唑（速宝利）、立克秀等。可在播种时用三唑类纯药0.02%～0.03% g拌种，或生长期喷雾。一般在发病早期（以封锁发病中心为重点时期），通常在修剪后用25%三唑酮可湿性粉剂1 000～2 500倍液，12.5%速保利（特普唑）可湿性粉剂2 000倍液等兑水喷雾。另外，还可选用25%多菌灵可湿性粉剂500倍液，70%甲基托布津可湿性粉剂1 000～1 500倍液，50%退菌特可湿性粉剂1 000倍液等。

(3) 降低种植密度，适时修剪，注意通风透光；减少氮肥，增施磷钾肥；合理灌水，不要过湿过干。

四、霜霉病（黄色草坪病）

霜霉病是由大孢指疫霉（*Sclerophthora macrospora*（Sacc.）Thirum., Shaw et Naras.）引起的一种真菌病害。在我国分布颇广，华东、西北、华北、西南、青藏、台湾均有发生。此病在许多种草坪草上发生，造成严重危害。霜霉病除危害燕麦草、早熟禾、羊茅、翦股颖多种禾草外，还危害小麦、大麦、玉米、水稻等农作物。

(一) 症状识别

主要特点是植株矮化萎缩，剑叶和穗扭曲畸形，叶色淡绿有黄白色条纹。在修剪的草坪草上，由于不表现典型的症状，用“黄色草坪”描述最确切不过了。发病早期植株略矮，叶片轻微加厚或变宽，叶片不变色。当发病严重时，草坪上出现直径为1～10 cm的黄色小斑块。在翦股颖属和细叶羊茅上，斑块非常小，一般不超过3 cm；在黑麦草和早熟禾上的斑块较大，每一斑块里面都有一丛茂密的分蘖，根黄且短小，很容易拔起。在凉爽潮湿条件下，叶面出现白色霜状霉层。在钝叶草病叶上出现沿叶脉平行伸长的白色线状条斑，条斑上表皮稍微突起。天气潮湿时，也出现白色霜状霉层。

（二）发病特点

由于病菌的卵孢子在10～26 ℃间萌发，以19～20℃最适宜，发病适温为15～20℃，所以病害通常在春末和秋季发生，而且最先在排水不良的地方发生。发病草坪在冬季可因受冻而死亡，在炎热干旱时期则萎蔫或死亡。病菌对水的要求比较严格，只有在水滴的条件下才能萌发，随水流传播。高湿多雨、低洼积水、大水漫灌等因素均利于病害流行。

（三）防治方法

（1）确保良好的排水条件，保证灌溉或降雨后能及时排除草坪表面过多的水分。

（2）合理施肥，避免偏施氮肥，增施磷钾肥。

（3）发现病株及时拔除。

（4）用0.2%～0.3%的瑞毒霉、或乙磷铝、杀毒矾等药剂拌种或用1 500～2 000倍浓度喷雾，都可取得较好的防治效果。

五、德氏霉叶枯病（根腐病）

德氏霉叶枯病是由德斯霉属（*Drechslera* spp.）引起的一种真菌病害，世界各地均有分布，是一类引起多种草坪禾草发生叶斑、叶枯、根腐和茎基腐的重要病害（故又有根腐病之称）。在适宜的环境条件下，病情发展迅速，造成草坪早衰、秃斑，严重危害草坪景观。

（一）症状识别

引起的病害种类很多，由于寄主与病原菌之间的专化性，症状表现不同。

1. 早熟禾叶斑病

主要侵染草地早熟禾。病叶和病鞘上，先出现很多小的椭圆形、红褐色至紫黑色病斑，周围有黄色晕圈。以后病斑沿平行于叶轴方向伸长，病斑中央坏死，个多病斑愈合成较大的坏死斑。老叶比嫩叶容易被侵染。当整个叶片或叶鞘上受害时，维管束系统被环割，整个叶子或分蘖死亡，使草坪变得稀疏，瘦弱早衰。通常在春、秋季，或温暖干燥时期，或寒冷过后马上出现干旱时期，叶斑发生以后还可发生枯焦和根、根状茎和冠部腐烂。

2. 羊茅和黑麦草网斑病

危害黑麦草、细叶羊茅、高羊茅等禾草。细叶羊茅上引起的叶斑病，出现红褐色、不规则形的小斑点。病斑很快环割叶片，引起黄化并从顶尖开始枯死。严重发病时，大面积草坪上普遍出现很多叶片死亡的褐色枯斑（直径2～10 cm)。还可发生根部和冠部腐烂，造成整株枯死。主要的发病季节在春秋两季的潮湿时期。在高羊茅和多年生黑麦草上，引起网纹状的褐色条纹。随着病情发展，网斑汇合形成深褐色的病斑，病叶枯死，草坪早衰、黄花，变为黄褐色或褐色。

3. 黑麦草大斑病

主要侵染意大利黑麦草、多年生黑麦草，也侵染早熟禾、羊茅、鸭茅等。常见症状是出现大量的、卵圆形褐色的小病斑。随着病斑的增大，病斑的中央变成浅褐色至白色，边缘深褐色。另外，还可形成深褐色的长条大斑，（有时也还会出现浅褐色的网纹状），病斑大小可达 17～45 mm×10～20 mm，最后造成叶片枯死，使得草坪稀疏，严重的形成枯草斑。还可发生根部和冠部腐烂。

4. 翦股颖赤斑病

主要危害匍匐翦股颖、细弱翦股颖、红顶草、普通翦股颖。常发生在高温湿润天气下。叶片上病斑细小，褐色至红褐色，环形至卵圆形，扩大后中心黄褐色至枯黄色。多个病斑愈合使草坪呈现红色。病情严重时，病叶被环割，萎蔫死亡。

5. 狗牙根环斑病

叶片出现褐色小点，扩大伸长成长圆形或长椭圆形，病斑中央漂白成浅黄褐色。病斑迅速增大，病组织上有时会形成漂白色的和褐色的同心环斑。因此，又称为轮纹斑病。严重发病的草坪随着病叶的干枯死亡，草坪稀疏早衰。

（二）发病规律

20℃左右的温度和叶面水滴是最适于病菌侵染发病的条件。因此，春秋季的温度、降雨、结露及其时间的长短就成了病害流行程度的重要限制因素。病菌可通过风、雨水、灌溉水、机械或人和动物的活动等传播到健康的叶或叶鞘上。叶斑病的发生主要是在春秋两季；翦股颖赤斑病和狗牙根环斑病，在较温暖的气候条件下发生；*D. dictyoides*，*D. poae* 和 *D. siccans* 从秋季至春季的任何时候都可侵染茎基部、根部以及根状茎，在一些地方在温和的冬季也能引起发病，造成腐烂。另外，由于种子带菌，在新建植的草坪上还引起烂芽、烂根和苗腐。影响病害流行的因素很多，阴雨或多雾的天气、叶面长期有水膜的存在、午后或晚上灌水；草坪周围遮荫、郁蔽，地势低洼，排水不良等造成的湿度过高；光照不足，N肥过多，P、K肥缺乏，植株生长柔弱，抗病性降低；草坪管理粗放，修剪不及时，剪草过低，枯草层厚，积累枯、病叶和修剪的残叶没及时清理等等，都会有助于菌量积累和加重病害的发生。

（三）防治方法

(1) 把好种子关，播种抗病和耐病的无病种子，提倡不同草种或品种混合种植。

(2) 适时播种，适度覆土，加强苗期管理以减少幼芽和幼苗发病。合理使用N肥，特别避免在早春和仲夏过量施用，增加P、K肥。

(3) 浇水应当在早晨进行，特别不要傍晚灌水。避免频繁浅灌，要灌深、灌透，减少灌水次数，避免草坪积水。

(4) 及时修剪，保持植株适宜高度。如绿地草坪最低的高度应为5～6 cm。

(5) 及时清除病残体和修剪的残叶，经常清理枯草层。

(6) 化学防治：播种时用种子重量0.2%～0.3%的25%三唑酮可湿性粉剂或50%福美双可湿性粉剂拌种。草坪发病初期用25%敌力脱乳油，或25%三唑酮可湿性粉剂、70%代森锰锌可湿性粉剂，50%福美双可湿性粉剂，25%速保利可湿性粉剂等药剂喷雾。喷药量和喷药次数，可根据草种、草高、植株密度以及发病情况不同，参照农药说明确定。

六、离蠕孢叶枯病（根腐病）

离蠕孢叶枯病是由离蠕孢属（*Bipolaris* spp.）引起的一种真菌病害。世界各地均有分布。主要危害叶、叶鞘、根和根颈等部位，造成严重叶枯、根腐、颈腐，导致植株死亡、草坪稀疏、早衰，形成枯草斑或枯草区（又称根腐病）。主要侵染画眉草亚科和黍亚科草，而狗牙根离蠕孢可以侵染所有草坪草。

（一）症状识别

典型症状是叶片上出现不同形状的病斑，中心浅棕褐色，外缘有黄色晕。潮湿条件下有黑色霉状物。温度超过30℃时，病斑消失，整个叶片变干并呈稻草色。在天气凉爽时病害一般局限于叶片。在高温高湿的天气下，叶鞘、茎、颈部和根部都受侵染，短时间内就会造成草皮严重变薄和枯草区。不同种的离蠕孢菌所致叶枯病的症状不同。

(1) 狗牙根离蠕孢，引起狗牙根的叶部、冠部和根部腐烂。叶斑形状不规则，暗褐色至黑色。严重时病叶大量死亡，呈枯黄色，草坪上出现不规则的枯草斑块，直径从 5 cm 到几乎 1 m。

(2) 禾草离蠕孢，可侵染各种草坪草，引起叶部、冠部和根部病害，造成芽腐、苗腐、根腐、茎基腐、鞘腐和叶斑。叶片和叶鞘上生椭圆形、梭形病斑，病斑中部褐色，外缘有黄色晕圈。潮湿时病斑表面生有黑色霉层。草坪上出现不规则的枯草斑。

(二) 发病规律

一般在秋春雨露多而气温适宜时，主要侵染叶片，造成叶斑和叶枯；夏季高温高湿时期，造成叶枯和根、茎、茎基部腐烂。禾草离蠕孢多在夏季湿热条件下侵染冷季型草坪草，当气温升至 20℃ 左右时，只发生叶斑，随着温度的升高，叶斑越加变得明显。当气温升至 29℃ 以上且高湿时，表现严重叶枯并出现茎腐、茎基腐和根腐，造成病害流行。其他离蠕孢菌引起的茎叶发病，适温一般都在 15～18℃，超过 27℃ 病害受到抑制，因此，在冷凉、多湿的春季和秋季发病重，根和根颈发病多在干旱高温的夏季病重。

草坪肥水管理不良，高湿郁闭，病残体和杂草多，都有利于发病。播种建植草坪时，种子带菌率高、播期选择不当，气温低，萌发和出苗缓慢或者因覆土过厚，出苗期延迟以及播种密度过大等因素都可能导致烂种、烂芽和苗枯等症状发生。另外，冻害和根部伤口也会加重病害。

(三) 防治方法

(1) 把好种子关，播种抗病和耐病的无病种子，提倡不同草种或品种混合种植。

(2) 适时播种，适度覆土，加强苗期管理以减少幼芽和幼苗发病。合理使用 N 肥，特别避免在早春和仲夏过量施用，增加 P、K 肥。

(3) 浇水应当在早晨进行，特别不要傍晚灌水。避免频繁浅灌，要灌深、灌透，减少灌水次数，避免草坪积水。

(4) 及时修剪，保持植株适宜高度。如绿地草坪最低的高度应为 5～6 cm。

(5) 及时清除病残体和修剪的残叶，经常清理枯草层。

(6) 化学防治：播种时用种子重量 0.2%～0.3%的 25%三唑酮可湿性粉剂或 50%福美双可湿性粉剂拌种。草坪发病初期用 25%敌力脱乳油，或 25%三唑酮可湿性粉剂、70%代森锰锌可湿性粉剂、50%福美双可湿性粉剂、25%速保利可湿性粉剂等药剂喷雾。喷药量和喷药次数，可根据草种、草高、植株密度以及发病情况不同，参照农药说明确定。

七、弯孢霉叶枯病（凋萎病）

弯孢霉叶枯病又称凋萎病，是由弯孢霉属（*Curvularia* spp.）引起的一种真菌病害，各地均有分布。管理不良，生长较弱的草坪发病尤重。弯孢霉菌除侵染画眉草亚科的禾草外，主要侵染早熟禾亚科的草，有早熟禾、草地早熟禾、匍匐翦股颖、细叶羊茅、加拿大早熟禾、黑麦草等。

（一）症状识别

发病草坪衰弱、稀薄、有不规则形枯草斑，枯草斑内草株矮小，呈灰白色枯死。草地早熟禾和细叶羊茅，病叶是从叶尖向叶基由黄变棕色变灰，直到最后整个叶片皱缩凋萎枯死，有时还能看到中心棕褐色，边缘红色至棕色的叶斑。匍匐翦股颖病叶从黄色变到棕褐色最后凋落。不同种的病菌所致症状也有所不同，如新月弯孢侵染草地早熟禾，病叶上生椭圆形、梭形病斑，长0.3～0.7 cm，病斑中部灰白色，周边褐色，外缘有明显黄色晕圈，数个病斑汇合造成叶片枯死。不等弯孢所致的病株根颈部叶片变褐、腐烂，病叶上生褐色病斑，中部青灰色，有黄色晕。

（二）发病规律

主要发生在30 ℃左右的高温和高湿条件下。主要侵染正在经历高温逆境或高温生长停止的草。病菌随风雨传播。除禾草外，还可侵染多种禾谷类作物和禾本科杂草，但以发生在遭受高温和干旱逆境的一年生早熟禾上最为常见。种子普遍带菌。生长不良，管理不善，长势弱的草坪发病均重。潮湿和过量施用氮肥有利病害发生。

（三）防治方法

同离蠕孢叶枯病

八、喙孢霉叶枯病（云纹斑病）

喙孢霉叶枯病又叫云纹斑病，是由喙孢属（*Rhynchosporium* spp.）引起的一种真菌病害，广泛分布在温带地区，是我国常见病害之一。据贵州报道，主要危害羊茅、早熟禾、鸭茅、黑麦草和翦股颖等多种草坪草。造成植株成片死亡，使草坪出现秃斑，影响草坪景观。

（一）症状识别

主要危害叶片、叶鞘。病叶呈煮熟水浸状，有梭形或长椭圆形病斑，后期叶片枯萎死亡，干后呈云纹状。早熟禾、黑麦草上常为长条形、不规则形褐斑。病斑边缘深褐色，两端有与叶脉平行的深褐色坏死线，中间枯黄色至灰白色。病斑上有霉层产生。后期多个病斑汇合呈云纹状，病叶常由叶尖向基部逐渐枯死。叶鞘病斑可绕鞘一周，导致叶片枯黄死亡。

（二）发病规律

病原菌喜冷凉，生长适温为20℃，夏季高温干旱不利病害发生，秋季病情又会加重。在贵州发病期为5～10月，高峰期6月中旬和8月底9月初。该菌寄生专化性强，禾草品种间抗病性有明显差异。草坪管理不当，修剪不及时，都会使病情加重。

（三）防治方法

同离蠕孢叶枯病

九、红丝病（红线病）

红丝病又称红线病，是由地衣状伏革菌（*Corticium fuciforme* (McAlp.) Wakef，有性态）引起的一种真菌病害，广泛分布于各地潮湿冷温带地区，尤其在缺乏氮肥的草坪上红丝病发病特别猖獗。严重危害翦股颖、羊茅、黑燕麦草和早熟禾、狗牙根等属草坪草。造成禾草生长迟缓，早衰，甚至死亡，草坪景观被破坏。

（一）症状识别

典型症状是草坪上出现环形或不规则形状、直径为5～50 cm、红褐色的病草斑块。病草水浸状，迅速死亡。死叶弥散在健叶间，使病草斑呈班驳状。病株叶片和叶鞘上生有红色的棉絮状的菌丝体（直径可达10 mm）和红色丝状菌丝束（可以在叶尖的末端向外生长约10 mm），清晨有露水或雨天呈胶质肉状，干燥后，变细成线状。仔细地检查单株病草可以发现红丝病只侵染叶子，而且叶的死亡是从叶尖开始向下发生。红丝病在1年中的不同时间，不同地点均可发生，症状易多变，特别是当不产生红丝或红色棉絮状物时，诊断就很困难。

（二）发病规律

红丝最高存活温度为32 ℃，最低为－20 ℃，在干燥的条件下能保持活性达2年。病菌能够通过流水、机械、人畜等在一定范围内传播，还可由风远距离传播。病菌萌发需要叶片或叶鞘表面有一层湿润的水膜。因此，高湿、重露、少量的降雨及雾，及适宜的温度是病害流行的重要条件，可造成病菌大量侵染，使病害迅速扩展蔓延，两天之内就可造成草株死亡。

另外，低温、干旱、肥力不足（特别是氮肥缺乏时）及其他病害或使用生长调节剂等引起草坪草生长迟缓的因素，都可促使红丝病严重发生。该病全年均可发生，但一般严重发病期不会超过几个月。

(三) 防治方法

(1) 保持土壤肥力充足，增施氮肥有益于减轻病害，但应避免过度。

(2) 土壤的 pH 值应保持在 6.5～7.0。

(3) 及时浇水以防止草坪上出现干旱，应深浇，尽量减少浇水次数，浇水时间应在白天的早晨，特别避免傍晚浇水。

(4) 避免荫蔽，增加光照和空气流通。

(5) 适当修剪，并及时收集剪下的碎叶集中处理，以减少菌量。

(6) 种植抗病草种和品种。

(7) 发病初期可用代森锰锌、福美双等药剂喷雾，进行必要的化学防治。

十、雪霉叶枯病

雪霉叶枯病是由雪腐捷氏霉菌（*Gerlachia nivalis*（Ces.ex Sacc.）Gams et Mull）引起的一种真菌病害。主要发生在冷凉多湿地区，寄生在适于冷凉地区种植的禾草上，造成禾草苗腐、叶斑、叶枯、鞘腐、基腐和穗腐，甚至整株死亡，使草坪稀疏，严重影响景观。

(一) 症状识别

以叶斑和叶枯症状最为常见。草坪出现直径小于 5cm 的圆形枯草斑，扩大后直径可达 20 cm。病草初为水浸状污绿色，后变为砖红色、暗褐色以至灰绿色。该病在剪草高度较低的草坪上迅速扩展时，枯草斑中心可恢复生长，形成环形枯草斑，外圈具有暗绿色边缘。在潮湿条件下或积雪覆盖下，枯草斑上生出白色菌丝体，经阳光照射后产生大量粉红色或砖红色霉状物。

(二) 发病规律

一年有春秋两个发病高峰。病菌以病种子、病土壤和病残体越冬。在适合条件下，病菌萌发侵染幼芽、幼根和其他部位造成发病。病菌随风和雨水传播，由伤口和气孔侵入，不断扩大侵染。高湿时产生气生菌丝，通过搭结也可传播蔓延。潮湿多雨和冷凉的环境有利发病。病菌侵入适温 18～22℃，当日均温 15℃ 以上，遇连续阴雨天气，病害就可能流行。偏施氮肥、排水不良、低洼积水、草坪郁蔽、枯草层厚等因素都有利于发病。

(三) 防治方法

(1) 种植无病种子，提倡用三唑类药剂拌种。

(2) 均衡施肥，增施 P、K 肥。

(3) 改善草坪立地条件，避免低洼积水，合理灌水，及时清除枯草层等。

(4) 适时进行化学防治，可用多菌灵、甲基托布津等500～800倍或三唑类1 000～2 000倍喷雾。发病期喷雾。

十一、壳二孢叶斑病和叶尖枯病

壳二孢叶斑病和叶尖枯病是由壳二孢属（*Ascochyta* spp.）引起的一种真菌病害，在我国普遍发生。可寄生在许多草坪草上，如早熟禾亚科、画眉草亚科和黍亚科。主要危害叶片，造成叶枯，影响景观效果。但很少造成严重危害。

（一）症状识别

典型症状是叶枯。病叶常从叶尖开始枯死，向基部延伸，使整个叶片受害。有时叶片中部出现细小的褪绿斑和深色斑，病斑逐渐扩大成为不规则形的灰白色大斑，边缘褐色，多个病斑汇合环割叶片使病叶枯死。后期在病斑上产生黄褐色、红褐色至黑色的不同颜色的小粒点。草坪上有时呈现均匀的枯萎，有时因局部发病特别严重而出现枯黄色斑块。

（二）发病规律

病害通常在秋末和早春发生，夏季的高湿和频繁灌溉及经常的修剪，极有利于发病。病菌在降雨或高湿时产生并释放，通过风雨或由介体携带传播，主要是从伤口侵入。侵染必须在叶表有水膜或修剪切口处的吐水液滴时才能完成，并向叶基部扩展延伸。

（三）防治方法

(1) 虽然修剪有利于发病，但是不合理的保留草坪草高度，会造成比该病更为严重的危害。因此，必要的修剪还要进行，但是不要在清晨有露水时修剪，并要维持一定的高度。

(2) 浇水最好在清晨，应深浇，浇水的次数应尽可能的少，以不造成干旱为准。

(3) 避免偏施N肥，注意增施P、K肥，包持草坪草健康生长。

(4) 病害常发的地方或病情严重时，可用代森锰锌、甲基托布津、杀毒矾等药剂防治。

十二、尾孢叶斑病

尾孢叶斑病是由尾孢属（*Cercospora* spp.）引起的一种真菌病害，在我国各地都有发生，以萴股颖、狗牙根、羊茅、钝叶草等属禾草易感病。主要危害叶片，造成草株死亡，草坪稀疏。

(一) 症状识别

初期，病株叶片和叶鞘上出现褐色至紫褐色、椭圆形或不规则形病斑，病斑沿叶轴平行伸长，大小 1 mm×4 mm。后期病斑中央黄褐或灰白色，潮湿时有灰白色霉层和大量分生孢子产生。严重时枯黄甚至死亡，使草坪变得稀疏。

(二) 发病规律

病菌在病叶和病残上越冬。生长季节必须在叶面湿润状态下，病菌才能侵染发病。可随风雨传播，使病害不断扩展蔓延。

(三) 防治方法

(1) 防治的关键就是浇水，浇水应在清晨，避免晚上浇水，深浇，尽量减少浇水次数。

(2) 合理施肥，当病害造成显著危害时，应稍微增施点化肥。

(3) 保证草坪周围空气流通。

(4) 钝叶草中有几个抗病品种，种植时要予以重视使用。

(5) 必要时用代森锰锌或多菌灵、甲基托布津进行喷雾防治。

十三、壳针孢叶斑病

壳针孢叶斑病是由壳针孢属（*Septoria* spp.）引起的真菌病害。广泛分布于我国各地是一类常见的叶斑病。主要寄生在早熟禾、黑麦草、羊茅、翦股颖、狗牙根等禾草上，危害叶片，严重时草坪稀薄，呈现枯焦状。但很少造成大面积危害。

(一) 症状识别

典型症状是在叶尖（修剪切口附近）产生细小的条斑，病斑颜色灰色至褐色。严重时叶片上部褪绿变褐死亡。有时，在老病斑上产生黄褐色至黑色的小粒点。受害草坪稀薄，呈现枯焦状。

(二) 发病规律

一般在早春和秋末凉爽时发病，病菌的侵染过程需要叶面有水膜时才能完成。孢子随风雨传播，当气温低于 10 ℃时，它可在叶片以休眠状态长期存活。缺肥或施用生长调节剂的草坪易感病。春秋凉爽而多雨的天气有利于病害的猖獗危害。

(三) 防治方法

(1) 增施有机肥和适时施用化肥，保证草坪有一定的营养水平。

(2) 谨慎使用生长调节剂。

(3) 必要时可用代森锰锌或多菌灵、甲基托布津进行喷雾防治。

十四、灰斑病（瘟病）

灰斑病又称瘟病是由稻梨孢菌（*Pyricularia grisea*（Cook）Sacc.）引起的一种广泛分布的真菌病害。在我国的很多地区都有发生。主要侵染钝叶草属的草，但也可严重危害狗牙根、假俭草、雀稗等属的草坪草，翦股颖、羊茅草和狼尾草等冷季型草偶尔也会受到危害。严重发病时造成叶片枯死，草坪呈焦枯状，如同遭受严重干旱状。

（一）症状识别

受害叶和茎上出现细小的褐色斑点，迅速的增大，形成圆形至长椭圆形的病斑。病斑中部灰褐色，边缘紫褐色，周围或附近有黄色晕圈，天气潮湿时，病斑上有灰色霉层。严重发病时，病叶枯死。整个草坪呈现枯焦状，如遭受严重干旱。

（二）发病规律

主要发生在高温多雨的夏季。最适的发病温度为25～30 ℃。当空气中水分饱和及叶面湿润时，病菌萌发侵染，引起大量发病。病菌可随风、水、机械、动物等传播。因此，高温潮湿的气候条件，过度使用N肥或其他不利草坪生长的因素都可加重病情。另据报道，新建的草坪发病严重。

（三）防治方法

（1）避免偏施N肥，增施P、K肥。

（2）强调合理灌水，要求早晨灌水。绝对避免傍晚灌水，尽量灌深灌透，减少灌水次数。

（3）防止土壤紧实，保持草坪通风透光。

（4）适时使用代森锰锌、多菌灵、甲基托布津等药剂进行防治。

（5）种植抗病品种和抗病草种。

十五、铜斑病

铜斑病是由高梁胶尾孢属（*Gloeocercospora sorghi* Bain. et Edg）引起的真菌病害，主要侵染翦股颖、狗牙根、结缕草及其他早熟禾亚科的禾草。一般发生不普遍，但一旦发生危害严重，造成草坪出现秃斑。

（一）症状识别

发病草坪上出现分散的、近环形的斑块，颜色为鲜红色到红棕色，直径2～7 cm。病株叶片上生有红色至褐色小斑，多个病斑愈合使整个叶片枯死。天气潮湿时，病叶有菌丝体覆盖并产生很多桔红色的小点，清晨有露水时观察是胶质状的。

(二) 发病规律

虽然病害在温度20～24℃下就可开始发生，但他通常是一种高温病害，因为发病盛期在26℃以上。病菌以菌核在病残体里越冬。条件适宜时，菌核萌发形成分生孢子座和分生孢子，萌发后侵染新叶。病菌通过风、流水、人畜、机械等传播，不断进行新的侵染发病。湿热的气候（菌丝生长最快），偏施N肥，酸性土壤（pH值低于5.5）等都可造成病害的大发生。

(三) 防治方法

(1) 避免过量使用N肥，适当增施P、K肥。

(2) 改良土壤，使pH值维持在7.0或略高，有利减轻病害。

(3) 发病初期及时使用代森锰锌或多菌灵、甲基托布津等杀菌剂，可起到较好的防治效果。

十六、黑孢枯萎病

黑孢枯萎病是由球黑孢霉菌（*Nigrospora sphaerica*（Sacc.）Mason,）引起的一种真菌病害，很多地区都可发生。仲夏发生在多年生黑麦草、紫羊茅和草地早熟禾上；春季和初夏则发生在钝叶草上。可造成草株枯死，草坪均匀枯萎。

(一) 症状识别

在草地早熟禾上，病株叶片通常由顶稍开始枯死，并向下延伸直至叶鞘。在有些品种上叶片出现长梭形或不规则形病斑，病斑中部青灰色，边缘紫色至红褐色，病斑环割叶片后病斑以上的部分，卷曲，呈黄褐色枯萎。也有些品种，频死的草变成紫色。温暖潮湿的天气，病叶上产生大量蓬松的白色菌丝体。严重发病时，大面积草坪均匀枯萎，出现直径为10～20 cm界限分明的斑块。在钝叶草上，匍匐茎上出现褐色病斑，病斑增大并环割匍匐茎，使起末端分蘖萎蔫，变黄死亡。草坪普遍瘦弱，出现枯草斑块。

(二) 发病规律

病菌以分生孢子和菌丝体在病残体上越冬越夏。孢子在发病组织上或里面形成，在温暖潮湿的条件下萌发，通过风雨传播，引起新的侵染。病斑在高湿时产生大量的气生菌丝，通过搭接也可以进行新的侵染。温暖高湿的天气有利于草地早熟禾发病，夜间浓雾、降雨可造成病害严重发生。凉爽的气候，冬季的冻害与钝叶草发病密切相关，衰退病毒的侵染也会加重病害的发生。另外，土壤干燥，贫瘠也有利发病。

(三) 防治方法

(1) 精心管理，充足、均衡施肥。

（2）深灌，尽可能减少灌溉次数，避免晚上浇水。

（3）潮湿有露水时不要修剪。

（4）炎热潮湿天气不要使用除草剂或移植草皮。

（5）种植抗病品种。

（6）病害严重时可使用杀毒矾或乙磷铝等杀菌剂防治。

十七、梯牧草眼斑病（枝孢眼斑病）

梯牧草眼斑病又称枝孢眼斑病是寒温带地区的重要草坪草梯牧草上常见病害，由梯牧草芽枝霉（*Cladosporium phlei* Greg.）de Vries）引起的真菌病害。主要侵染梯牧草（又叫猫尾草），危害其叶片。

（一）症状识别

叶片上病斑细小，呈眼状，中部枯黄色至灰色，边缘浓褐色至暗紫色，病斑周围组织褪绿。严重时叶片枯死。

（二）发病规律

病菌最常见于荫蔽、温暖、降雨频繁的地方。病菌对温度的适应能力很强，孢子可在3～33℃萌发，最适温度为24℃。因此，在寒温带地区，冬季、春季和夏季都能发病。

（三）防治方法

（1）清除草坪周围的遮挡物，避免荫蔽。

（2）避免频繁灌水，要求灌深水、灌透水。

（3）建议播种时采取用三唑类或代森锰锌、多菌灵等药剂拌种。

十八、褐条斑病

褐条斑病是 *Cercosporidium graminis*（Fukel）Deighton 引起的一种真菌病害，广泛分布于各地。可发生在所有的草坪草上。危害叶片、叶鞘，造成整株枯死，影响草坪景观。

（一）症状识别

发病叶片、叶鞘上，产生小斑点，巧克力色，中间灰白色。随着病斑不断增大，病斑沿叶脉之间和叶鞘伸长而形成长条斑，条斑上有成排的小黑粒点。

（二）发病规律

常在春秋两季低温潮湿时发病，尤其是春秋降雨多时，病害就更严重。夏季干热病情会受到抑制。病菌主要在发病叶片和病残体上越冬。春季病菌突破叶表从气孔处伸出。孢子可以通过雨水飞溅、风和种子等途径传播。

（三）防治方法

一般可不防治或不单独防治。严重发病地区，可用福美双、百菌清等药剂拌种。

十九、黑痣病（黑斑病）

黑痣病又称黑斑病，是由黑痣菌属（*Phyllachora* spp.）引起的一种真菌病害，广泛分布于各地。可寄生在大多数草坪草种上，一般危害不重。

（一）症状识别

病株叶片上下表面出现小的、黑色、环形至卵圆形的痣状病斑。病斑周围有褪绿的晕圈，但随着病斑的增大，这些晕圈通常会消失。发病严重的草坪呈现黄绿斑驳或亮黄色景象。当叶片衰老时，病斑周围组织往往仍会保持绿色，其保绿时间比健康组织还要长，呈绿岛状。

（二）发病规律

病害的侵染循环尚不明确，可能以子囊在病叶和病残体中越冬，春季释放子囊孢子。潮湿荫蔽有利于病害的发生。

（三）防治方法

一般可不用防治，严重时可试用一些杀菌剂。

二十、粘霉病

粘霉病主要是由粘菌（*Mucilago crustacea*，*Physarum*，*Fuligo* spp.）引起的，在北京地区常有发生。可在任何草坪草上出现，尽管危害不大，但在草坪上突然出现白色，灰白色，紫色或褐色的斑块，给人们心理造成很大惊慌。

（一）症状识别

典型症状是在草坪冠层上突然出现环形至不规则形状的、直径为2～60 cm，白色、灰白色或紫褐色犹如泡抹的斑块。大量繁殖的粘菌虽不寄生草坪草，但由于遮盖了草株叶片，使其因不能进行充分的光合作用而瘦弱，叶片变黄，易被其他致病真菌感染。这种症状一般1～2周内即可消失。通常情况下，这些粘菌每年都在同一位置上重复发生。

（二）发病规律

可形成充满大量深色孢子的孢子囊。孢子借风、水、机械、人或动物传播扩散。沉积在土壤或植物残体上的孢子，以休眠状态存活直到出现有利的条件才萌发。在从春末到秋季的潮湿条件下，孢子裂开释放出游动孢子。游动孢子单核，没有细胞壁，最终形成无定形的，粘糊糊的变形体。凉爽潮湿的天气有利于游动孢子的释放，而温暖潮湿的天气有利于变形体向草的叶鞘和叶片移动。丰富的土壤有机质有利于粘霉病害的发生。

（三）防治方法

一般不需要防治。可用水冲洗叶片或修剪的方法。发生严重时也可用药防治。

第三节　线虫病害

线虫病害在各地均有发生，可侵染所有草坪草。在暖温地带和亚热带地区可造成叶、根以至全株虫瘿和畸形，使草坪受到损失，在较凉爽地区也会造成草坪草生长瘦弱，生长缓慢和早衰，严重影响草坪景观。除上述的直接危害外，还因它取食造成的伤口而诱发其他病害，或有些线虫本身就可携带病毒、真菌、细菌等病原物的引起病害。

（一）症状识别

通常是在叶片上均匀的出现轻微至严重的褪色，根系生长受到抑制，根短、毛根多或根上有病斑、肿大或结节，整株生长减慢，植株矮小、瘦弱，甚至全株萎蔫，死亡。但更多的情况是在草坪上出现环形或不规则形状的斑块。当天气炎热，干旱，缺肥和其他逆境时，症状更明显。由于线虫危害造成的症状往往与管理不当所表现的症状相似，因此，线虫病害的识别，除要进行认真仔细的症状观察外，惟一确定的方法是在土壤和草坪草根部取样检测线虫。

（二）病原

温暖地区危害草坪草根部的线虫主要有：针刺线虫 *Belonolaimus* spp.、锥线虫 *Dolichodorus* spp.、螺旋线虫 *Helicotylenchus* spp. 和根结线虫 *Meloidogyne* spp. 等；冷凉地区的重要线虫有：螺旋线虫 *Helicotylenchus* spp.、矮化线虫 *Tylenchorhynchus* spp.、环线虫 *Criconemella* spp.、短体线虫 *Pratylenchus* spp.、根结线虫 *Meloidogyne* spp. 等。

（三）发病规律

线虫主要以幼虫危害。当草坪草生长旺盛时，幼虫开始取食危害。线虫通过蠕动，只能近距离移动。随地表水的径流或病土或病草皮或病种子进行远距离传播。在适宜条件下，3～4个星期就可以完成一个世代；条件不适时，时间则要长一些。大多数线虫在一个生长季里可以发生若干代，但也因线虫的种类、环境条件和危害方式而不同。适宜的土壤温度（20～30 ℃）和湿度，土表的枯草层是适合线虫繁殖的有利环境。而土壤过分干旱或长时间淹水或氧气不足，或土壤紧实、黏重等都会使线虫活动受到抑制。即使在冷凉地区的高尔夫球场和运动场草坪，由于经常盖沙使土壤质地疏松，创造了有利于线虫生存繁殖的条件，所以线虫危害也很严重。

(四) 防治方法

(1) 保证使用无线虫的种子、无性繁殖材料（草皮、匍匐茎或小枝等）和土壤（包括覆盖的表土）建植新草坪。对已被线虫侵染的草坪进行重种时，最好先进行土壤熏蒸。

(2) 浇水可以控制线虫病害。多次少量灌水比深灌更好。因为被线虫侵染的草坪草根系较短、衰弱，大多数根系只在土壤表层，只要保证表层土壤不干，就可以阻止线虫的发生。合理施肥，增施 P、K 肥。适时松土。清除枯草层。

(3) 化学防治时，施药应在气温 10℃以上，以土壤温度 17～21℃的效果最佳。还要考虑土壤湿度，干旱季节施药效果差。熏蒸剂和土壤熏蒸剂仅限于播种前使用，避免农药与草籽接触。溴甲烷是目前一种较好土壤熏蒸剂。禾草播前，当温度大于 8℃后，就可使用。每平方米用 681 g 听装溴甲烷 50～100 g，不仅对线虫有很好的防治效果，还兼有防治土传病害和杀虫、除杂草的作用。棉隆和 2 氯异丙醚，也是常用的杀线虫药剂。

(4) 目前国内推出一些生物防治或生态防治制剂，对植株有显著的保护作用，且能有效克制线虫侵染。如：植物根际宝（preda）能显著防治一些作物上的土传真菌病害和线虫，有较好地保护根系的作用，可用于草坪线虫的防治。

第四节　病毒病害

目前已知有 24 种病毒侵染草坪，对草坪危害严重，如钝叶草（也叫奥古斯丁草）衰退病（SAD)，1966 年在美国得克萨斯州等地大发生，估计损失近 300 万美元。我国对农作物和牧草病毒病害做了大量工作，而在草坪草方面的研究尚少。

(一) 症状识别

主要表现在叶片均匀或不均匀腿绿，出现黄化，斑驳，叶条斑。还可观察到植株不同程度的矮化，死蘖枯叶，甚至整株死亡等。对已知病毒病症状的简要描述如下。

1. 钝叶草衰退病（SAD）

它引起钝叶草叶片

出现褪绿的斑驳或花叶症状，第二年斑驳变得更严重，第三年受害草株死亡，造成的枯死斑块区域内，被杂草侵占，时间越长，症状就越严重，草坪衰退的可能性就越大。

2. **黑麦草花叶病毒**（Ryegrass mosaic virus）

它致侵染的翦股颖、黑麦草、羊茅、早熟禾、燕麦、黑麦等数十种禾草病株叶片出现褪绿、班驳和线条。对黑麦草草坪造成早衰。

3. **冰草花叶病毒**（Agropyron mosaic virus）

在被侵染的冰草、羊茅、黑麦草、早熟禾及麦类作物上进行系统侵染，导致褪绿、花叶、班驳、条点等症状。

4. **鸭茅条斑病毒**（Cocksfoot streak virus）

它致侵染的鸭茅、黑麦草、雀麦、翦股颖、大麦、燕麦等叶片，出现褪绿条斑。

5. **鸭茅斑驳病毒**（Cocksffoot motte virus）

它致侵染的鸭茅、小麦、大麦、燕麦等叶片，出现花叶和坏死斑。

6. **羊茅坏死病毒**（Festuca necrosis virus）

除侵染草地羊茅外，还侵染多花黑麦草和燕麦等禾本科植物，使病株从根基部到茎叶全部枯死。

7. **雀麦花叶病毒**（Brome mosaic virus）

被侵染的冰草、翦股颖、黑麦草、早熟禾等，病株矮化，叶上生淡绿色或淡黄色条纹。

8. **大麦条纹花叶病毒**（Barley stripe mosaic virus）

在被侵染的冰草、黑麦草等禾草的叶片上，出现断续的不规则褪绿条纹、班点或花叶，病叶黄白色，枯死。

9. **大麦黄矮病毒**（Berley yellow dwarf virus）

它致被侵染的冰草、狗牙根、羊茅、黑麦草、早熟禾以及大麦、小麦、燕麦等100余种禾本科植物的病株叶片，从叶尖和叶缘开始黄化，逐渐向基部扩展，但很少全叶黄化。病叶呈亮黄色，略增厚，后期全叶干枯。病株严重矮化，分蘖减少，根系发育不良。也有多种寄主带毒，但不表现明显症状。

10. **小麦土传花叶病毒**（Wheat soil-borne mosaic virus）

侵染冰草、雀麦和麦类作物等。病株黄色花叶，有平行的短线状班驳，矮化。。

11. **小麦梭条斑花叶病毒**（Wheat spindle streak mosaic virus）

它侵染冰草、黑麦草、梯牧草、早熟禾和麦类作物等，首先由幼叶表现出淡绿色至橙黄色斑或梭形点，后变为黄绿相间的不规则条纹，渐发展为梭形枯死斑直至全叶枯黄。

12. **小麦线条花叶病毒**（Wheat streak mosaic virus）

它侵染冰草、雀麦草、黑麦草、早熟禾、狗尾草等多种禾草以及小麦、燕麦大麦、黑麦、粟、黍、玉米等禾谷类作物。病株矮化，叶片上产生平行的不连续的黄绿色条纹。小麦被侵染后，植株基部1～3节形成直角形弯拐，不能直立，俗称“拐节病”。

（二）病原

草坪上常见的病毒至少有11个组。如：黍花叶病毒（Eremochloa ophiuroides（Munro）Hack）、黑麦草花叶病毒（Ryegrass mosaic virus）、冰草花叶病毒（Agropyron mosaic virus）、鸭茅条斑病毒（Cocksfoot streak virus）、鸭茅斑驳病毒（Cocksffoot motte virus）、羊茅坏死病毒（Festuca necrosis virus）等。

（三）发病规律

病毒主要以生物介体，种子、花粉或汁液等方式传播。在叶部取食的刺吸式口器的昆虫，如蚜虫、飞虱、螨、叶蝉等，以及在根部取食的线虫和从根部侵染的低等真菌都可携带病毒。昆虫传毒的病毒病或大面积的分布或集中靠地边缘。土壤真菌或线虫传毒的病毒病往往在草坪上分布不均匀。砂质土壤有利于土壤传毒媒介的移动。黍花叶病毒、早熟禾半潜伏病毒、雀麦花叶病毒的传播与如剪草、耕作措施，或病草皮移动密切相关。有的病毒还可以通过病种子、病草皮及其他无性繁殖材料进行远距离传播，如SAD和大麦条纹花叶病毒。

氮肥不足或干旱或线虫或昆虫危害的地方病毒病害严重。由于奥古斯丁草都是以铺草皮、小枝蔓生或匍匐茎繁殖方式种植（小枝蔓生是最常见的草坪建植方法），所以奥古斯丁草一旦被侵染后，就终生带毒，通过修剪传遍整个苗床，并通过无性材料远距离传播。

（四）防治方法

（1）种植抗病草种和品种并混合种植，种植抗病草种和品种是防治病毒病的根本措施。奥古斯丁草的一个新品种Floratam除抗SAD外，还能抗一种对奥古斯丁草毁灭性的害虫，其主要不足是不耐低温逆境。

（2）治虫防病是防治虫传病毒病的有效措施，通过治虫来达到防病的作用。

（3）加强草坪的精心管理科学养护管理，能有效地减轻病害，但奥古斯丁草的衰亡和最终损失是不可避免的。避免干旱胁迫，平衡施肥，防治真菌病害等措施均有利于减少病毒危害。灌水可以减轻线虫传播的病毒病害。

(4) 目前没有直接防治病毒病的化学药剂，但可试用抗病毒诱导剂，如NS-83等。

第五节 细菌病害

目前已知由细菌所致草坪草病害的数量较少，其中最重要的是细菌性萎蔫病（*Xanthomonas campestris*），能在很多禾草上寄生。

(一) 症状识别

细菌病害在草坪草的主要表现：

(1) 叶片上出现小的黄色病斑，并可愈合形成长条斑，叶子变成黄褐色至深褐色。

(2) 出现散乱的很大的，深绿色的水渍状病斑，病斑迅速的干枯并死亡。

(3) 出现细小（1 mm）的水渍状病斑，病斑不断扩大，变成灰绿色，然后变成黄褐色或白色，最后死亡。病斑经常愈合成不规则的长条斑或斑块而杀死整片叶。潮湿时，从病斑处渗出菌脓。

匍匐翦股颖上的细菌性萎蔫病害，首先出现大约硬币大小的红色到铜色小枯草斑块，随着草株的大量死亡，病斑变大，在适宜条件下短时期内就可毁掉整个果岭。病害主要在春秋两季的潮湿而凉爽至暖和的时期发生，开始时叶片呈现蓝绿色的枯萎景象。病叶皱缩，逐渐变成红褐色或紫色，最后叶子死亡。在开始死亡的草坪上出现细小的，直径为1 cm的斑块，渐渐的草坪草不规则形状的大面积死亡。

(二) 病原

主要种类有：*Pseudomonas avenae* Manns（*P. alboprecipitans* Rosen），*Corynebacterium* spp.，*Xanthomonas campestris* 等。

(三) 发病规律

病菌在病残体或病草上渡过不适时期。主要以伤口侵入，包括修剪造成的剪口，或线虫或机械损伤造成的伤口等。潮湿条件下，还可通过自然孔口，如叶面的气孔和水孔侵入。特别是在叶片有吐水液滴时，病菌更易由水孔侵入。在持续降雨条件下，病害很快扩展蔓延。尤其是在持续降雨之后，紧跟着出现高温暴晒的天气，病害就可能爆发流行，造成毁灭性的损失。特别是在表土覆沙的高尔夫球场果岭严重爆发，最具毁灭性。降雨尤其是大雨、灌溉水流有利发病。留茬低的草坪比留茬高的草坪发病重。春秋两季凉爽而潮湿的天气有利发病。

(四) 防治方法

(1) 种植抗病品种并采取多品种混合种植是防治细菌萎蔫病害的关键措施。匍匐翦股颖 Toronto (C-1S)、Nimisilla、Cohancey 品种和狗牙根 Tifgreen 品种的易感病。

(2) 精心管理，合理水肥，注意排水，适度剪草，避免频繁表面覆沙等措施都可减轻病害。

(3) 抗菌素如土霉素、链霉素等对细菌性萎蔫有一定的防治效果。要求高浓度、加大液量，一般有效期可维持 4～6 周。但由于价格昂贵，只能在高尔夫球场作为发病时的急救措施，而真正解决问题的惟一办法还是在果岭上补种抗病品种。

第六节 检疫性病害

一、禾草腥黑穗病

禾草腥黑穗病是 1887 年在美国华盛顿州首次记录，1902 年在羊茅草上流行，至 20 世纪 50 年代病菌广泛分布在美国西北部的羊茅草和雀麦草上，寄主发病后，子房变为黑粉病粒，不能食用，严重时造成颗粒无收。

(一) 名称

学名：*Tilletia fusca* Ell & Ev.

(二) 分类地位

担子菌亚门 Basidiomycotina、冬孢菌纲 Teliomycetes、黑粉菌目 Ustilaginales、黑粉菌科 Tilletiaceae、腥黑粉菌属。

(三) 寄主范围

多种野生与栽培的雀麦属 *Bromus* spp.、羊茅属 *Festuca* spp. 及早熟禾 *Poa* spp.、早熟埃若禾 *Aira praecox* 等。

(四) 症状识别

羊茅草罹病后植株矮化，花序、小花都变短，较易识别，黑色的病粒在颖片内很明显，并从内外稃间突出，不易脱落，而健株种子成熟后很快掉落。罹病的雀麦草与健株难区分，最显著的特点是花序稍紧密，小穗变宽，病粒包裹在内外稃之中很饱满，而健株种子较细长。此菌在美国常与雀麦黑粉菌 (*Ustllago bullata*) 同时发生，但后者的孢子堆包括内外稃，成熟后成粉未状。

（五）发病规律

病菌孢子通过种子或土壤传播，其中带病种子是远距离传播的初侵染源。

禾草腥黑穗病菌属系统侵染，随着种子的萌发侵入植物体内，引起全株发病。影响孢子萌发的决定因素是温湿度。孢子萌发适温为5℃，约2周开始萌发，3周萌发最多，15℃不萌发。有的菌株在10℃萌发快，5℃萌发率高。光照刺激萌发。秋季（温、湿度适宜）是孢子萌发侵入的最佳时期。冬季在病株体内越冬。

（六）防治方法

（1）严格履行检疫法：绝对杜绝从病区引种，严格进行种子检验。

（2）药剂拌种：利用粉锈宁、特普唑或立克秀等三唑类内吸性杀菌剂拌种。

二、禾草全蚀病

目前禾草全蚀病在世界各地各种禾草都有发生。以翦股颖受害最重，造成根系腐烂，植株矮小、瘦弱，干枯死亡。由于该病是典型的土传病害，病情逐年增加，大片草坪被破坏。

（一）名称

学名：*Gaemannomydes graminis* var. *avenae*（E. M. Turner）Dennis

（二）分类地位

子囊菌亚门，核菌纲，球壳菌目，间座壳科，顶囊壳属，禾顶囊壳菌。该菌有3个变种，即小麦变种（var. *tritici*）、禾谷变种（var. *graminis*）和燕麦变种（var. *avenae*）。禾草全蚀病菌属燕麦变种。

（三）寄主

禾顶囊壳的燕麦变种主要侵染燕麦属、小麦属和大麦属及禾本科草。主要的禾本科草有：雀麦属（*Bromus* spp.）、冰草属（*Agropyron* spp.）、山羊草属（*Aegilops* spp.）、翦股颖属（*Agrostis* spp.）等。致病性较另两个变种强。

禾谷变种主要侵染稻属、狼尾草属（*Pennisetum* spp.）及其他禾本科草，致病性弱。

小麦变种寄主范围广，除小麦外，还侵染大麦、玉米、谷子、黍、水稻、燕麦等禾本科作物。

（四）症状识别

全蚀病全年都可以发病，但以夏末至秋冬发病最重。在晚春翦股颖投球果岭上全蚀斑首先以较小的淡褐色、青铜色或漂白色的秃斑出现，有点像镰刀菌斑，但全蚀斑全年都在扩展，而镰刀菌斑通常在晚春就消失了。在夏末当草植株遭受炎热、干燥的天气之后症状最明显。这种情况下，晚春不明显的侵染也能被识别。新侵染的草最初是青铜色到红褐色，然后褪色变成暗褐色。在冬季，受侵病斑变成灰白色。最初，病斑直径 10～15 cm，但它们可能在几年期间扩展到直径 1 m。斑内植株根系发展不良，易拔出。

在单播翦股颖草坪上，出现圆形或环状的死亡斑。秃斑可能扩大到 1 m 或更多（每年增大 15 cm），或者病斑也可能短暂出现并停止扩展。受侵病斑通常不会很快恢复，且中心的草最终死亡且被阔叶杂草取代，更常见的是被早熟禾属和羊茅属取代。在混播草坪上，翦股颖表现黄褐色到褐色，并变稀薄，最终早熟禾和羊茅属成为优势种。

病株的根、根状茎、匍匐茎和根颈腐烂，变成深褐色至黑色，甚至死亡。病株根颈和茎基部 1～2 节叶鞘内侧和茎秆表面，通常在平行于根轴方向上产生黑色、成束的菌丝层。秋季还可以在植株的冠部和茎基看到黑色点状突起的子囊壳。干旱条件下，茎基部叶鞘内侧不形成子囊壳，也不形成黑色菌丝层，仅根部表现不同程度的变色。

（五）发病规律

随带病种子和混杂在种子间的病残进行远距离传播；带病草皮、病土、粪肥等也可传播，通过风传播的子囊孢子的侵染多发生在禾谷类作物上。

病菌以菌丝体在病株组织或病残体在土壤中越冬（越夏）。禾草的整个生育期及其各个部位均可受到侵染。全蚀病侵染的最适土温为 12～18℃，但 6～8℃的低温也能侵染，土温大于 5～15℃左右发病最重。一旦侵染成功，温度的影响就不明显了。而多雨、灌溉、积水等使土壤表层有充足水分的环境都有利于病菌的侵染发病。在凉爽而潮湿的天气，病菌侵入地下组织，并通过根部或匍匐茎生长及植物间的接触扩展蔓延。随着气温变暖，空气变得干燥，开始显症。子囊壳在秋季产生，暖和的冬季也可能产生。另外，还可随带病草皮和种子的移动进行远距离传播。通过风传播的子囊孢子的侵染多发生在禾谷类作物上。

影响全蚀斑块病流行的因素很多。气象条件中的温度、湿度，春秋降雨多，冬季温暖、春季多雨低温病情加重，而冬季寒冷、春季干旱则病情；排水及灌溉很差的草坪病重；碱性土壤（pH 值在 5.5 以上）或增施石灰使土壤 pH 增高（虽然增施石灰有利于病害发生，但连续使用几年后对病害的发生就不起作用了），尤其是使用颗粒十分细小的石灰可迅速引起发病。特别强调的是根围的 pH 值与该病的发病率更密切相关；土壤贫瘠，有机质含量低，肥力不足或氮、磷比例失调，或严重缺磷，或施用硝态氮等等都会显著的加重病情。另外，土壤根际周围的微生物区系，也是影响发病的重要因素。试验证实，熏蒸过的土壤，新近开垦的森林土壤或用高含量的砂质壤作基土的土壤上病害的危害最为严重；在常发病地区，如果不进行防治，经过几年后，病害的严重度通常会减轻，其原因可能是因为土壤中逐渐积累拮抗性或竞争性微生物的缘故。

（六）防治方法

(1) 严格检疫，杜绝从疫区调运草种子。

(2) 对于高尔夫球场，只有小面积发病时，最好是挖掉发病斑块，换上新土后再种上新的草皮。

(3) 由于草种间有明显的抗病性差异，因此要重视抗病草种的选用。下列不同草种的抗病性顺序（由高到低）如下：紫羊茅＞草地早熟禾＞粗茎早熟禾＞绒毛草＞多花黑麦草＞多年生黑麦草＞早熟禾＞翦股颖。

(4) 最好的防治措施是使用酸性的肥料，如硫酸铵。均衡施肥，增施磷肥和钾肥。如果要改良土壤，确实需要使用石灰时，也只能使用最粗糙的石灰（20～30 网目）以避免急剧的改变土壤 pH 值。良好的排水条件和适当的浇水也有助于减轻病情。但同时要监控灌溉用水的 pH 值。增加土壤的酸性可以抑制病害的发生。保持草坪优良好的排灌水系统。

(5) 重视新建草坪的种子处理，用粉锈宁或立克秀（戊唑醇）等三唑类杀菌剂拌种，或试用包衣剂，或进行药剂土壤处理。也可选用上述药剂，进行泼浇、灌根或喷施的方法，控制初始病情。还可试用拮抗性荧光假单胞杆菌和一些目前正在研究中的其他生防菌。

三、翦股颖粒线虫

翦股颖粒线虫主要危害寄主植物的花序，致使病株的种子和地上部产量下降，在广泛种植饲料用翦股颖的地区可对生产构成严重的威胁。如：在俄罗斯列宁格勒地区的细弱翦股颖种植场，该线虫株侵染率达 44%～98%，病株整体生长量仅为健株的 14%～33%（Kirjano-va & Krall，1971）；在美国的俄勒冈州，该线虫的危害一度使该州的翦股颖种子产量下降 50%～75%（Jensen，1961）。此外，翦股颖粒线虫在紫羊茅和黑麦草寄主上形成的虫瘿对牛、羊、马等有毒害作用，从而可对牲畜动物形成间接的危害。

（一）名称

学名：*Anguina agrostis*（Steinbuch，1799；Filipjev l936）

(二) 分类地位

垫刃目 Tylenchida，垫刃亚目 Ty1enchina，垫刃总科 Tylenchoidea，粒线虫科 Anguinidae。

(三) 寄主植物

各种翦股颖草 *Agrostis* spp.，包括细弱翦股颖 *A. tenuis*（模式寄主）、小糠草 *A. alba*、绒毛翦股颖 *A. canina*、糙叶翦股颖 *A. exarata*、匍荡翦股颖 *A. palustris*、匍匐翦股颖 *A. stolonitera* 等；以及其他禾本科牧草或杂草，如 *Apera spicaventi*、*Arctagrostislatifolia*、野牛草 *Buchloe dactylofdes*、加拿大拂子茅 *Calamagfostis cariadensis*、兰斯多夫拂子茅 *C. langsdorfii*、*Digraphis arundinasea*、羊茅 *Festuca ovind*、紫羊茅 *F. rubra*、芒麦草 *Hordeum jubatum*、*Koeleria glauca*、黑麦草 *Lolium perenne*、假梯牧草 *Phleum phleoides*、高原早熟禾 *Poa alpina*、早熟禾 *P. annua*、六月禾 *P. pratensis*、海滨碱茅 *Puccinellia maritima*、*Sporobolus brockmanii*、黄三毛草 *Trisetum fiavescens* 等。

(四) 症状识别

受侵染的寄主植物在幼苗阶段并不表现明显的症状，只在花穗期显示出典型的病变。病变症状主要表现为被寄生的小花的颖片、外稃和内稃显著增长，分别达正常长度的 2～3 倍、5～8 倍和 4 倍，其内的子房转变成雪前状的虫瘿。虫瘿开始形成时绿色，后期呈紫褐色，长 4～5 mm，而正常颖果的长度仅 1 mm 左右。

(五) 发病规律

病种子和植物病残组织是该线虫的传播源。病害的远距离传播主要借助于病种子的调运，而中、近距离扩散则是由于沾染有虫瘦的农机具、衣、靴等的运作以及病区风和水的运动。

翦股颖粒线虫以 2 龄幼虫在虫屡中呈休眠态渡过干旱的夏季。虫瘿在田间遇秋雨吸水后破裂，幼虫逸出并继而侵染寄主植物的幼苗，在秋、冬季以外寄生的方式在生长点附近取食。竖年春季寄主进入生殖期后 2 龄幼虫即侵入正在发育的花序的花芽，并很快发育成成虫，这时受侵染的小花的子房已转变成了虫瘿。虫瘿中的雌虫受精后产卵，卵孵化出 2 龄幼虫，线虫的产卵和卵孵化的高峰期出现在春末夏初的季节。卵孵化后出现的 2 龄幼虫在虫瘿内进入休眠状态，从而又开始新一轮的病害循环。翦股颖粒线虫的 2 龄幼虫只有在侵入寄主的花芽后才能发育成成虫而完成其生活史。

翦股颖粒线虫每年只发生 1 代，自 2 龄幼虫侵入寄主的花芽到形成下一代的 2 龄幼虫而完成其生活史约需 3～4 周。每颗虫瘿中分别有发育成熟的雌雄虫各 1～3 条，每条雌虫在 2 周时间内可产卵达 1 000 颗。1 龄幼虫在卵内发育，卵孵化后出现 2 龄幼虫（这一点与小麦粒线虫不同）。2 龄幼虫在虫瘿中呈休眠态可存活达 10 年之久。侵染不同寄主植物的翦股颖粒线虫群体的雌虫、雄虫和 2 龄幼虫的测量值见表 6-2。

（六）防治方法

（1）种子处理：对病种的有效处理方法①热处理：将种子在 24℃ 的温水中预浸泡 2 h，然后用 52℃ 热水处理 15 min；②溴甲烷处理：每升含水量 12％的种子用 600～800 mg 的溴甲烷处理 1 h。

（2）加强田间卫生，即注意清除农机具等沾附的虫瘿，以防止病害的扩散。

（3）实施轮作或休闲（1 年以上），使线虫无法侵染合适的寄主而减少再次侵染源。

（4）田间使用茅草枯（dalapon）或抑芽丹（maleic hydrazide）等特异性除草剂或草坪上定期割草以抑制寄主植物的开花，从而使线虫无法完成生活史。

第七节　防治原理和方法

一、防治原理

草坪病害的发生发展是草坪草、病原物在环境因素的作用下，相互斗争的最终结果。草坪病害的防治，就是要通过人为干预，改变草坪草、病原物与环境的相互关系，减少病原物数量，削弱其致病性，保持与提高草坪草的抗病性，优化生态环境（不利与病害而有利于草坪植物），以达到预防和控制病害的目的，从而使草坪因病害造成的影响减少到最低程度。“预防为主，综合防治”的植保方针就是在此基础上提出的。

“预防为主，综合防治”是指导我国植保工作的总方针。当然，也是草坪病害防治必须遵循的原则。草坪草作为植物的一种，无论从生理和病理上，都与动物不同，它没有恢复功能，而且在技术上目前尚难作到早期诊断，同时真正意义上的治疗剂还很少或成本较高。因此，在草坪病害的防治中，把病害消灭在未发生前或初发阶段，既能减少草坪损失又能节省人力、物力和财力。所以，预防为主的原则是不可动摇的。“综合防治“是从草坪生态系统的整体出发，充分利用自然界抑制病害的因素，创造不利于病害发生，而有利于草坪草生长发育和有益生物生存和繁殖的条件，有机地运用各种必要的防治措施，即以抗病草种品种为基础，合理运用化学防治、生物防治、物理防治等技术措施，把病害控制在经济允许水平以下，同时不给人类健康和环境造成危害。另外，对于草坪病害的防治，更要特别强调对环境的保护意识。在上述综合防治概念的背景下，目前已发展到“有害生物综合治理”的高度。因此，“有害生物综合治理”既是目前草坪病害防治的基本指导思想，又是草坪病害防治的一套科学管理的技术体系。

在综合治理技术体系规划和设计时，要充分考虑到以下几点：①防治的目标是将病害的损失降低到经济允许水平以下，而不是也不可能彻底消灭；但是对于检疫性危险病害，不论何时何地，都必须彻底铲除。②因地因时的确定以对草坪危害最大的病害为主要防治对象，同时兼顾其他病害。③根据不同生态区域的病害特点组建技术体系，要充分考虑措施间的优缺互补，作到多种措施的协调配合。④由于草坪的特殊地位，对其病害的防治应以生态效益和社会效益为主。

二、防治方法

(一) 种子检疫和检验

植物检疫是国家用法律来保护农林生产的重要措施，通过国家颁布有关条例和法令，对植物及其产品，特别是种子等繁殖材料进行管理和控制，防止危险性病、虫、杂草传播蔓延。主要任务有：禁止危险性病、虫、杂草随着植物及其产品由国外输入和由国内输出；将国内局部地区已发生的危险性病、虫、杂草封锁在一定的范围内，不让其传播到尚未发生的地区，并且采取各种措施逐步将其消灭；当危险性病、虫、杂草传入新区时，采取紧急措施，就地彻底肃清。

因此，植物检疫又称法规防治，是病害防治的第一道防线，预防为主的首要措施，在综合技术体系中占有特殊的、不可替代的位置。目前我国90％以上草种是从国外调入，为危险性病害的传入提供了可趁之机。因此，由境外引进或调入草坪草种子或无性繁殖材料的检疫显得尤为重要，必须加大力度、严格执法，以保证我国草坪业的健康发展。

根据我国1992年公布的《中华人民共和国进境植物检疫危险性病、虫、杂草名录》中所列的草坪草的检疫性病害有：禾草腥黑穗病、翦股颖粒线虫病，还有可侵染禾草的小麦矮腥黑穗病和小麦印度腥黑穗病。严格执行检疫法，履行草坪草种子进口的审批手续，是杜绝危险性病害传入我国的根本措施。也是每一位草坪工作者应尽的职责和必须遵守的法律。

在具体执行检疫法时，必须严格执行下列事项：①必须按正常渠道进口草坪种子，决不允许走私活动。②对于进口或国内调运的种子，应该严格进行审批手续。按国家检疫机构的规定，保证现场或产地检验，或抽样进行室内检验，当确定不带有检疫性病害后发给检疫证书，准许运输。如果发现检疫性病害，按要求在调运前要进行彻底的消毒处理；如没有有效的消毒方法则应严格执行禁运。

（二）抗病草种、品种的利用

抗病草种品种的选育和利是草坪病害是综合防治技术体系的核心和基础，是防治草坪病害最经济、最有效的方法。我国很多重大病害，如：小麦锈病、水稻稻瘟病、马铃薯晚疫病等，都是利用抗病品种有效地控制了大范围的流行成灾。由于我国草坪业起步较晚，抗病品种的选育只在个别草种上有些工作（如结缕草、野牛草等），绝大部分草种依靠进口，没有自己的种子生产基地，品种选育工作基本处于空白。因此在从国外进口草种时，就要重视有针对性的选择抗病的草种、品种并加以合理利用。

合理利用草坪草的抗病性包括：抗病草种、抗病品种、不同草种和不同品种的混合种植，以及利用带有内生真菌的草种和品种。

1．抗病草种、品种的利用

不同草种、品种的草坪草对不同病害、以及对同一病害的抗病性存在着很大差异性，是由其遗传基因所决定的。抗病反应可以从免疫、高度抗病到高度感病，这就为通过选择不同草种、品种而防治病害提供了可能，同时也为抗病草种、品种的利用提供了依据。因此，对草种、品种的选择与利用，在兼顾坪用性状的前提下，首先要把对病害的抗病性反应作为最重要的选择内容。

不同草种对某些病害的反应，据赵美琦等（1999）对北京地区发生严重的夏季斑枯病和发生普遍的褐斑病，在主要冷季型草坪草草种间抗病性的调查结果表明，草种间对夏季斑枯病和褐斑病的抗病性有明显差异。对夏季斑枯病的抗病性（由强到弱）：多年生黑麦草＞匍匐翦股颖＞高羊茅＞草地早熟禾；对褐斑病的抗病性（由大到小）：多年生黑麦草和高羊茅＞草地早熟禾＞匍匐翦股颖和紫羊茅。据 Dernodedn（1993）报道，美国华盛顿地区由于草地早熟禾对夏季斑枯病严重感病，几乎所有高尔夫球场球道的草地早熟禾均已改用高抗的多年生黑麦草。南志标等（1999）根据欧美文献报道资料，列出了草坪草种对某些常见病害的抗性反应（表 6-3）。从表中可以看出，对北方核盘菌引致的斑块病，小糠草几乎是免疫的，而细弱翦股颖的抗性不及匍匐翦股颖。对夏季斑枯病的抗性与赵美琦的结果基本一致，而褐斑病略有不同。

表 6-3 不同草种对某些常见病害的抗病性*

病 害	病原菌	草种间的抗病性（由强到弱）
全蚀病①	*Gaeumannomyces graminis*	紫羊茅（*Festuca rubra*）>草地早熟禾（*Poa pratensis*）>粗茎早熟禾（*Poa trivialis*）>绒毛草（*Holcus lanatus*）>多花黑麦草（*Lolium multiflorum*）>多年生黑麦草（*L. Perenne*）>早熟禾（*P. annua*）>细弱翦股颖（*Agrostis tenuis*）
夏季斑枯病②	*Magnaporthe Poae*	多年生黑麦草>高羊茅（*F. arundinacea*）>匍匐翦股颖（*A. palustris*）>硬羊茅（*P. longifolia*）>草地早熟禾
镰刀枯萎病	*Fusarium culmorum*	翦股颖（*Agrostis* spp.）>草地早熟禾>羊茅（*Festuca* spp.）
褐斑病	*Rhizoctonia solani*	粗茎早熟禾>紫羊茅>早熟禾>草地早熟禾>高羊茅>多花黑麦草和多年生黑麦草>加拿大早熟禾（*P. compressa*）>小糠草（*Agrostis alba*）>匍匐翦股颖和牛尾草（*F. Elatior*）>细弱翦股颖
核盘菌斑块病	*Sclerotinia borealis*	小糠草>匍匐翦股颖>细弱翦股颖

* 引自① Smith, et al.（1989），② Dermoeden（1993），其余汇自 Couch（1976）。有修改。

不同品种对某些病害存在着抗病性差异，其中由专性寄生菌或专化性强的寄生菌引起的病害，如锈病、白粉病、霜霉病和黑粉病等品种间的差异明显，而非专性寄生菌或寄生性弱的病原菌引起的病害，如苗期病害，目前几乎没有抗病品种可供利用。赵美琦等针对北京地区发生普遍的褐斑病，通过 1997~1999 年连续 3 年，对中国农业大学科学园草坪草引种试验地中草地早熟禾品种、多年生黑麦草和高羊茅等近 70 个品种的观察结果表明，品种间具有抗病程度的差异。如：18 个草地早熟禾品种对褐斑病的抗病性（由强到弱）为：Opal>Conni>Fortuna>Haga>Panduro> Bartitia> J61KB275 > Broadway > J61KB274 > Compact > Barcelona > J61KB273 > Mardona > America>Baron>Pepaya>Baruzo>Wembley。Smith（1989）报道，已知抗溶失病的草地早熟禾品种有 Adelphi, Baron, Bonnieblue, Bristol, Enmundi, Fylking, Galaxy, Glade, Kimono, Majestic, Nugget, Pac, Parade, Pennstar, Ram², Sodco, Sydsport, Touchdown 和 Victa 等。Sander and Cole (1981) 报道，草地早熟禾品种对镰孢枯萎病的抗性由高到低是 Nugget, Merion, Pennstar, Fylking, Kenblue。上述这方面的研究，为抗病品种的选择和利用提供了可靠依据。但必须指出，当选择某一品种对当地主要病害具有抗性的同时，还需兼顾该品种对当地其他主要病害的抗性，如各地广泛用于建坪的草地早熟禾 Merion 品种，对溶失病具有良好的抗病性，但其对弯孢叶斑病（Curvularia sativus）、条黑粉病、杆锈病和由低温担子菌引致的雪霉病（Coprinus psychromorbidus）等病害缺乏必要的抗性。

尽管草种、品种的抗病性差异是由遗传基因决定的，但其抗病性表现还是要受环境条件影响的，如温度、水分、土壤 pH、土壤养分等，必须在最适合该草种或品种的生长条件下，其抗病性才能得以充分发挥。因此，确定主要草坪草种、品种的生态区域分布，不仅对建植草坪有重要意义，而且是草坪草病害防治的重要基础。

2. 不同草种、品种合理配比的混合种植

根据草坪的使用目的，环境条件及草坪养护水平选择两种或两种以上的草种或同一草种的不同品种混合播种，组建一个多元群体的草坪植物群落。混播的主要优势在于混合群体比单播群体具有更广泛的遗传背景，因此具有更强的对外界的适应性。混合种植作为一项防病措施，在牧草或其他植物上已被普遍应用。其防病的主要机制在于混播的混合群体的抗病性多样性，既可以减少病原物数量、加大感病个体间的距离、干扰病原物在感病植株间的传播；又可能产生诱导抗性或交叉保护，可以有效的抑制病害。因此，选择不同草种、品种，按其优缺互补的原则，优化组合合理配比，用多元混播组合代替单一草种或品种，组成适合不同立地条件和不同管理档次的混播草坪，既可以增加草坪的抗病性和适应能力，又可以保证草坪的景观效果。为此，应作为草坪建植的一项新技术推广。目前国内外都有不少成功事例，如：李敏等（1999）针对北京地区不同条件，提出了草地早熟禾、高羊茅、黑麦草；高羊茅、黑麦草；草地早熟禾和紫羊茅的多元草种混播组合，以及草地早熟禾不同品种间的混播组合都表现了较好的抗病性。北京颐和园经 1996～1998 近 3 年的研究，根据不同的立地条件，在 10 多种混合配比组合中，筛选出 5 种配方，如：适于 40°～60°陡峭阳坡，管理粗放，建植覆盖型草坪绿地的高羊茅和多年生黑麦草 1∶1 混合配方；适于土壤理化性质差，认为践踏严重，建植中等质量的草坪绿地的高羊茅、草地早熟禾、多年生黑麦草 7∶2∶1 混合配方；适于遮荫度比较大，建植中上等质量的冷季型草坪的高羊茅、草地早熟禾、紫羊茅、多年生黑麦草 4∶4∶1∶1 混合配方；适于平地建植高质量冷季型草坪的草地早熟禾（依克利、福雷登、纽布鲁、肯利）4 个品种的混合配方。上述几种混配组合都可有效地减轻褐斑病的发生。Smith（1989）报道，美国加州采用多年生黑麦草与肯德基草地早熟禾混播建立草坪，成功地控制了由镰刀孢等真菌引致的镰孢枯萎病，连续 3 年测定，其发病率显著低于单播草坪；紫羊茅与翦股颖混播，形成耐病性较强的草坪植物群落，有效地控制了全蚀病的危害，此项措施在美国一些地区已成为防治全蚀病的常用技术。

3. 带有内生真菌的草种、品种的利用

White（1997）认为，内生真菌是指那些寄生在草坪禾草体内，而草坪禾草不表现任何病害症状的一类真菌，最主要的是半知菌亚门中的 *Neotyphodium* 属（= *Acremonium*）真菌。据报道，内生真菌主要在羊茅属和黑麦草属植物体内。对于含有内生真菌的牧草，一方面因其可产生毒素，造成牛羊中毒和生病，给畜牧业带来损失，另一方面它又可以明显提高植株的抗逆性。作为草坪业，就不存在因毒素而引致家畜病害的问题，却要充分利用由它给草坪草带来的抗逆、抗虫、抗线虫，耐践踏等的优良特性。Christensen（1996）研究证实，带有内生真菌的黑麦草和高羊茅属草坪草因含有抑制玉米丝核菌（*Rhizoctoniaz eae*）和德斯霉（*Drechslera erythrospila*）等病原菌的毒素，因此提高了对褐斑病和德氏霉叶枯病的抗病性；带有内生真菌的高羊茅种子对立枯丝核菌的耐病性显著高于不带菌者（Blank et al.，1993）。

针对上述的研究结果，在引种时，就要特别注意引进具有内生真菌的一些草种、品种。据悉国际市场上已有含内生真菌的高羊茅和多年生黑麦草的品种投放市场，如高羊茅品种：Huntdog、Tempo、Titan、Shenandoan、Mesa、Aguara 等；多年生黑麦草品种：Derby、Gator、PhD、Dandy、ManhattanⅡ、Pennant、Regal、YorktownⅢ等。

（三）养护措施防治法

养护措施防治法是利用科学的草坪建植与养护管理措施，有目的地创造有利于草坪草生长，而不利于病害发生发展的环境条件，从而提高草坪草抗病性，达到控制病害减少危害的目的。由此不难看出，养护措施防治法大多都是草坪植物生长发育所需的必要措施，为此，该方法是草坪草病害综合防治体系的基础，具有经济、安全、简便易行和事半功倍的作用。包括的主要措施有：改善立地条件、合理排灌、科学施肥、适度修剪和控制枯草层等。

1. 合理排灌

合理排灌是草坪管理的必要措施，既能保证草坪草正常生长发育对水分的需要，又避免土表积水或湿度过高，可以有效地控制病害的发生流行。草坪草组织由80%～95%的水分组成，其渗透压一般为－5～－15巴，当含水量下降到60%时或渗透压为－15巴渗透压草坪草就会出现死亡；而一些重要病害的病原真菌大多数最适渗透压为－1～ －15巴，在－20～ －50巴下仍能生长（表6-4）。由此可以看出，病原真菌生长所需的最低含水量远远低于草坪草，即在草坪草因缺水凋萎时，真菌仍可继续存活。因此，如何通过合理排灌提高草坪草对病害的抵抗病能力就显得尤为重要。

表 6-4　草坪草某些病原真菌生长所需的最适和最低渗透压（巴）

真　　菌	最适渗透压	最低渗透压
终极腐霉 *Pythium ultimum*	−5	−25～30
小麦全蚀病菌 *Gaeumannomyces graminis*	−1～−2	−40～−50
爱德华核瑚菌 *Typhula idahoensis*	−1～−2	−30
肉孢核瑚菌 *T. incarnata*	−1～−2	−30
细交链孢 *T. incarnata*	−10	−100
禾头孢 *Cephalosporium gramineum*	−2～−8	−90～−100
小尾孢 *Cercosporella herpotrichoides*	−10～−15	−100
大刀镰孢 *Fusarium culmorum*	−10～−15	−90～−100
串珠镰孢 *F. moniliformae*	−15	−125～−140
雪腐镰孢 *F. nivale*	−1～−3	−40～−50
立枯丝核菌 *Rhizoctonia solani*		−45
北方核盘菌 *Sclerotinia borealis*	−10～−30	−40～−50

* 引自 Cook et (1981)。

草坪灌水量和灌水次数要根据土壤湿度、草种和品种需水特性、降雨和天气状况等因素决定。一般要保持 10～15 cm 土层湿润，既可使草坪草有充分的水分供应。在生产中，也可通过测定水分渗入土壤深度所需时间来控制灌水时间的长短，从而确定灌水量。要求见湿见干灌水，减少灌水次数，即灌透水，每次灌水要让土壤湿润到 15 cm 深度，减少灌水次数。少量多次灌溉，地表经常处于潮湿，甚至有积水，导致草坪草根系浅，长势弱，抗逆性差；同时造成草坪冠层湿度高，对丝核菌、腐霉菌、早熟禾德斯霉菌、白绢病菌等病菌有利，加重病害的发生。若灌水过少，土壤长期干旱，降低草坪草的活力与抗病性，则有利于镰孢枯萎病等病害的发生，如 Smiley and Thompson（1985）的研究发现，由多种镰刀菌引致的草地早熟禾镰孢枯萎病在干旱后大量灌水时，发病最重。

灌水时间对于控制病害也非常重要。一天当中以清晨灌水最好，一般不在有太阳的中午或傍晚灌水，尤其是傍晚灌水有利加重病害的流行。据 Fidanza 报道（1996），早晨灌溉的多年生黑麦草草坪，由于整个白天植物表面保持干燥，其发病率显著低于晚上灌溉的多年生黑麦草草坪。

2. 合理施肥

肥料是草坪草生长发育的营养基础。合理施肥，不仅使草姿优美、色泽靓丽、草坪致密生长健壮，而且抗病能力强，对病虫的危害恢复较快。肥料对病害的影响主要表现在以下诸多方面。

(1) 肥料种类及其施用水平　当土壤中氮不足时，容易发生锈病、币斑病、弯孢叶斑病、红丝病等，施氮可有效地减少这类病害的严重程度，并促进草坪的恢复；氮肥过多，则易导致褐斑病、腐霉枯萎病、夏季斑枯病、春季死斑病、坏死环斑病、全蚀病和铜斑病的发生或加重病害的发展。增施磷肥可促进草坪草根系生成并提高抗病性，当土壤缺磷时，容易发生斑块病、全蚀病和雪腐病，施磷可减轻苗期病害及上述病害的发生，促进草坪的迅速恢复。钾肥对草坪草感病性的影响比磷肥更明显，合理施用钾肥并保持氮、磷、钾的平衡可减轻雪腐病、德斯霉叶枯病、白粉病、条黑粉病、全蚀病、雪腐病等病害的危害。详见表 6-5。其他肥料对病害也有不同程度的影响，钙、硫等元素可减轻枯萎病、雪霉病等（Huber，1980）。

表 6-5　氮、磷、钾等肥料对草坪草病害的影响

草坪草	病　害	氮	磷	钾
剪股颖	雪霉病 *Fusarium nivale*			−
	褐斑病 *Rhizoctonia solani*	+		
	币斑病 *Sclerotinia homoeocarpa*	−		
狗牙根	白粉病 *Erysiphe graminis*		−	−
	春季死斑病 *Leptosphaeria* spp.	+	−	−
	叶斑病 *Bipolaris cynodontis*			−
猫尾草	叶斑病 *Heterosporium phlei*			
	斑块病 *Sclerotinia borealis*		−	
草地早熟禾	锈病 *Puccinia* spp.	−		−
	条黑粉病 *Ustilago striiformis*		−	
	叶斑病 *Curvularia* spp.	−		
	镰刀枯萎病 *Fusarium culmorum*	−		
	褐斑病 *R. solani*	−		
	币斑病 *Sclerotinia homeocarpa*	+		
多年生黑麦草	褐斑病 *R. solani*	−	−	−
	全蚀病 *Gaeumannomyces graminis*	+	−	−
	坏死环斑病 *Leptosphaeria korrae*	+		
	夏季斑枯病 *Magnaporthe poae*	+		
	红丝病 *Laetisaria fuciformis*			
	锈病 *Puccinia* spp.	−		
	雪腐病 *Typhula* spp.	−	−	
	雪霉病 *F. nivale*		−	
	铜斑病 *Gloeocercospora sorghi*			−
	叶斑病 *Helminthosporum* spp.	+		
	币斑病 *Sclerotinia homoecarpa*		−	

注：− 和 + 分别表示减轻和增加病害，本表转引自南志标（1998）。

(2) 各种营养元素的合理配比　即通常所说的均衡施肥，据 Dernoeden

(1993) 对狗牙根春季坏死斑病的研究结果发现：单独施氮或钾（5 g/m^2），氮加重病害的发生，钾对病害无显著影响；但当氮和钾肥混合施用（各5 g/m^2），则明显降低了病害的严重度，促进了草坪的恢复。

(3) 施肥次数与时间　无论是从草坪草生长发育的需要，还是从减轻病害的角度出发，都应遵循“重施秋肥、轻施春肥、巧施夏肥”的施肥原则。据北京市“冷季型草坪草综合技术研究课题组”研究结果表明，秋末重施尿素（20～40 g/m^2）或尿素＋磷酸二氢钾（20 g/m^2＋20 g/m^2）或草坪肥(50～150 g/m^2)；春季施用尿素＋磷酸二氢钾或尿素；夏季少施或不施氮肥增施磷钾肥，而且最好用0.3％～0.5％磷酸二氢钾进行叶面喷雾。这套施肥方法，不仅可以有效地延长绿期2～3月和提前返青，越夏能力强，草株生长健壮，明显地提高了对病害的抵抗能力。另据北京市园林科学研究所研究报道：北京地区冷季型草坪秋季施肥，从8月底就可开始，一般应进行2～3次，整个秋季施肥中氮肥的用量应占全年的75％左右，其中又以最后一次深秋施肥用量最大；春季施肥应从4月中旬以后开始，氮肥（尿素）控制在5～7 g/m^2，并着重施用磷钾肥，最好施用缓释肥料，春末夏初施钾肥，以提高草坪的夏季抗协迫能力；夏季施氮常会加重病害的发生，因此，尽可能减少夏季施肥或不施肥，只有在草坪出现严重缺绿时才少量施用氮肥或叶面喷施0.3％～0.5％的尿素和磷酸二氢钾，其结果使病害发生面积受到了明显抑制。Smith（1989）也报道了，在冬季寒冷且存有积雪的地区，晚秋施肥利于草坪草第二年的返青并增加抗病能力。

Huber 和 Watson（1974）还提出氮肥的形态对某些病害也有很大影响，如氨态氮会加重草地早熟禾镰刀枯萎病和蓟股颖斑块病，而硝态氮可减轻这两种病害；全蚀病则相反，氨态氮减轻发病，硝态氮加重病害。

3．合理修剪

修剪与草坪病害的发生密切相关，合理修剪一方面可以减少病原数量，如对引起叶部发病的锈病、白粉病、德氏霉和离蠕孢及弯孢叶斑病等；另一方面，修剪造成的叶片伤口（特别是当剪草刀片不锋利时，造成叶片撕裂）有利于病原真菌的侵入，同时还可以通过剪草机具的携带传播病害；尤其是在没有及时将剪草机调整不当时，在修剪过程中，草坪草碎片增多，为一些兼性病原真菌提供了大量的腐生基质，利于币斑病和红丝病等病害的传播。

(1) 留茬高度对病害的影响　一般修剪高度要严格掌握“1/3”原则，但不同草种、不同季节和不同功能的草坪，都有其合理的修剪高度。修剪过低，会加重某些病害的发展，如据 Eernoeden（1993）对草地早熟禾夏季斑枯病的研究表明：在夏季斑发病盛期的8、9月份，留茬高度7.6 cm比留茬

3.8cm 的草坪发病面积明显降低（图 6-1）。Smiley 等（1985）对夏季斑的研究亦获得了相同结果。草坪过高没及时修剪或留茬过高，使草坪形成高湿度的小气候，会加重褐斑病、腐霉枯萎病等病害的流行。但据 Fidanza 等人（1996）对多年生黑麦草草坪褐斑病的研究发现，在降雨量高于常年时，留茬低（1.7 cm）加重病害；在降雨量正常的年份，高留茬（4.5 cm）则加重病害。

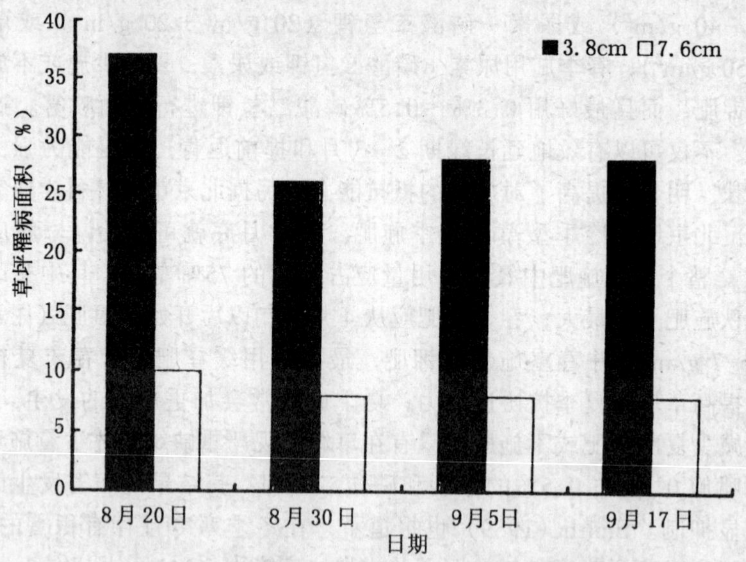

图 6-1　修剪高度对草地早熟禾夏季斑枯病的影响

(2) 修剪时间和频率对病害的影响　一天中提倡早晨露水干后修剪，以减少因剪口和露水同时存在的条件利于病菌的萌发侵入。对于修剪频率在“1/3”指导原则下，还要考虑季节的影响，尤其是冷季型草坪草，通常要求在冷草春、秋生长旺季，留茬可稍低些（4～5 cm），夏季留茬略高些（6～7 cm），有利地提高了冷季型草越夏能力，增强抗病性。这已被北京市园林科学研究所在北京松下彩管厂近 4 万 m^2 草地早熟禾草坪上的多年经验总结所证实（表 6-6）；北京天坛公园、颐和园和北京植物园等单位多年来也遵循上述修剪方法，获得了满意效果。另外，利用生长调节剂如烯唑醇，可有效地抑制草坪草生长，减少修剪次数。

4. 控制枯草层

枯草层的厚度直接影响草坪的小生态环境，直接或间接的与草坪病害的发生有着密切关系。因为枯草层可为多种病原真菌提供越冬（越夏）场所，

表 6-6 北京松下彩管厂草坪修剪高度和次数

时间	3～4 月	5 月	6 月	7 月	8 月	9 月	10 月	11 月
修剪高度（cm）	5	5	5～6	6～8	7～8	6	6～5	8
修剪次数	3	4	3	2	3	4	3	2

成为病害发生的初侵染源；影响草坪的通气与透水性，降低草坪草活力及其抗病性；影响杀菌剂的吸收并阻滞其向下渗透，降低防病效果；滞留在枯草层的杀菌剂还可能抑制腐生真菌的生长，降低其分解有机质的能力，导致枯草层的进一步积累（Christensen，1985）。

一般要求枯草层的厚度不应超过 1.5～2 cm。通常采取打孔、梳草和垂直切割等多种方法控制枯草层。据 Callahan 等（1998）对匍匐翦股颖草坪连续 6 年的试验结果表明，以每年垂直切割 4 次或 8 次，或垂直切割结合打孔等措施控制枯草层的效果最为显著。在牧草与草坪草种子生产实践中，焚烧残茬可有效地防治多种病害（表 6-7），而且可加速植物的春季生长。在我国北方地区，冬末或早春，草坪草尚未萌发返青前，对城市绿地及高速公路两侧的绿化草坪进行整体焚烧，或许是消除枯草层，防治草坪草病害的有效措施。

表 6-7 焚烧残茬防治的草坪草病害

草坪草	有效防治的病害	部分防治的病害
细弱翦股颖	麦角病 银顶病	粒线虫 褐色斑块病
鸭茅	麦角病 银顶病 多种叶斑病	条黑粉病
高羊茅	盲种病 麦角病 银顶病	叶斑病
紫羊茅	粒线虫 麦角病	叶斑病 白粉病 锈　病
细孤茅	银顶病	红丝病
多年生黑麦草	盲种病 麦角病 银顶病	长蠕孢叶斑病
草地早熟禾	麦角病 银顶病	条黑粉病 秆黑粉病 锈　病 白粉病

引自 Hardison，1976。

（四）化学防治

化学防治是指利用化学药剂防治草坪草病害。防治病害的化学药剂称杀菌剂（大多是防治真菌病害和细菌病害），防治线虫病害的又称杀线虫剂，有时为了消灭病害传播介体昆虫，也用杀虫剂。化学防治具有见效迅速，防效显著，使用简便，对症用药的特点，尤其是作为扑灭病害的应急措施。因此，尽管有其弊端，在目前的草坪草病害防治体系中，仍具有不可替代的作用。据 Hubbell et al.（1997）报道，草坪业消耗的杀菌剂数量仍呈逐年上升的趋势。

按照杀菌剂的作用方式，防治病害的原理有 4 种类型。

（1）保护作用

指在病原物侵入寄主以前，以杀死或阻止病原生物侵入，使植物得到保护，从而达到防治病害的作用。具有这类作用的药剂称为保护剂，必须在病原物大量侵入之前使用。为了达到保护草坪不受病原生物侵害的目的，保护性杀菌剂消灭病原物的途径有两个：病原物来源的部位和可能被侵染的植物表面。但是，保护剂的特点是不能进入植物体内，对已侵入的病原物无效。

（2）治疗作用

指在病原物已经侵入植物或植物已经发病时，使用化学药剂处理植物，使体内的病原物被杀死或抑制；或改变病原物的致病过程；或增强寄主的抗病能力；使植物恢复健康。具有这种作用的药剂称为治疗剂。治疗剂一般具有内吸性能，而且可在植物体内传导，因此也称为内吸治疗剂。

（3）免疫作用

具有提高植株免疫功能、增强植株对病原物抵抗能力的作用。主要是诱导植株产生有杀菌或抑菌作用的植株保卫素，或改变植株的形态结构使之不利于病原物的侵染或扩展。

（4）钝化作用

具有钝化病毒作用，使其侵染和繁殖能力下降。

目前在草坪病害的化学防治中常用的方法有：

1. 土壤处理

在播种前用药剂处理土壤，起到杀死和抑制土壤中病原物的作用。主要针对土传病原物引起的苗期病害和根部病害。主要处理措施包括撒粉、浇灌、毒土、注射等，前者主要用于杀灭在土壤表面或浅层存活的病原物，后三种主要用于在土壤中分布广泛并能长期存活的病原物。其中用熏蒸剂进行土壤熏蒸是一种非常有效的方法，不仅能防治土壤中的病原菌，还能有效的消灭线虫、害虫和杂草。但成本较高，难以推广。因此，目前主要应用于苗床、局部根围等土壤。

2. **种子处理**

许多病害是通过种子传播的，因此种子消毒对防治病害有重要的实践意义。种子处理在于消灭种子表面和种子内部的病原物，同时保护种子不受土壤中病原物的侵染，如果使用内吸性杀菌剂还可以使药剂通过种苗吸收输导到地上部，使其不受病原物的侵染。种子处理操作方便、省药、省工，较常用的种子处理方法有浸种、拌种、闷种和包衣。

3. **生长季地上部施药**

地上部施药的方法主要有喷雾、喷粉和撒施 3 种。适合于喷雾的农药剂型有可溶性粉剂、可湿性粉剂、乳油和悬浮剂（胶悬剂）等，加水稀释时要求药剂均匀地分散在水内。撒施是将颗粒剂或毒土直接施撒在地面植株周围，用以防治根部和茎基部病害。毒土是将可湿性粉剂、乳剂、粉剂或水剂与具有一定湿度的细土按一定的比例混合制成。草坪上用撒施法施药后要喷水，以使药剂渗透到土壤中发挥作用。

4. **科学合理地使用杀菌剂**

只有在经济损害水平（经济阈值）的指导下，在做好病害监测预测的基础上，科学合理的使用农药，才能充分发挥化学防治的作用。任何药剂都有一定的应用范围和使用技术，因此，必须严格按照病害种类、对症选择药剂，并严格实施使用技术。

（1）要正确选择杀菌剂

病害种类及其所致病原物的确定，即病害诊断是选择药剂的基础。另外，一种病害，常有数种杀菌剂可对其进行有效地防治，应通过比较后，选出防效好、持效时间长、无公害或低残留、且使用简便（在水中分散均匀且不易堵塞）、经济的药剂。

（2）确定杀菌剂的使用技术（包括施药方法、剂量、时间、次数等）

病害种类和药剂剂型是药剂使用技术的前提。如：拌种是防治种（苗）传和土传病害的经济、省工、简便、对生态系统污染少的较好方法，一般用药量仅为种子重量的 0.3%，新型杀菌剂用量更低，对猝倒、苗腐、根腐等重要病害有很好的防治效果，同时还表现出有较好的促进发芽、提高出苗率的作用。现已在草坪草种传与土传病害中广泛应用。又如：土壤熏蒸是防治土传病害、杀灭土壤中存在的寄生线虫，多种害虫和杂草的主要方法。现已成为防治园林花卉、经济作物等土传病害的常用技术。在草坪草病害防治上，现仅用在高尔夫球场、地滚球场，且有严重病史的场地，以及少量坪床上。最常用的熏蒸剂为溴甲烷或及其替代品棉隆。又如：喷雾防治茎、叶病害，是病害防治的主要方式，也是防治草坪病害最常用的方法。喷药时期，喷药次数与病害防治效果密切相关。另外，用药的间隔时间也因病害种类、严重度、发病时期和杀菌剂的性质而异。

(3) 密切监测抗药性的发展

长期对同种病原真菌连续使用同种杀菌剂，尤其是内吸性杀菌剂，易导致病原真菌产生抗药性，使防治效果下降或无效。如在欧洲、美洲部分地区已发现草坪草币斑病的病原真菌对异丙定和苯来特产生了抗药性；镰刀菌对苯来特和甲基托布津等药物产生抗药性的报道也很多。因此，在生产中，要注意不同药剂交替使用，避免或延缓病原真菌抗药性的发展。

(4) 注意药剂的混用和连用问题

在草坪管理中往往需要使用多种化学制剂，如杀菌剂、杀虫剂、除草剂、激素、化学肥料等。在这些化学制剂之间，有些有互相协同的作用，有的互相干扰，要根据用药目的、药剂性能、植物和病原物对药剂的反应等考虑药剂的混用和连用。混用及连用适当与否，根本标准是不降低药效、不发生药害、减少喷药次数、降低成本。不能把能用的药，甚至作用相同的药剂，全混在一起使用，这样不但不能提高效果，反而增加开支，又增加了环境污染。

(5) 监测对非靶性病害的动态

杀菌剂的使用，改变了原有草坪生态系统中微生物间的动态平衡，破坏了固有的拮抗作用，导致非靶性病害增长。据南志标报道（1999），苯来特拌种防治牧草病害，导致腐霉引致的猝倒病发病率上升。Smith（1989）报道，土壤熏蒸处理防治杂草，线虫和引致苗腐的病原真菌后，常导致草坪草全蚀病的加重；Reicher and Trossel（1997）报道，连续3年对翦股颖草坪喷洒百菌清等药物，导致雪霉病的危害加重。因此在应用杀菌剂时要考虑防治一种病害，可能导致另一种病原为次要病害的大发生。

(6) 杀菌剂的药害和克服途径

在病害的化学防治中，由于药剂直接或间接地作用于植物，对植物本身会有一定的影响，有时会发生药害。药害可以表现为：种子发芽率下降；根和其他器官发育不正常；叶部等出现各种斑点或焦枯，甚至整株死亡等。发生药害的原因有：

①药剂方面　一般来说，无机杀菌剂最易产生药害；有机合成的杀菌剂和抗菌素产生药害的可能性较小；植物性杀菌剂一般不产生药害。在同一类药剂中，药剂的水溶性与药害的大小成正相关，水溶性大，发生药害的可能性也大。药剂的悬浮性能与药害也有关系。可湿性粉剂的可湿性差，在水中

的悬浮性也差，粗大的粉粒在水中较易沉降，如果搅拌不匀就可能喷出高浓度的药液而造成药害。此外，药剂的杂质，如合成过程中的杂质、填充剂中的杂质等，常常成为某些药剂发生药害的原因。

②植物方面 在同一科植株中的不同属、同一属中的不同种、同一种中的不同品种之间，抗药力都可能有较大的差异。植物的发育阶段及生育状况与抗药密切相关，一般说来，幼苗期、花期比其他时期对药剂敏感；幼嫩组织比老化组织对药剂敏感；生长期比休眠期对药剂敏感；生长衰弱的植株比健壮的敏感等。

③使用方法及环境条件 用药浓度和喷药质量与药害的发生有直接关系。浓度越高越易发生药害；用药量越大越易发生药害；喷药不匀、药剂混用或连用不当，也易发生药害。

④环境条件与药害的关系也很大 在高温条件下，药剂的化学活性强，植物的代谢旺盛，发生药害的可能性较大；低温湿度过高，有利于药剂的溶解和侵入，也易发生药害；灾害性天气发生后，植物的生活力受到影响，或植物表面产生大量伤口，有利于药剂进入，容易发生药害。

⑤为了防止药害的产生，就需要根据药剂的种类和性质、植物的敏感程度、用药的时期等，选用适宜的用药浓度和配制方法。科学合理用药。

（五）生物防治

利用有益生物及其天然产物防治植物病害的方法称为生物防治。相对于化学防治，生物防治有不污染环境、无农药残毒、不杀伤有益生物等优点。因此，是综合防治的重要内容，在可持续发展中有广阔的发展前途。生物防治有两类基本措施，一类是大量引进外源拮抗菌；另一类是调节环境条件使有益微生物群体增长并表现拮抗活性。

1. 拮抗作用的利用

一种生物产生某些代谢产物或改变某些环境条件，从而抑制或杀死另一种生物的现象，称为拮抗作用，也称抗生作用。这种现象在微生物之间广泛存在，具有抗生作用的微生物通称为抗生菌。抗生菌主要来源于放线菌、细菌和真菌，利用拮抗微生物防治病害是生物防治中最重要的途径之一。其中主要有两种方式。

（1）抗生菌的直接使用 把人工培养的拮抗微生物直接施入土壤、喷撒在植物表面或制成种衣剂粘附在种子表面，可以改变根围、叶围、种子周围或其他部位的微生物区系，建立拮抗微生物的优势，从而控制病原物，达到防治病害的目的。拮抗微生物可以是草坪草表面或根围土壤中微生物区系的成员，也可以来自其他的来源。如：目前中国农业大学植保学院草坪研究室

(筹）已研制出并试验成功的防病保健1号，经3年的连续调查，对草坪草褐斑病的控制效果达70%以上。

(2) 促进自然界抗生菌的增殖　在植物的各个部位几乎都有拮抗微生物的存在，创造一些对它有利的环境条件，使它大量增殖，形成优势种群，从而达到防治病害的目的。

2. 重寄生（超寄生）作用的利用

一种病原物被另一种微生物寄生的现象称为重寄生。对植物病原物有重寄生作用的微生物有很多，如噬菌体对细菌的寄生；病毒、细菌对真菌的寄生；真菌对线虫的寄生；真菌间的重复寄生等，有的真菌能捕食线虫，这些现象都为生物防治提供了新的途径。例如，哈茨木霉（*Trichoderma harzanum*）是齐整小核菌（*Sclerotium rolfsii*）的重寄生菌，向土壤中施加哈茨木霉，可以有效地防治该病菌引起的禾草白绢病；目前研究较多的是利用线虫体内寄生的微生物，防治草坪上线虫病害，据报道已有可喜的苗头。另外，利用微孢子虫防治牧草上的蝗虫，在我国取得了重大成果。为此，重寄生作用在生物防治中的应用日益广泛。

3. 交互保护作用的利用

预先在寄主植物上接种与病原物亲缘关系较近而致病力弱的种，或同种内致病力弱的菌株，可以保护寄主不受致病力强的病原物的侵害，这种现象称为交互保护作用。例如，一些病毒病存在弱毒株系，接种寄主植物后对强毒株系都有不同程度的干扰作用。

4. 植物诱导抗病性的利用

相对于病原物的致病基因，寄主植物也存在着抗病基因，抗病性的强弱取决于抗病基因表达的速度和强度。表达快、活性强，其抗病性就强，反之则弱。寄主植物的抗病性除本身固有的以外，利用生物的、物理的或化学的因子处理植株，可以激发植物的反应，使之产生局部或系统的抗病性，这一现象称为诱导抗病性。生物因子中真菌、细菌或病毒都能作为诱导因子；一些化学物质，如细胞壁多糖、糖蛋白、几丁质、酶、酯肪酸、乙烯、氯化汞等均可作为诱导剂；物理因子中紫外线辐射也可诱导抗性的产生。近年来，分子生物技术已应用于诱导抗性的研究中。

草坪草上，各国的研究已证实：利用内生真菌的侵染可诱导草坪草产生抗线虫的能力（Latch，1993），如带内生真菌的高羊茅着生的土壤内根结线虫（*Meloidgyne marylandi*）、根斑线虫（*Pratylenchus scribneri*）群体的数量显著低于不带菌高羊茅着生的土壤（Gwinn and Bernard，1993）；据Christensen（1996）研究发现，带有内生真菌的黑麦草和高羊茅属草坪草植株含有抑制玉米丝核菌（*R. zeae*）和德斯霉（*D. erythrospila*）等病原真菌的毒素；带有内生真菌的高羊茅种子对立枯丝核菌的耐病性显著高于不带菌者（Blank et al., 1993）。以上研究表明，内生真菌可以诱导草坪草产生抗病和抗逆的特性。目前美国、新西兰等国已积极开展培育含有内生真菌的草坪草品种，并已有新的品种投放市场（Smith et al., 1989）。植物诱导性的抗菌谱较广，通常能同时抗真菌、细菌和病毒的侵染，所以它是一种有广泛应用前途的生防途径。

生物防治是病害防治中的一个重要措施，特别在当今农药对环境污染日益严重的情况下，具有广阔的发展前途。除上述单独使用的生物防治途径外，还可以将某些生物防治因子与某些化学药剂混合使用，以提高防治效果。

但是，值得提出的是，生物防治也有局限性，即作用发挥缓慢、受环境条件影响大、效果不稳定、开发周期长等。另外，生物防治对生态环境的影响还有待研究。因为生物防治本身就是通过打破原有的生态平衡来抑制病原物的繁殖（即通过人工培养向环境中大量释放某种或某些种有益微生物），特别是遗传工程生防菌是原来自然界没有的类型，它的应用对自然环境的影响是不可忽略的。尽管，短近期内相对于化学防治的副作用小，但要做长远的风险分析。因此，生物防治也和其他防治方法一样，一定要纳入可持续发展制约下的综合防治体系中，才能在病害防治中达到安全、有效的目的。

（六）物理防治

用人工、器械和多种物理因子防治病害的方法称物理防治。它具有简便、经济、安全等优点，但在实施时费工、又难以得到彻底防治效果，所以多作为辅助措施。草坪上常用的方法，有在发病初期人工拔除病株或挖除发病中心的成片病草，进行草坪修补；用热力（干热、湿热、或温汤浸种）、射线辐射、激光、超声波等处理种子，可有效地杀死、抑制或钝化种子上的病菌和线虫。

第七章

草坪虫害

危害草坪的动物，除少数鸟类、兽类外，绝大多数是有害昆虫，其次是螨类。这两类害虫都是一些小型动物，分别属于动物界节肢动物门的昆虫纲及蛛形纲。昆虫纲是动物界中种类最多的一类，全世界已有学名的动物约150多万种，而昆虫就占100多万种以上。

昆虫不仅种类多，而且分布广，适应性强。许多昆虫危害草坪和农作物或传播病害，对人类不利，称危害虫，如蝗虫、粘虫、蚜虫等；有的以害虫为食料，能帮助人类消灭害虫，如瓢虫、寄生蜂等；有的能帮助植物传粉；有的能为人类创造财富，如蜜蜂能酿蜜、蚕能吐丝等则称为益虫。当前我国草坪上发生的主要害虫，是本章研究对象。

第一节　根部和根茎部害虫

一、小地老虎

Agrotis ypsilon

（一）危害

多食性害虫。危害各种草坪草。此外还可危害棉花、玉米、甘薯、烟草、豆类、麻类、麦类、瓜类、番茄、白菜等作物和蔬菜；野生寄主有小蓟、苍耳、小旋花、蓼等杂草。危害草坪时，低龄幼虫将叶子咬食成孔洞、缺刻，大龄幼虫白天潜伏于根部土中，夜间咬断近地面的茎部，致使整株死亡。发生数量多时，可造成草坪大片光秃，需要新植草皮。

（二）发生特点

在华北地区1年发生4代。小地老虎成虫白天潜伏于土缝中、草丛间或其他隐蔽处，夜出活动，取食、交配、产卵等。每1只雌蛾，通常能产卵

1 000粒左右，多的在 2 000 粒以上，少的仅数十粒，分数次产完。田间雄雌成虫的性比为 50.42∶49.58。成虫寿命，雌蛾 20～25 天，雄蛾 10～15 天。幼虫共 6 龄，但有少数为 7～8 龄。1、2 龄幼虫常栖息在表土或寄主的叶背和心叶里，昼夜活动，并不入土；常在草坪嫩叶上昼夜取食，但不同草坪草或植物上的危害部位也有不同。3 龄以后，白天潜伏入土下 2 cm 左右处，夜出活动危害。到 4 龄以后，危害寄主，常咬断整株，连茎带叶，拖入穴中。4～6 龄幼虫占幼虫期总食量的 97%以上，每头幼虫一夜可咬断幼苗 3～5 株，最多可达 10 株以上。幼虫有假死性，一遇惊动，就缩成环形。在 3 龄后有自残性。当食料不足时，迁移危害。第 1 代幼虫期，当平均气温 17.6℃时，幼虫的发育起点温度全期为 10.98℃，有效积温为 254.68 日度。小地老虎幼虫老熟后，大都迁移到田埂、田边、草根旁较高燥的土内深约 10 cm 处筑土室开始化蛹，危害显著减轻。预蛹期 2～3 天。第 1 代蛹期平均 18～19 天。

（三）防治方法

防治地老虎，一般应以第 1 代为重点，采取栽培防治和药剂防治相结合的综合措施。

(1) 除草灭虫。杂草是地老虎产卵的主要场所及幼龄幼虫的饲料，发生严重地区在地老虎产卵期或卵未孵化之前，铲除草坪周围杂草，可以清除产卵孳生场所和杀灭部分虫卵，并能断绝幼虫早期食料来源；还可采用耙耱草坪等措施对小地老虎造成机械杀伤。

(2) 诱杀成虫。在发蛾盛期用黑光灯或糖醋酒液诱杀，是防治地老虎有效而简便的方法。

(3) 捕捉幼虫。对高龄幼虫，于清晨在断苗周围或沿着残留在洞口的被害茎叶，将土拨开 3～6 cm 深，即可捕到幼虫；或用泡桐叶诱杀。

(4) 药剂防治。(1) 喷药防治：地老虎 3 龄以前危害幼苗地上部分，应及时喷药。药剂用 2.5%敌百虫粉剂喷粉，45 kg/hm^2；或用 90%晶体敌百虫 1 000 倍液，或 50%敌敌畏乳油 1 000 倍液喷雾。(2) 毒饵诱杀：幼虫危害幼苗根茎部时，可用毒饵诱杀。将饼肥碾细磨碎，放在锅里炒香，取出后拌以毒剂制成。其配合量用 50%辛硫磷乳油 1 kg，加水 5～10 kg 稀释，喷洒在 25 kg 炒香的棉籽饼上,。每公顷用 75 kg 效果良好。用油菜籽饼 8 kg，90%晶体敌百虫 0.5 kg 加水使湿润，制成毒饵，撒在草坪上，效果也很好。也可用鲜草毒饵。鲜草的种类很多，凡柔嫩、多汁、耐干的杂草或江湖地带的许多水草均可，以酸模、旋花、灰菜、苜蓿等鲜草为宜。配制时，先将鲜草切成段，拌入 90%晶体敌百虫 500～800 倍液。每公顷用饵量 300 kg 左右。黄昏前分成小堆堆放在地里。为了保持毒草水分，可踏实底土，增强土壤毛细管作用，并可在草堆上盖些枯草，以减少蒸发，早、晚还可适当洒水。施用上述毒饵诱杀，应在地老虎危害盛期以前进行，但3龄以前幼虫食量少、活动力弱，效果不好，以4、5龄幼虫为宜。施用毒饵前应清除田边杂草。在地老虎发生较早地区，于整地后出苗前施用，更为有效。(3) 药剂处理土壤：应用较多的是辛硫磷颗粒处理土壤。具体配制和施用方法是将5%辛硫磷颗粒剂每公顷30 kg或25%辛硫磷微胶囊剂每公顷15 kg加上筛过的细土225 kg，拌匀后施于幼苗周围，按穴施入。

二、黄地老虎

Agrotis segetum

(一) 危害

同小地老虎。

(二) 发生特点

黄地老虎生活史在华北地区及江苏一带为3～4代，内蒙古2代，各地都以幼虫在草坪、麦田、绿肥、菜田及杂草地等的土中越冬。大多数地区均以第1代幼虫危害植物幼苗，其他世代发生较少。在华北地区，春季禾草返青或恢复生长时，越冬幼虫开始活动危害，一般多在3月下旬至4月上旬开始化蛹；4月中、下旬先后进入化蛹初盛及盛期；在4月上旬便开始诱到越冬代成虫，4月中、下旬至5月上、中旬，为发蛾的初盛期及盛期。在此期间常出现多次蛾峰。4月下旬至5月上旬开始出现第1代卵，5月中旬为卵盛期，下旬为卵末期；4月底至5月上旬开始孵化，5月上旬末到中旬初为孵化盛期，在5月中旬在各种不同植物上均能查到2、3龄或4、5龄幼虫。黄地老虎成虫对黑光灯有一定趋性，但对200瓦白炽灯趋性很弱，对糖醋酒液无明显趋性。每头雌蛾平均产卵量400～500粒，多的可产1 300多粒。卵常产在土面枯草根际处，有一部分产在蓼、小蓟、苍耳、小旋花等草和棉花、苘麻、芝麻、花生、豆类等幼苗叶片的反面。幼虫共6龄，自残习性不明显，常在1棵苗的土下，可挖到几头到10多头幼虫。在越冬前，4～6龄幼虫迁移到田埂、沟渠向阳坡的杂草中在土下筑室越冬。

(三) 防治方法

同小地老虎。

三、东方蝼蛄

Gryllotalpa orientalis

（一）危害

各种草坪上均有发生。成虫和若虫均在土中咬食刚播下的种子，特别是刚发芽的种子，也咬食幼根和嫩茎，把茎秆咬断或扒成乱麻状，使幼苗萎蔫而死，造成作物缺苗断垄。蝼蛄在表土层活动时，由于它们来往穿行，造成纵横隧道，使幼苗和土壤分离，导致幼苗因失水干枯而死，特别是草坪禾草最怕蝼蛄串，一串一大片，“不怕蝼蛄咬，就怕蝼蛄跑”，就是这个道理。

（二）发生特点

蝼蛄均是昼伏夜出，晚 9～11 时为活动取食高峰。其主要习性有群集性、趋光性、趋化性、趋粪性、喜湿性。多在沿河、池埂、沟渠附近产卵。产卵后窝口用草或虚土堵塞，既能隐蔽，又通风透气，且便于若虫在破草而出。雌成虫便守卫在距卵室 3～5 cm 的一侧。每个卵室内所产的卵数不尽相同，最多 85 粒，最少 20 粒，平均 42.2 粒。蝼蛄活动，受温度（特别是土温）的影响很大。在早春、地温升高，蝼蛄活动就接近地表；当地温下降，就又潜回到土壤深处。在秋季，当旬平均气温下降至 6.6℃左右，20 cm 土温下降至 10.5℃左右时，成、若虫潜入深土层开始越冬，2 种蝼蛄的越冬深度，是在当地地下水位以上和冻土层以下。在早春，当旬平均气温上升至 2.3℃左右，20 cm 土温亦达 2.3℃左右时，越冬蝼蛄开始苏醒。当旬平均气温达 7.0℃左右，20 cm 土温达 5.4℃左右时，地面开始出现 2 种蝼蛄的新鲜虚土隧道。当旬平均气温达 11.5℃左右，20 cm 土温 9.7℃左右时，地面呈现大量弯曲虚土隧道。在春、秋 2 季，当旬平均气温和 20 cm 土温均在 16～20℃左右时，是蝼蛄猖獗危害时期。在 1 年中 2 种蝼蛄，都可形成 2 个危害高峰，即春季危害高峰和秋季危害高峰。夏季当气温达 23℃以上时，2 种蝼蛄则潜入较深层土中，一旦气温降低，2 种蝼蛄又上升至耕作层活动。

（三）防治方法

防治蝼蛄，以播种期化学防治为主，严重地区要普遍治、连续治；已压低虫口密度的地区要间隙普治及点片相结合。

1. 人工防治

（1）人工挖窝灭虫（卵）　3～4 月蝼蛄开始上升到地表形成新鲜隧道时，先用铁锹把表土铲去，从洞口顺洞壁一旁往下挖，挖到 45 cm 深处即可找到蝼蛄。此外，在夏季 6～7 月蝼蛄产卵季节还可人工挖卵，也是消灭蝼蛄的有力措施。

(2) 诱杀 利用蝼蛄对灯光、马粪的趋性进行诱杀，可以大大减少虫口，减轻危害。

2. 药剂防治

(1) 毒土 作苗床时，每公顷用50%地亚农粉剂22.5 kg或用50%氯丹粉剂30 kg加适量细土搅匀，随即翻入地下；或用10%益宝素微粒剂12 kg，加入细土450～600 kg搅匀撒入土中；也可每公顷用25%辛硫磷微胶囊剂22.5 kg或5%辛硫磷颗粒剂30 kg撒于受害苗木行间，或均匀地撒在地面立即播种，也可随播种撒在沟内，但勿使之与种子直接接触，以免发生药害。

(2) 毒谷、毒饵 每公顷用谷子15 kg，煮至半熟捞出摊晾，以谷粒互不粘结为宜，拌入75%辛硫磷乳油750 g，随种子混播或撒播于沟内；也可用米糠、麦麸、豆饼等磨碎代替谷子，若将豆饼炒香后拌药效果更好；播种后遭受危害，可在株行间、苗圃地面补撒毒谷、毒饵，以雨后或灌水后傍晚撒为宜，撒后浅锄更为有效。

四、华北蝼蛄

Gryuotalpa unispina

(一) 危害

同东方蝼蛄。

(二) 发生特点

华北蝼蛄，在华北完成1个世代，需3年左右，其中卵期17天左右，若虫期730天左右，成虫期1年以上。

(三) 防治方法

同东方蝼蛄。

五、大黑鳃金龟

Holotrichia oblita

(一) 危害

蛴螬类的食性很杂，除草坪外还能危害多种植物，几乎能食害所有农作物、蔬菜和果林苗木的地下部分。也可食害萌发的种子、咬断幼苗的根茎、断口整齐平截，常造成幼苗枯死，造成草坪缺苗、光秃。

（二）发生特点

在华北、东北地区 2 年发生 1 代，黄河以南 1～2 年发生 1 代。均以成虫或幼虫在土中 20～40 cm 深处越冬。越冬成虫在第 2 年当 10 cm 地温达 14～15℃时开始出土，5 月中旬至 7 月中、下旬地温在 17℃以上时为成虫盛发期。5 月中、下旬平均地温 21.7℃时开始产卵。产卵盛期在 6 月上旬至 7 月上旬（日平均温度为 24.3～27℃），末期在 9 月下旬。卵期 10～15 天，6 月上、中旬开始孵化，盛期为 6 月下旬至 8 月中旬。幼虫期 134 天左右，以此幼虫在土中越冬。次年春季 4 月越冬幼虫继续活动危害，6 月初开始化蛹，6 月下旬进入盛期，7 月开始羽化，在 8 月以后羽化的成虫，一般当年不再出土，即在土中潜伏越冬，于是越冬虫态既有成虫又有幼虫。以幼虫越冬为主的年份，次年春季和春播植物受害重，而夏秋轻；以成虫越冬为主的年份，次年春季危害轻，而夏秋季的危害重，造成幼虫隔年危害严重的现象，群众称之“大小年”。成虫白天潜伏土中，傍晚出土活动、取食、交配，黎明又回到土中。成虫能取食多种植物和树木的叶片或果树花芽。有假死性和较强的趋光性，对黑光灯的趋性更强。一般在交配后 4～5 天产卵，尤其喜在有机质较多的土壤里产卵，产卵深度约 5～10 cm。常 4～5 粒至 10 余粒连在一起，故初龄幼虫也有聚集分布现象。

（三）防治方法

消灭蛴螬应注意采用综合措施。

（1）利用其不耐水淹的特点，进行适期灌水，对幼龄蛴螬特别有效；成虫被淹后会浮出水面，也便于捕杀。

（2）人工捕杀成虫。利用一般金龟甲成虫的假死习性和趋光性，在发生期间群集树上时，敲打震落并捕杀；采用黑光灯诱杀效果也很好。

（3）化学防治。①毒土：虫口密度较大的草坪，撒施 5% 辛硫磷颗粒剂，每公顷约用 30 kg；或用 50% 辛硫磷乳油 500～800 倍液喷洒地面；也可将药剂如 50% 辛硫磷乳油 7.5 kg 加 90% 晶体敌百虫 3 kg，加入细土 300 kg，拌匀配成毒土或混入粪肥内施用；或用 48% 毒死蜱乳油 1 500 倍液灌根。②药剂拌种：辛硫磷拌种效果最为理想，使用量为 75% 辛硫磷乳油 200 倍液，按种子量的 1/10 拌种。另外，地亚农、喹硫磷、乙嘧磷拌种对防治蛴螬上也均有良好的效果。③喷药防治成虫：在成虫盛发期，夜间在草坪及附近的杂草、树木上喷 2.5% 敌百虫粉剂，或 50% 敌敌畏乳油1 000倍液，或 40% 乐果乳油 1 000 倍液，均有良好效果。

六、铜绿丽金龟

Anomala corpulenta

（一）危害

同大黑鳃金龟。

（二）发生特点

在华中、华北、东北等地区均 1 年发生 1 代，以幼虫在土下越冬。湖北越冬幼虫于 4 月初上升土表危害草坪根部，5 月上旬在土深约 20 cm 处化蛹，5 月中旬羽化为成虫，5 月下旬到 7 月中旬是成虫危害盛期，直至 9 月上旬仍可见到成虫，幼虫期长约 313 天。辽宁越冬幼虫于 5 月中旬前后开始危害，直至 5 月底或 6 月初，6 月中、下旬为化蛹和羽化期，成虫出现盛期在 6 月底至 7 月上、中旬，7 月上中、下旬出现新幼虫，10 月上、中旬后以 2～3 龄幼虫越冬。成虫白天潜伏表土下，黄昏后活动，有趋光性，食害植物和果木的叶片。卵散产于约 15 cm 深处的土中。

（三）防治方法

同大黑鳃金龟。

七、沟金针虫

Pleonomus canaliculatus

（一）危害

食性很杂，其成虫叩头甲在地上活动的时间不长，只能吃一些禾本科和豆科等植物的嫩叶，并无严重的危害。而幼虫长期生活于土壤中，主要危害早熟禾、翦股颖、羊茅、黑麦草、结缕草、野牛草等草坪禾草，及禾谷类、甘薯、豆类、棉花及蔬菜和林木幼苗等。幼虫能咬食刚播下的种子，食害胚乳使之不能发芽，如已出苗可危害须根、主根或茎的地下部分，使幼苗枯死。受害之苗很少主根被咬断，被害部不整齐，能蛀入块茎或块根，并有利于病原菌的侵入而引起腐烂。

（二）发生特点

金针虫类的生活史很长，常需 2～5 年才能完成 1 代，以各龄幼虫或成虫在地下越冬，越冬深度因地区和虫态不同，约在 20～85 cm 间。在整个生活史中，以幼虫期最长。沟金针虫约需 3 年完成 1 代。在华北地区，越冬成虫于 3 月上旬开始活动，4 月上旬为活动盛期。成虫白天躲在草坪中和土块下，夜出活动交配。雌虫不能飞翔，行动迟缓，无趋光性，雄虫飞翔力较强，夜晚多在草苗上活动停留。3月下旬至6月上旬为产卵期，卵产在土中3～7 cm深处，1头雌虫约可产卵100余粒。雄虫交配后3～5天死去，雌虫产卵后也死去。卵经35～42天孵化为幼虫，危害作物。幼虫期在北京约为1100天以上，直至第3年8～9月在土中化蛹，化蛹深度为13～20 cm，蛹期20天左右，9月初开始羽化为成虫，当年不出土而越冬。

（三）防治方法

1. 栽培防治，注意因虫而异

沟金针虫发生较多的草坪应适时灌溉，保持草坪的湿润状态可减轻发生，而细胸金针虫或褐纹金针虫较多的草坪，应保持适当的干燥以减轻危害。

2. 药剂防治

撒施5%辛硫磷颗粒剂，每公顷用量30～45 kg；或用40%乐果乳油、50%辛硫磷乳油1 000～1 500倍液灌根处理。

八、细胸金针虫

Agrioted fusicollis

（一）危害

同沟金针虫。

（二）发生特点

细胸金针虫在我国西北、华北、东北等地2年完成1个世代。在陕西武功、咸阳地区，基本上（占种群71.4%～95.8%）2年完成1个世代。越冬的成虫于3月中、下旬出蛰，4月盛发，5月终见。卵始见于4月下旬，6月中旬终见，5月下旬卵开始孵化。幼虫蜕皮9次共分10龄。当年以幼虫越冬，经越冬后的幼虫，6月下旬始化蛹，9月下旬蛹终见。田间6月下旬为羽化始期，当年以成虫越冬，直至翌年3月中、下旬出蛰，完成了1个世代。

（三）防治方法

同沟金针虫。

九、大 蟋 蟀

Brachytrupes portentosus

(一) 危害

杂食性害虫，寄主范围较广，成虫和若虫都能危害草坪、花生、大豆、甘薯、麦类、高粱、玉米、甘蔗、芝麻、瓜类、蔬菜、棉花等幼苗，咬食切断植物的幼茎，造成严重缺苗，使草坪呈斑秃状。

(二) 发生特点

大蟋蟀 1 年发生 1 代，以若虫在土穴越冬。大蟋蟀是夜出性的地下害虫，喜欢在疏松的砂土地营造土穴而居。成虫交配时，雄虫迁入雌虫的洞穴中同居。雌虫产卵于穴底，常 30～40 粒成 1 堆，每雌约产卵 500 粒上，卵经 15～30 日孵化。初孵若虫，20～30 头一起栖息于母穴中，以母虫准备好的食料为食，不久即分散营造洞穴独居。洞穴深 15～20 cm 至 130～150 cm。一般幼龄若虫洞穴浅，老龄若虫和成虫洞穴深，表土层薄的黏质土壤洞穴浅，表土层厚的砂质土壤洞穴深，洞穴左右弯曲。每穴仅住 1 头，性凶猛，能自相残杀。成虫和若虫都喜干燥，每逢雨后或久雨不晴，多移居于近地面的穴洞上段。若虫历期 8～9 个月，经 7 次蜕皮变为成虫。成虫和若虫白天均躲在洞穴中，傍晚才出来活动，雨天一般不出来活动，以储备的食料为食，但若食物耗尽，也见有出来寻食。闷热的夜晚出洞活动最盛，也是毒饵诱杀的最好时机。

(三) 防治方法

1. 人工捕杀

大蟋蟀怕过分潮湿，在雨水多的季节，往往爬到穴洞近洞口处栖息，这时用锄头挖开洞口，容易找到，或者拨开大蟋蟀洞口的松土，将杀螟松药液灌入洞内，可以触杀洞中的大蟋蟀；也可将混有少量煤油的清水灌进洞内，驱赶其出洞而捕杀。

2. 毒饵诱杀

90％晶体敌百虫 0.5 kg，加水 5 kg，拌铡碎的鲜草 40 kg 或碾碎炒香的棉籽饼或油渣 50 kg，于闷热的傍晚撒于各个洞穴的松土堆上，待成虫或若虫一出洞便取食而被诱杀，效果很好。

十、北京油葫芦

Gryllas mitratus

（一）危害

寄主范围很广，包括各种草坪草，及禾谷类、甘薯、芝麻、花生、豆类、瓜类、蔬菜等作物。以成虫和若虫食害植物的根、茎、叶、果实或种子，有时猖獗发生成灾。

（二）发生特点

1年发生1代，以卵在土中越冬。在北京越冬卵于4月底至5月下旬陆续孵化，4月下旬至8月初为若虫发生期，成虫于5月下旬起陆续羽化。10月上旬成虫产卵，10月中、下旬天气渐冷，成虫老死，卵在土中越冬，安徽淮北一带越冬卵于5月中旬孵化，9月上、中旬为成虫发生盛期，9月中旬左右成虫开始产卵，以卵越冬。山东、安徽等省6～8月是危害盛期；江苏常州、无锡8～9月发生严重。成虫喜隐存于积草下，尤以阴凉处土质疏松潮湿、薄薄一层积草为其最喜爱存身之所。成虫白天潜存植物下或土块下，夜间出来觅食，遇惊动则逃避，如遇环境适宜，在一处可见有数十头油葫芦，但因性好斗，遇虫数多时有互相残杀现象，故非真正群栖。成虫平时背光，但遇惊扰而飞翔时，则趋光扑来。雌虫交配后2～6日开始产卵，卵多产在向阳的小区中以及草坪边缘土中，光滑的地面或无草荫蔽的地方、或太潮湿、太干硬的土壤中，产卵很少。卵入土中约2 cm左右。一生能产卵34～114粒，平均75.4粒，产卵后1～8日，平均3.7天死亡，成虫寿命141～151天，平均145.3天。卵期很长，自10月初产下至翌年5月初孵化，历时7个月左右。卵的孵化率不高，仅19%～66%。卵若产在土表，全不孵化；产在土中的卵，土壤经翻动后亦不能孵化。若虫共6龄，常数只或十数只分别居住在距离不远的草间、砖瓦土块下，偶一惊动，行动敏捷，但多不跳跃。白日潜存，晚间外出觅食，趋光性不强，不善作穴。若虫蜕皮后即将蜕皮吃掉。若虫期20～25天，各龄龄期2～4天，一般3天左右。

（三）防治方法

（1）堆草诱杀。利用其喜存身于薄层草堆的习性，可在草坪堆约10 cm的小草堆，每公顷600～750堆，诱集成虫和若虫，每日清晨翻草捕杀。若在草堆内放少许毒饵，效果更好。

（2）毒饵诱杀，方法同大蟋蟀。

十一、麦根土蝽

Stiborapus flavidus

(一) 危害

以成虫和若虫在土中危害早熟禾、翦股颖、羊茅、黑麦草、结缕草、狗牙根、地毯草等草坪禾草，及禾谷类、豆类、麻类、烟草等植物。以刺吸式口器吸食汁液，使被害作物长势衰弱、植株矮小发黄，甚至枯萎死亡。有虫地块作物有时不能生长，地面形成所谓“蘑菇圈子”。

(二) 发生特点

麦根土蝽在各地的生活史和年发生世代尚有待进一步观察，在山东聊城地区，约需2年才能完成1个世代。生活于土中，以成虫或若虫在土中越冬，次春上升土表危害。在辽宁省中部，越冬成虫于6月中、下旬开始交配，7月为交配盛期，7月中旬为产卵盛期，7月末到8月初为卵孵化的盛期，当年即以若虫越冬。若虫6～7龄，第2年秋初可发育为成虫，直至第3年的6～7月才发育为性成熟。产卵量较少，在山东聊城，1头雌虫仅产卵3～5粒，卵约经5～6天孵化。成虫可在6～8月的白天出土活动，在降雨过后的晴天，成虫爬出地面，仰伏地上受阳光曝晒，虫体稍干后缓缓爬行，并飞翔于植物间而迁移他处。成虫飞翔较强，飞行高度约70 cm，距离约2 m，顺风可达50 m以外，傍晚钻入土内，有假死习性。常年栖息于地下，以成虫和若虫混合越冬，越冬深度约在1～2 m间，上层为若虫，下层多为成虫。在土中的活动大体可分为3层：①栖息不稳定层：表土15～20 cm间，受耕作栽培影响大，温湿度变化也较大，可随条件的变化而上下移动。②适生栖息层：表土20～40 cm间，接近耕层，食料（根群）和温湿度的变化较小，常年集聚的虫量较多。③抗逆潜藏层：地表40 cm以下的土层，能使麦根土蝽防旱、防寒和避开其他不良环境。麦根土蝽以在高燥岗地、山坡地和干旱地块发生较重，耐寒和耐饥力都很强，自然死亡率较低。该虫能分泌臭液，如有发生，一进入田间便可闻到臭气。

(三) 防治方法

1. 深翻和整修草坪

麦根土蝽冬季以半休眠状态在土壤40～50 cm深处越冬，利用其休眠越冬，进行深翻可大量减少越冬虫数。整修土地，可破坏麦根土蝽的生活环境，减少虫口密度。

2. 增施水肥

可促进草坪迅速生长，增强草坪的抗逆能力以减轻受害。

3. 土壤处理

在播种前用50%对硫磷乳油或50%辛硫磷乳油，每公顷1.5～2.25 kg兑细土30～37.5 kg，撒施后耙，再播种或建植草坪。

4. 抓住时机，进行药剂防治

利用麦根土蝽在暴雨和灌水后出土的习性，于中午12时左右，在集中发生地喷撒40%甲敌粉或4%敌马粉，每公顷30～37.5 kg，效果良好。为了节省农药，减少对环境的污染，可根据麦根土蝽点片发生（即核心型扩散）的特点进行挑治。

十二、网目拟地甲

Opatrum subartum

（一）危害

食性杂。可危害各种草坪、禾谷类、棉花、豆类、麻类及果树幼苗等，主要取食寄主的幼嫩叶片；幼虫取食幼苗嫩茎、嫩根并可钻蛀到根茎部取食，造成幼苗枯萎甚至死亡。

（二）发生特点

网目拟地甲1年发生1代。以成虫在土中及枯草落叶下越冬。早春成虫即开始活动，河北、山东、山西等省，危害盛期一般在3、4月，辽宁、吉林等省，危害盛期在5、6月。各地从5月上、中旬开始出现幼虫，6月上、中旬开始见蛹，东北地区7月化蛹，蛹期约10天。7～8月为羽化期。据在华北观察，当年羽化的成虫秋季即可造成危害，以后再潜土越冬。

（三）防治方法

同大黑鳃金龟。

十三、蒙古灰象甲

Xylinophorus mongolica

（一）危害

多食性，寄主包括各种草坪草、豆类、瓜类、辣椒、马铃薯、玉米、棉花、花生等植物和槐、桑、杨、核桃等苗木。以成虫取食幼苗嫩尖、叶片，被害部分造成孔洞或就刻，也能危害生长点及子叶，当幼苗刚一拱土，成虫从拱开的土缝钻入表土下，将子叶或生长点咬断成秃柱，使全株死亡，造成缺苗，严重的甚至要重新播种。幼虫在表土层里生活，取食有机质及须根，因食量不大，受害症状不明显。

（二）发生特点

蒙古灰象甲2年发生1代，以成虫或幼虫在土中越冬。在辽宁4月中旬越冬成虫出土活动，6月中旬是成虫盛发期；成虫获补充营养后交配，于5月上旬开始产卵，卵多产在表土里。5月下旬开始出现小幼虫。9月末幼虫作土室越冬。第2年春，幼虫取食后于6月下旬陆续化蛹，7月上旬羽化为成虫。新羽化的成虫不出土，在原土室里越冬，直至下一年4月才出土活动。成虫后翅退化，不能飞翔，靠足的爬行在苗根周围取食危害。早春平均气温达10℃时开始活动。早晨或阴雨天很少活动，而在晴天中午则大量出土。但又不耐高温，炎热的夏天中午因土温过高，常从土缝爬出隐藏在植株下面。此虫具有群居性和假死性，常数头或数十头集中在苗眼危害，受惊后足收缩坠落假死。成虫昼夜取食，将1株幼苗食尽后再转株危害。雌虫交配后10天左右产卵，一般散产，每雌虫可产卵200余粒，卵期2周左右。幼虫期长达1年之久。蛹期约15天。成虫寿命长达1年，一般雌虫寿命长于雄虫。

（三）防治方法

（1）适时灌溉。进行春浇和秋灌，增加土壤湿度，以不利于象甲活动，从而推迟出土时间或引起死亡。

（2）药剂防治。可用45％马拉硫磷乳油1 000倍液、50％对硫磷乳油1 500倍液喷雾处理。

十四、蚱　蝉

Cryptotympana atrata

（一）危害

若虫对草坪造成危害。成虫刺吸危害柳、杨、槐、榆、苹果、桃等树木，产卵在嫩枝条内。卵孵化后，若虫掉到地面上，并在土中打洞，吸食植物根系汁液，影响草坪草的正常生长，并且若虫出土羽化时，地表形成孔洞，造成草坪缺蚀，影响景观。

（二）发生特点

以枝上的卵及土中的若虫越冬。翌年6月上旬起，夜晚若虫由土内爬于树干，不食不动，静止约3 h（伪蛹期）进行蜕皮，羽化为成虫。雌虫于7～

8月产卵在嫩枝表皮下木质部内。产卵的破伤口常呈不规则的螺旋状排列，一枝条上有的可达百余粒。雌虫腹内抱卵500～600粒。卵期长达10个月左右。翌年6月孵化，若虫由枝上落于土面钻入土中。在土中生活2至数年，共蜕皮5次老熟。若虫每年春暖时向上移动，吸取树根汁液，秋后深入土壤深处越冬。成虫天敌有寄生菌（*Beauveria globulifera* Speg.）。蚱蝉被寄生后，各节间缝中生出白色孢子梗及绿色分子孢子。

（三）防治方法

（1）秋冬季剪掉草坪附近树上的产卵枝条，消灭虫卵，减少虫源。

（2）结合对其他地上、地下害虫进行防治。

十五、黑　草　蚁

Lasius fuliginosus

（一）危害

可取食禾本科、豆科、莎草科等草坪草种子，影响出苗，同时群居地下，建筑巢穴或堆土于草坪之上，既影响景观，又妨碍草坪的正常生长。

（二）发生特点

工蚁常到草丛中取食蚜虫的蜜露。分群时期不规则，多数在5～10月，视群体发育进度而异。食性较杂，植物种子、小昆虫和蚜虫蜜露均可为食料。

（三）防治方法

蚂蚁大发生时，可用50%辛硫磷乳油1 000倍液或5%顺式氯氰菊酯乳油100倍液浇灌蚁洞。

十六、大　　蚊

Tipula praepotens

（一）危害

寄主包括结缕草、野牛草、狗牙根、地毯草、纯叶草、假俭草、雀稗等草坪禾草及水稻、禾本科杂草、菌类、苔藓等。以幼虫取食植物，特别是草根，严重时可使草整株枯死，使草坪出现大小不一的枯斑。

（二）发生特点

成虫对草坪不造成危害。幼虫经常发生在潮湿的地方，尤其是夏秋两季多雨地区，常常积水的草坪，往往有利于大蚊的发生。一般情况下，大蚊对草坪不造成严重的危害，不需专门防治。

（三）防治方法

(1) 栽培防治。草坪建植前，平整土地，加强管理，及时清理残枝落叶。

(2) 药剂防治。大蚊造成严重危害后，可用50％辛硫磷乳油1 000倍液或20％氰戊菊酯乳油1 200倍液喷雾处理。

十七、马　陆

Diplopoda spp.

（一）危害

各种草坪及仙客来、瓜叶菊等室内花卉。

（二）发生特点

马陆性喜阴湿。一般生活在草坪土表、土块、石块下面，或土缝内，白天潜伏，晚间活动危害。马陆受到触碰时，会将身体卷曲成圆环形，呈“假死状态”，间隔一段时间后，复原活动。马陆的卵产于草坪土表，卵成堆产，卵外有一层透明粘性物质，每头可产卵300粒左右。在适宜温度下，卵经20天左右，孵化为幼体，数月后成熟。马陆1年繁殖1次，寿命可达1年以上。

（三）防治方法

(1) 保持草坪卫生，清除草坪中的土、石块，减少马陆的隐蔽场所。

(2) 在马陆危害严重时，用20％氰戊菊酯2 000倍液或50％辛硫磷乳油1 000倍液喷治。

十八、同型巴蜗牛

Bradybena similaris

（一）危害

多食性，主要危害白三叶、小冠花等豆科草坪草，也可危害豆科、十字花科和茄科蔬菜以及棉、麻、甘薯、桑、果树等，是多种植物苗期害虫。此虫幼贝食量很小，初孵幼贝食叶肉，留下表皮。稍大后用齿舌利食叶、茎，造成孔洞或缺刻，严重者将苗咬断，造成缺苗，是多种植物苗期害虫之一。

（二）发生特点

同型巴蜗牛1年繁殖1代，以成贝和幼贝越冬，越冬场所多在潮湿阴暗处，如植物根部或草堆石块下、土缝里。越冬蜗牛于第2年3月初逐渐开始取食，4～5月间成贝交配产卵，可危害多种植物幼苗。到了夏季干旱季节或遇不良气候条件，便隐蔽起来，常常分泌粘液形成蜡状膜将口封住，暂时不吃不动。干旱季节过后，又恢复活动，继续危害，最后转入越冬状态。蜗牛是雌雄同体异体受精的，亦可自体受精繁殖，任何1体均能产卵。每一成贝可产卵30～235粒，卵多产在潮湿疏松的土里或枯叶下。蜗牛1生多次产卵，从3～10月均能查到卵，但以4～5月和9月卵量较大。每次产卵50～60粒，堆集成堆。卵期约14～31天，若土壤过分干燥卵不孵化，若将卵翻至地面，接触空气易爆裂。蜗牛喜阴湿，如遇雨天，昼夜活动危害作物；而在干旱情况下，白天潜伏，夜间活动。蜗牛行动迟缓，借足部肌肉伸缩爬行，并分泌粘液，粘液遇空气干燥发亮，因此蜗牛爬过的地方留下粘液痕迹。蜗牛是否大发生与温度、雨量有直接关系。若上1年9～10月雨日达28天以上，当年3月中下旬平均气温11.5℃以上，4～5月雨日在38天以上，4月中旬至5月上旬将要大发生，其中任一条件改变，都不利于蜗牛生长，就不能大发生或发生期向后推迟；若4～5月雨日在40天以上，9～10月雨日在30天以上，10月份也可能大发生。蜗牛的天敌已知有步行虫、沼蝇、蛙、蜥蜴以及微生物等。天敌数量的多少，可直接影响蜗牛数量的增减。如步行虫每头（成虫或幼虫）在20min内能捕食2个成贝，留下空壳。

（三）防治方法

(1) 清洁草坪，铲除杂草，并撒上生石灰粉，以减少蜗牛的孳生地。

(2) 在草坪中撒石灰带，每公顷用75～112.5 kg生石灰粉，或茶枯粉每公顷45～75 kg，可毒杀蜗牛。

(3) 用蜗牛敌（多聚乙醛）配制成含2.5%～6%有效成分的豆饼（磨碎）或玉米粉等毒饵，于傍晚施于草坪中进行诱杀。

(4) 将氨水用水稀释70～100倍，于夜间喷洒，既毒杀蜗牛，又同时施肥。

(5) 人工捕捉成贝和幼贝，或用树叶、杂草、菜叶等作诱集堆，天亮前蜗牛潜伏在诱集堆下，集中捕捉。

十九、野　蛞　蝓

Agriolimax agrestis

（一）危害

食性杂，寄主包括草坪草、十字花科和茄科蔬菜、豆类、棉、麻、烟草等多种植物。

(二) 发生特点

野蛞蝓以成体或幼体在植物根部湿土下越冬。在江苏，成体、幼体于5～7月在田间大量活动危害，入夏后气温升高，活动减弱，秋季气候凉爽时，又活动危害。成体5～7月在田间大量产卵，卵多产在3 cm左右的土隙中。野蛞蝓完成1个世代约250天左右。卵历期为16～17天，从孵化至成贝性成熟约55天。成虫产卵期长达160天左右。野蛞蝓亦为雌雄同体、异体受精，亦可同体受精繁殖。卵产于湿度大，有隐蔽的土块缝隙内，每隔1～2天产1次，约1～32粒，每处产卵数粒至十余粒，平均产卵量为400余粒。野蛞蝓怕光，在强烈日光下经2～3 h即被晒死。因此，日出后都隐蔽起来，而夜间出来活动危害，常爬出取食幼苗、嫩叶，或常沿植物茎秆爬到植株上取食叶片。野蛞蝓多在晚上6时以后爬出活动危害，虫口密度逐渐增加，晚上10～11时达到高峰，过午夜后，外出量逐渐减少，直至清晨6时前陆续潜入土中或隐蔽处。蛞蝓耐饥力很强，在食物缺乏或不良环境条件下，能不吃不动。野蛞蝓的活动与气温、空气湿度和土壤湿度均有密切关系。它们喜生活在阴暗潮湿的场所，畏光怕热。阴雨后地面潮湿，或夜晚有露水时活动最盛，危害亦重。土壤干燥对其不利。当气温在11.5～18.5℃、土壤含水量为20%～30%时对其取食、活动、生长发育有利。若温度升至25℃以上，则迁栖到土缝或潮湿土块下停止活动，当土壤含水量在10%～15%以下或高于40%时会引起死亡或生长受到抑制。

(三) 防治方法

(1) 撒施石灰粉保护草坪。用初化为粉状的新鲜石灰，撒在草坪上，能阻碍其活动，甚至死亡，减轻受害。石灰应在傍晚时撒施，每公顷用量约75～112.5 kg。也可每公顷用95%氯化钡晶体3 kg混鲜石灰粉30 kg喷粉。

(2) 夜晚喷施70～100倍的氨水，可杀灭野蛞蝓，同时达到施肥的目的。

(3) 在野蛞蝓早晚活动时，浇洒茶饼液剂。用茶饼粉0.5 kg加水5 kg浸泡1夜，过滤再加水至50 kg喷洒，毒杀效果可达91.6%～100%。

(4) 喷施灭蛭灵800～1 000倍液。灭蛭灵是由10%硫特普和30%敌敌畏混合制成，具有触杀、熏蒸、内吸等杀虫作用。

(5) 施用蜗牛敌毒饵诱杀。蜗牛敌即多聚乙醛，对野蛞蝓有强烈引诱作用。用蜗牛敌0.3 kg、饴糖（或砂糖）0.1 kg、砷酸钙0.3 kg混合后，再拌磨碎的豆饼4 kg即可，拌时应加入适量的水，使毒饵成颗粒状，傍晚时撒在草坪中，夜间野蛞蝓外出活动，食后即中毒死亡。

(6) 堆草诱杀，人工捕捉。收割绿肥后，可每隔 133～167 cm，放置绿肥 1 小堆，每日清晨翻开绿肥堆，即可捉到大量野蛞蝓，也可用莴苣、白菜叶堆诱捕。

二十、参环毛蚓

Pheretima aspergillum

(一) 危害

蚯蚓虽然有松土的作用，并能使土壤疏松和肥沃，但是草坪中蚯蚓达到一定数量后，就会造成危害并破坏草坪景观。损伤草根，甚至引起草坪退化。

(二) 发生特点

参环毛蚓白天蛰居于泥土内，夜晚爬出地面，以地面落叶和其他腐殖质为食，夜间经常将前端钻入土内，后端伸出地面，将粪便（其实主要是泥土）排在地面上，成疏散的“蚓粪”，使草坪表面出现许多凹凸不平的小土堆，很不美观，黎明即钻入土内。在春夏多雨的时候，参环毛蚓白天也经常爬出地面。参环毛蚓雌雄同体，异体受精，有很强的再生能力，横切成 2 段可再生出头部或尾部，并且可以将切下的 2 段任意接起来，形成长短不一畸形的蚯蚓。

(三) 防治方法

当草坪中的蚯蚓造成危害后，可施用 14% 毒死蜱颗粒剂，每公顷用量 22.5 kg，也可用 40.7% 毒杀蜱乳油浇灌处理，每公顷用量 3 L，兑水 200 L。

危害草坪根部和根茎部的害虫还有：暗黑鳃金龟（*Holotrichia parallela* Motschulsky），黑皱鳃金龟［*Trematodes tenebrioides*（Pallas）］，宽背金针虫（*Selatosomus latus* Fabricius），褐纹金针虫（*Melanotus caudex* Lewis），蒙古拟地甲（*Gonocephalum reticulatum* Motschulsky），大灰象甲［*Sympiezomias velatus*（Chevrolat）］，红褐蠼螋（*Forficula scudderi* Bormans），红足泥蜂（*Ammophila atripes* Smith），黑地蜂（*Andrena carbonaria* Linnaeus），糙背石蜈蚣（*Bothropolys asperatus* Koch），灰巴蜗牛（*Bradybena ravida* Benson）等。

第二节　茎叶部咀嚼式口器害虫

一、粘　　虫

Mythimna separata

（一）危害

幼虫食性很杂，可取食多种植物，喜食早熟禾、翦股颖、羊茅、黑麦草、结缕草等草坪禾草及麦类、水稻等作物。幼虫咬食叶片，1～2龄幼虫仅食叶肉，形成小圆孔，3龄后形成缺刻，5～6龄达暴食期。危害严重时将叶片吃光，使植株形成光秆。

（二）发生特点

粘虫在发育过程中无滞育现象，条件适合时终年可以繁殖，因此在中国各地发生的世代数因地区的纬度而异，纬度愈高，世代愈少。黑龙江、吉林、内蒙古1年发生2代，甘肃、内蒙古东南部、河北北部和东部、山西中北部、宁夏等省区1年发生2～3代，河北南部、山西南部、河南北部和东部1年发生3～4代，江苏、安徽、陕西等地区为4～5代，浙江、江西、湖南为5～6代，福建6～7代，广东和广西为7～8代。粘虫发育1代所需的天数以及各虫态的历期，主要受温度的影响，因此各代历期不同。在自然情况下，第1代卵期6～15天，以后各代3～6天；幼虫期14～28天；预蛹期1～3天，蛹期10～14天；成虫产卵前期3～7天；完成1代需40～50天。成虫日息夜出，傍晚开始活动、取食、交配、产卵，白天隐藏在草丛、灌木林、棚舍、土缝等处。在夜间有明显的2次活动高峰，第1次在傍晚8～9时左右，另1次则在黎明前。成虫羽化后，必须取食花蜜补充营养，在适宜温湿度条件下，才能正常发育产卵。主要蜜源植物有桃、李、杏、苹果、刺槐、油菜、苜蓿等。腐烂果实、酒糟、发酵液等也能吸引粘虫蛾取食。对糖酒混合液的趋性甚为强烈。但成虫产卵后趋化性减弱而趋光性加强。幼虫孵化后，群集在裹叶里，食去卵壳后爬出叶面。1～2龄幼虫白天多隐蔽在植物心叶或叶鞘中，晚间活动取食叶肉，留下表皮呈半透明的小斑点。3～4龄幼虫蚕食叶缘，咬成缺刻，5～6龄达暴食期，咬食叶片，啃食穗轴，其食量占整个幼虫期的90%以上。幼虫有潜土习性，4龄以上幼虫常潜伏植物根旁的松土里，深度达1～2 cm。幼虫还有假死性，1～2龄幼虫受惊后常吐丝下垂，悬在半空，随风飘摆。3龄以后受惊则立即落地，身体卷曲成环状不动，片刻再爬上植物或钻入松土里。幼虫老熟后，停止取食，排尽粪，钻入植物根部附近的松土里，在 1～2 cm 深处作一土茧，在其内化蛹。粘虫在北方地区不能越冬，在华南不能越夏，在中国东部地区具有季节性南北接续危害的特点，即从春季开始，从南向北逐渐发生，夏季以后又从北向南发生。粘虫成虫的飞翔能力很强，其飞行速度为每小时 20～40 km，并能持续飞行 7～8 个 h。据调查研究和对各地气象资料的分析结果，基本明确了粘虫在中国东部地区的越冬分界线，北纬 33°，或 1 月份 0℃ 等温线可作为粘虫能否越冬的分界线，此线以北，各地冬季日平均温≤0℃ 的天数在 30 天以上，甚至多达 100 天，粘虫不能越冬；在此线以南各地，冬季气候比较温暖，月平均温度≤0℃ 的天数多在 30 天以下，粘虫可以越冬。粘虫发生的数量与危害程度，受气候条件、食物营养、人的生产活动及天敌的影响很大。如环境条件合适，发生就会严重。反之，危害减轻。粘虫对温湿度要求比较严格，雨水多的年份粘虫往往大发生。成虫产卵适温为 15～30℃，最适温为 19～25℃，相对湿度为 90％左右。温度高于 25℃ 或低于 15℃ 时，产卵量减少，在 35℃ 条件下任何相对湿度均不能产卵；如温度在 21℃，相对湿度在 40％左右时，卵不能孵化。因此，高温低湿是粘虫产卵重要的抑制条件。不同温湿度对幼虫的成活和发育影响也很大，特别是 1 龄幼虫更为明显。在 23～30℃ 之间随湿度的降低，死亡率增大。在 18％相对湿度下无一存活。在 35℃ 下，任何相对湿度死亡率为 100％。在 32℃ 下，相对湿度为 40％时，幼虫亦不能成活。老熟的 6 龄幼虫在 35℃ 条件下是半麻痹状态，不能钻土化蛹。蛹在 34～35℃ 条件下，能够羽化，但不能展翅。幼虫的正常化蛹率，与相对湿度呈正相关。土壤过于干燥常引起蛹体死亡。暴雨会使初龄幼虫大量死亡。粘虫的天敌种类很多，如蛙类、捕食性蜘蛛、寄生蜂、寄生蝇、蚂蚁、金星步甲、菌类等。卵期天敌有黑卵蜂、赤眼蜂和蚂蚁。幼虫期天敌有寄生蜂，常见的有绒茧蜂、悬茧姬蜂、粘虫白星姬蜂、黑点瘤姬蜂等；寄蝇种类很多，约有 14 种，主要有粘虫缺须寄蝇、饰额短须寄蝇等。这些天敌在田间粘虫数量少的情况下，能起到一定的抑制效果，但在大发生时，很难依靠它们消灭其危害。

（三）防治方法

1. 诱杀成虫

从蛾子数量上升时起，用糖醋酒液或其他发酵有酸甜味的食物配成诱杀剂，盛于盆、碗等容器内，每公顷放 2～3 盆，盆要高出草坪 30 cm 左右，诱剂保持 3 cm 深左右，每天早晨取出蛾子，白天将盆盖好，傍晚开盖。5～7 天换诱剂 1 次，连续 16～20 天。糖醋酒液的配制是：糖 2 份、酒 1 份、醋 4 份、水 2 份，调匀后加 1 份 2.5%敌百虫粉剂。

2. 诱蛾采卵

从产卵初期开始直到盛末期止，在草坪设置小谷草把，每公顷 150 把，采卵间隔时间 3～5 天为宜，最好把谷草把上的卵块带出草坪消灭，再更换新谷草把。

3. 药剂防治

以下各种粉剂每公顷喷撒 22.5～30 kg，2.5%敌百虫粉剂；5%马拉硫磷粉剂，3%乙基稻丰散粉剂。以下各种药液用一般喷雾器每公顷喷 900 kg 左右：50%辛硫磷乳油 1 000～2 000 倍液，50%乙基稻丰散乳油 2 000 倍液，50%敌敌畏乳油 1 000 倍液，90%晶体敌百虫 1 000 倍液，50%西维因可湿性粉剂 300～400 倍液；或用东方红－18 型超低容量喷雾机喷雾，每公顷喷 30%敌百虫水剂 9 L。

二、劳氏粘虫

Leucania loreyi

(一) 危害

同粘虫。

(二) 发生特点

劳氏粘虫在广东 1 年发生 6～7 代，在福建、江西等省 1 年发生 4～5 代。在福建 1～5 代卵期平均天数分别为 10.5、4.6、3.6、4.5、7.8 天，各代幼虫期为 40.5（40～41）、23.5（19～30）、25.3（22～30）、26.3（22～31）天。成虫对酸甜物质的趋性很强，羽化后的成虫必须在取得补充营养和适宜的温湿度条件下，才能进行正常的交配、产卵。喜在叶鞘内面、叶面上产卵，并分泌粘液，将叶片与卵粒粘卷。雌蛾产卵量受环境条件影响很大，一般可产几十粒至几百粒，多者可产千粒左右。幼虫有假死性。白天潜伏在草丛中，晚上活动危害，老熟幼虫常在草丛中，土块下等处化蛹。

(三) 防治方法

同粘虫。

三、斜纹夜蛾

Prodenia litura

（一）危害

属杂食性和暴食性害虫，寄主植物达 99 科 290 余种，其中比较喜吃的达 90 种。在草坪上主要危害白三叶、小冠花等。以幼虫危害叶片、花蕾、花及果实，大发生时能将全田植物吃成光秆，以至毁种。

（二）发生特点

斜纹夜蛾是 1 年多代的害虫，无滞育现象，在广东、福建、台湾等省可全年发生，无越冬现象。在华北 1 年 4～5 代，贵州、安徽、江苏 5 代，湖北、湖南、江西 5～6 代，福建 6～9 代，云南 8～9 代。越冬虫源问题尚有待进一步调查研究。各地发生代数虽有不同，据各地观察报道，每年都是 7～10 月危害最重。长江流域多在 7～8 月大发生并严重危害。黄河流域 8～9 月大发生。成虫白天不活动，躲在植株茂密处落叶下，叶背、土块缝隙及草丛中，日落后开始取食飞翔，交尾产卵多在半夜和黎明。成虫晚间飞翔能力很强，1 次可飞数十米远，高达 10 m 以上。飞翔时还具有一定的群集性，开花植物上更多。有趋光性。成虫对糖醋酒液及发酵的胡萝卜、麦芽、豆饼、牛粪等都有趋性。成虫需要补充营养，有无补充营养对产卵量影响很大，取食糖蜜的平均产卵 577.4 粒，最多可达 2 053 粒，未吃糖水的平均仅 6.6 粒，最多 14 粒，产卵前期 1～3 天，也有少部分羽化当天即可交配产卵，羽化后 3～5 天为产卵盛期，产卵历期一般为 6～14 天。卵多产在植株生长比较高大、茂密、浓绿的边际植物上，以植株中部叶片背面的叶脉分叉处着卵较多，顶部或基部较少。成虫寿命一般为 7～15 天，短则 3～5 天，少数可达 20 天以上。成虫一生能多次交配。卵期长短随温度高低而异，在日平均温度为 22.4℃时，5～12（平均 7.3）天，25.5℃时为 1.5～4（平均 2.9）天，28.3℃时为 1～4（平均 2.4）天，30.7℃时为 1～4（平均 2）天。初孵幼虫群集在卵块附近取食，3 龄前仅食叶肉，留上表皮及叶脉，呈现白色纱孔状的斑状，后变黄色，很易识别。初孵时，日夜均可取食，但遇惊扰就会四处爬散，或吐丝下坠，或假死落地。2 龄后开始分散。4 龄以后进入暴食期（1～4 龄食量约占全幼虫期总食量 20%左右，5～6 龄食量占总食量 80%左右）。晴天在阴暗处或土缝里，但在阴雨天气，白天也会爬上植株取食，多数在傍晚后出来危害。幼虫共 6 龄，幼虫期在日平均温度 21.2℃时，为 24～41（平均 27）天，25℃时为 14～20（平均 16.7）天，26.8℃时为

16～18（平均 16.9）天，29.5℃时为 13～17（平均 14.8）天，30.2℃时为 11～13（平均 12.4）天。幼虫老熟后，即入土在 1～3 cm 处作一椭圆形土室化蛹。土壤含水量 20%左右时，有利于化蛹和羽化，土壤过干或过湿对化蛹都不利，土壤板结时，多在枯叶或表土下化蛹。预蛹期 1～2 天，在江西、湖北 7～8 月气温 28～30℃时，蛹期 8～11 天，平均 9 天；9～10 月气温 23～27℃时，蛹期 10～17 天，平均 13 天。斜纹夜蛾是喜温性害虫，发育适温为 29～30℃。一般常发地区大多是温暖潮湿地带，发生的严重时间都在 7～10 月，这正是 1 年中气温较高的季节。在冬、春季气候温暖的年份发生期提早，数量较多。对低温低抗力弱，在 0℃左右长时间低温条件下，存活数低。

（三）防治方法

1. 诱杀成虫

利用成虫趋光性和趋化性，用黑光灯、糖醋液、杨树枝及甘薯、豆饼发酵液诱杀成虫，糖醋液中可加少许敌百虫（方法见粘虫）。

2. 清洁草坪

加强田间管理，同时结合日常管理采摘卵块，消灭幼虫。

3. 药剂防治

防治斜纹夜蛾幼虫，要在暴食期以前进行。由于幼虫白天不出来活动，故喷药宜在午后及傍晚进行。常用药剂有 90%晶体敌百虫 800 倍液，或 50%敌敌畏乳油 1 000 倍液，或 50%马拉硫磷乳油 1 000 倍液，或 50%辛硫磷乳油 1 000 倍液等。此外，二嗪农、杀螟松、杀虫畏和乙酰甲胺磷等防治效果也较好。当发现高龄幼虫分散危害时，每公顷可用 90%晶体敌百虫 1.2 kg，加适量水化开后，拌入碾碎的豆饼或菜饼 60 kg，加入适量的水制成毒饵，于晴天傍晚撒在草坪上，可诱杀幼虫。

四、甜 菜 夜 蛾

Laphygma exiua

（一）危害

寄主广泛，在我国有 35 科 108 属 138 种植物。初龄幼虫群集叶背啃食，只留上表皮，不久干枯成孔，虫龄增大，分散危害，食叶成穿孔或缺刻。

（二）发生特点

在北方 1 年发生 4～5 代，各地危害严重的世代和主要受害植物不一样，华北一带，以 7～8 月危害严重。以蛹在寄主附近表土或土缝中越冬，越冬蛹的发育起点温度为10℃，自然界中越冬蛹大量羽化为成虫的有效积温为220日度（百页箱内的温度），当环境温度满足蛹期发育需要即行羽化。成虫昼伏夜出，白天多隐藏在土缝、草丛、秸秆及植物茎叶浓荫处，傍晚开始活动，取食花蜜，对黑光灯趋性较强，也有对糖醋液的趋性。成虫产卵在植物幼苗的叶背、叶柄及杂草上，在宽平的叶背上常平铺为1层，在叶柄或枯草上常2～3层重叠。1头雌蛾可产卵100～600粒，多者达1 600粒。卵经3～6天孵化。1～2龄幼虫常群集原卵块附近，吐丝拉网，在其内咬食叶肉，留下表皮，食量很小。3龄后分散，可吐丝下垂随风飘落他株。4龄后昼伏夜出，食量很猛，如1头5～6龄幼虫在一夜之间可取食甜菜叶片16～24.8km^2，危害严重时，可吃光所有的叶片，并可剥食茎秆皮层，甚至可将甜菜外露的块根咬成许多孔洞。危害禾草则食叶肉而留下与叶脉平行的条状薄膜或寄孔。发生数量多时，幼虫也有成群迁移的习性。幼虫历期16～27天。老熟幼虫入土作椭圆形的土室而化蛹。

（三）防治方法

同斜纹夜蛾。

五、草 地 螟

Loxostege sticticatis

（一）危害

是杂食性害虫，据统计可危害35科200余种植物。早熟禾、羊茅等禾草和豆科草坪草均可被危害。初孵幼虫取食幼嫩叶片的叶肉，残留表皮，3龄以后食量大增，将叶片吃成缺刻而仅剩叶脉。

（二）发生特点

在青海西部1年发生1代，青海东部、甘肃、内蒙古、河北、吉林、黑龙江、宁夏每年发生2代。部分海拔较低地带，可发生3～4代，如陕西的武功。以老熟幼虫在土中越冬。在每年主要发生2代的地区，越冬代成虫始见于5月中、下旬，6月初为盛发期。第1代卵发生于6月上旬至7月下旬，卵期4～6天。第1代幼虫发生于6月中旬至8月中、下旬，而6月下旬至7月上旬是严重危害期，幼虫期20天左右。第1代成虫在6月中旬至8月出现，迟羽化的可延至9月。第2代幼虫在8月上旬至9月下旬发生，幼虫期17～25天，一般危害不大，陆续入土越冬，少数可在8月化蛹，羽化为第2代成虫，不产卵而死亡。成虫白天一般潜伏在草丛及作物田间，受惊动时短距离飞行。如地面温度在30℃以上时，也可近地面飞翔、觅食。傍晚和夜间活动最盛。对光有较强的趋性。成虫需补充营养后交配产卵，如花蜜含糖量不足25%时，繁殖力则显著下降。有成群迁飞的习性，雄蛾在性成熟后，雌蛾在交配后卵巢尚未成熟时，常在日落后地表气温出现递增现象时起飞，通常在75m以下高度随气流习翔，时速15～25 km，飞行距离可达200～300 km以上。草地螟喜产卵在寄主植物中、下部叶片及土壤表面。1头雌蛾可产卵200余粒。幼虫活跃，性暴烈，无假死性，稍一触动即跃动，其跳跃方式是头部和尾部先向上抬，腹部贴地，然后腹部向上一拱，全身便跃起，尾部向上，可跃起6～7 cm，落地后稍静止，便再次爬行。幼虫多在草坪、牧场、作物田间处栖息。初孵幼虫开始在叶背面取食，2～3天扩大到全株，3～5天进入暴食期，取食叶肉，仅留下叶脉。在大发生年份食物不足时，3～4龄幼虫有成群结队迁移习性。幼虫在温度25～30℃，相对湿度60%～100%时最贪食。如水分不足，其食量虽大，但很难消化。老熟幼虫喜在疏松、有一定湿度的土壤中结茧化蛹羽化。茧口向上，茧内有丝，灰白色。茧大多在土壤表层5～7 cm深处，越冬代幼虫于茧内潜伏，至第2年春季化蛹羽化为成虫。

（三）防治方法

（1）加强草坪管理，及时清除杂草，减少虫源。

（2）幼虫密度较大的草坪，发现大批幼虫向外迁移时，应组织人力及时捕打或喷药防治。

（3）药剂防治。可用2.5%敌百虫粉剂喷粉，每公顷用量30 kg，或90%晶体敌百虫1 000倍液、50%马拉硫磷乳油800倍液喷雾处理。

六、东亚飞蝗

Locusta migratoria manilensis

（一）危害

食性杂，寄主植物广泛，主要取食禾本科和莎草科植物，最嗜食早熟禾、蔄股颖、羊茅、黑麦草、雀稗、钝叶草等禾草，不取食甘薯、马铃薯、麻类及田菁等植物。

（二）发生特点

东亚飞蝗是我国主要害虫之一，因生活习性的不同，它可分为散居型和群居型2大类型。东亚飞蝗以卵在土中越冬。由于没有真正的滞育现象，每年的发生时期与发生代数主要取决于气候因素。一般年份，海河流域每年发生2代，黄河、淮河、长江流域大部分地区每年发生2代，少数地区3代，珠江和南渡口流域每年3～4代。

(三) 防治方法

(1) 结合栽培管理，人工捕捉。少量发生时，可用捕虫网捕捉，以减轻危害并减少虫源基数。

(2) 药剂防治。①毒饵诱杀：用麦麸（米糠、玉米糁、马粪也可)、水、5%敌百虫粉剂（或40%氧乐果乳油）配制成毒饵，比例为100∶100∶1（或0.15)，每公顷用量22.5 kg，也可用鲜青草100份切碎加水30份拌入上述药量，每公顷用量112.5 kg。随配随撒，不宜过夜。阴雨、大风、高温、低温不宜使用。②喷药防治：发生量较多时，可用5%敌百虫粉剂，3.5%甲敌粉剂，4%敌马粉剂喷粉，每公顷用量30 kg；或用50%马拉硫磷乳油、40%氧乐果乳油1 000倍液喷雾。

七、笨　蝗

Haplotropis brunneriana

(一) 危害

食性杂，可危害各种草坪草，对玉米、高粱、豆类、甘薯、瓜类以及苜蓿等作物和牧草均能造成一定的危害。

(二) 发生特点

1年发生1代，以卵在土中越冬。在安徽等地跳蝻一般在4月开始出现，6月为成虫活动盛期，并在向阳山坡及田间高岗处产卵。

(三) 防治方法

同东亚飞蝗。

八、中华稻蝗

Oxya chinensis

(一) 危害

取食草坪禾草、水稻、茶树及禾本科杂草。

(二) 发生特点

在北方1年发生1代，以卵在土中越冬。跳蝻于4月底5月初孵化。

(三) 防治方法

同东亚飞蝗。

九、黄胫小车蝗
Oedaleus infernalis de

（一）危害

取食草坪禾草，对小麦、水稻及其他禾本科植物也有一定的危害。

（二）发生特点

1 年发生 1 代，以卵在土中越冬，主要发生在山区和坡地。

（三）防治方法

同东亚飞蝗。

十、短 额 负 蝗
Atractomorpha sinensis

（一）危害

寄主包括各类草坪草、禾谷类作物、棉花、豆类、烟草、蔬菜、麻类等。

（二）发生特点

在中国长江流域 1 年发生 2 代，以卵在土中越冬。

（三）防治方法

同东亚飞蝗。

十一、粟 茎 跳 甲
Chaotocnema ingonua

（一）危害

在干旱地区危害严重。除危害各种草坪禾草外，还危害禾谷类作物以及狗尾草、稗草等杂草。幼虫和成虫均危害刚出土的幼苗。幼虫危害，由茎基部咬孔钻入，枯心致死。当幼苗较高、表皮组织变硬时，便爬到顶心内部，取食嫩叶。顶心被吃掉，不能正常生长，形成丛生。成虫危害，则取食幼苗叶子的表皮组织，吃成条纹、白色透明，甚至干枯死掉。

（二）发生特点

在黑龙江省嫩江地区 1 年发生 1 代；在吉林中南部 1 年发生 1 代，少数发生 2 代；在宁夏固原、甘肃中部干旱地区、山西雁北、内蒙古黄灌区 1 年发生2代；在河北衡水地区1年发生3代。成虫能跳会飞，跳起落地常翻身假死，以每日上午9时至下午4时最活跃，中午烈日或阴雨天，多潜伏于叶片背阴处、心叶中或土块下，成虫咬食叶面呈不规则纵条纹，严重的造成叶片枯萎或折断。清晨或傍晚交尾，产卵多在午后3～8时。卵散产或2～3料一起，多产在草根际地表土中1～2 cm深处，苗基部和叶鞘产卵较少。卵期7～11天。幼虫孵化后，沿地面或叶基爬行，由茎接近地面部位咬小孔钻入。幼虫有转株危害习性，1头幼虫可危害草苗3～4株。对较大苗，茎秆组织比较坚硬，幼虫便爬至顶部潜入心叶危害。早期蛀入，破坏生长点，使植株矮化，叶片丛生；后期侵入，植株虽能继续生长，但有的叶片卷曲破烂。幼虫老熟后入受害草苗附近土壤中1.5～4 cm深处作土室化蛹。蛹期8～12天。杂草多的草坪虫口密度大，危害重。在成虫发生盛期，气候高温干燥，危害较重。

（三）防治方法

（1）栽培防治，注意清洁草坪，清除杂草，减少来春虫源；结合刈剪拔除并烧毁枯心苗。

（2）药剂防治，产卵盛期前用2.5%敌百虫粉剂或1.5%乐果粉剂进行喷粉，每公顷2.5～30 kg；或用90%敌百虫晶体1 000倍液或80%敌敌畏乳油，40%乐果乳油1 000倍液喷雾。

十二、黄曲条跳甲

Phyllotreta vittata

（一）危害

以危害十字花科植物为主，也是危害翦股颖、羊茅、野牛草等草坪禾草的重要害虫。成虫和幼虫均能危害，成虫取食叶片，将叶子咬成许多小孔，严重时可将叶子全部吃光，被害的1年生和多年生禾草往往因此而枯死；幼虫危害根部，剥食根表皮，并在根的表面蛀成许多环状虫道，使植株生长不良。

（二）发生特点

青海1年发生3～5代，宁夏、华北4～5代，华东4～6代，华中5～7代，华南7～8代。长江以北地区，以成虫在残株、落叶下、土缝、禾草中越冬。在长江以南地区，冬季各种虫态均有，无越冬现象。世代重叠现象普遍。一般3、4月活动危害，4～10月为主要危害期。5代发生区的成虫发生期：第1代5月中旬，第2代6月底，第3代8月初，第4代9月上旬，第

5代10月初。卵期3～9天，幼虫3龄，幼虫期12～20天，预蛹期2～12天。成虫善跳跃，遇惊动即跳走。多在叶背、根部、土缝处等栖息，取食多在早晨和傍晚，阴雨天不太活动，有趋光性。成虫寿命30～80天，最长可达1年。卵产在土下根上，近土面茎或根部附近的土表上，每雌产卵数1、2代25粒左右，越冬代可达621粒。以晴天午后产卵最多，卵聚产成块，每块卵粒20余粒。卵必须在湿润条件下才能孵化。幼虫孵出后，沿须根向主根剥食根的表皮或蛀入根内危害。老熟幼虫在土下3～7 cm处化蛹。黄曲条跳甲对温度的适应能力很强，成虫在－10 ℃下仍能生存，在10℃左右即活动取食，20℃时急增，32～34℃时食量最大。卵、幼虫和蛹的发育起点温度为11～12℃，适宜温度为20～28℃，在高温干燥的夏季，危害最重。

（三）防治方法

1. 栽培防治

清除田间枯叶、残株以减少虫源；幼虫危害严重时，可连续几天多浇水，以防止根部输导组织的破坏，加速植物的生长。

2. 药剂防治

成虫盛发期用90%晶体敌百虫1 000倍液喷雾，或用2.5%敌百虫粉剂每公顷22.5～30 kg喷粉处理；幼虫危害时，用90%晶体敌百虫1 000倍液灌根。

十三、黄狭条跳甲

Phyllotreta vittula

（一）危害

同黄曲条跳甲。

（二）发生特点

以成虫在枯枝落叶、草丛下越冬，4月末5月初成虫脱离越冬场所，以作物和禾草的幼苗为食，往往沿叶脉食害叶肉组织，仅留表皮，形成白色纵条以至卷叶枯萎而死。天气干旱时，危害特甚。

（三）防治方法

同黄曲条跳甲。

第三节　茎叶部刺吸式口器害虫

一、麦长管蚜

Macrosiphum avenae

（一）危害

寄主包括草坪禾草、禾本科作物和杂草。以成虫、若虫吸食叶片、茎秆和嫩穗的汁液，影响寄主正常发育，严重时常致生长停滞，最后枯黄，同时还可传播病毒病害。

（二）发生特点

麦长管蚜1年发生的代数因地而异，一般可发生10余代至20代以上，越冬虫态也随各地气候而不同。在华北北部至内蒙古及宁夏、甘肃、新疆，主要以卵在冷季型草坪草、杂草或冬麦田内越冬；在华北南部至四川、贵州的区域内，主要以无翅胎生成蚜和若蚜在草坪或冬麦田内越冬，越冬部位主要在草丛基部和土缝内，但越冬成蚜、若蚜并非真正进入越冬状态，每遇天暖，仍能在草苗上活动。翌春天暖后，随禾草开始生长，麦长管蚜亦恢复危害和繁殖。麦长管蚜性喜光照，较耐潮湿，特嗜穗部，主要分布在寄主上部叶片，是黄矮病的主要传病媒介昆虫。

（三）防治方法

1. 栽培防治

冬灌可降低地面温度，恶化蚜虫越冬环境，杀死大量蚜虫。灌溉方式采用喷溉可以抑制蚜虫的发生、繁殖以及迁飞扩散。耙耱草坪，对蚜虫具有机械杀伤作用。清除田边杂草，也可以减少虫源。

2. 药剂防治

1.5%乐果粉剂，2.5%敌百虫粉剂，2%杀螟松粉剂，1.5%甲基对硫磷粉剂或5%西维因粉剂喷粉，每公顷用量22.5～30 kg；或用40%乐果乳油或氧乐果乳油1 500～2 000倍液，50%灭蚜净乳油或50%辛硫磷乳油1 500～2 000倍液，50%马拉硫磷乳油1 000～1 500倍液，辟蚜雾50%可湿粉剂7 000倍液，2.5%功夫乳油5 000倍液，50%杀螟松乳油1 000倍液，50%磷胺乳油3 000倍液，50%甲基对硫磷乳油2 000倍液等，喷雾防治。

3. 注意保护和利用天敌

可采取人工助迁或人工繁殖释放瓢虫、草蛉、蚜茧峰、食蚜蝇、食蚜螨等天敌，应用选择性较强的化学农药来控制、治理蚜虫的发生危害。

二、麦二叉蚜

Schizaphis graminum

(一) 危害

同麦长管蚜。

(二) 发生特点

年发生代数、越冬虫态基本同麦长管蚜，北纬 36°以北地区多以卵越冬。麦二叉蚜最喜幼苗，常在寄主苗期开始危害，最初多是几头或几十头集中在近土表的叶鞘和第 1～2 片真叶上取食，随寄主生长，逐渐分散到各叶片上。此虫性畏阳光，而喜干旱，大多分布于植株下部叶片的叶背危害。麦二叉蚜致害能力最强，在吸食过程中能分泌有毒物质，破坏叶绿素，致使一片被害叶面呈现黄斑，稍重者黄斑连片，严重时下部叶片枯死，草坪呈现黄色。传播黄矮病的传毒能力最强。

(三) 防治方法

同麦长管蚜。

三、麦岩螨

Petrobia latens

(一) 危害

寄主植物包括早熟禾、羊茅、黑麦草、雀稗等草坪禾草，还能危害麦类、桃、柳、桑、槐等木本植物和红茅草、马绊草等杂草。于春秋两季吸取寄主汁液，被害叶先呈白斑，后变黄，轻则影响生长，造成植株矮小，重则整株干枯死亡，秋苗严重被害后，抗寒力显著降低。

(二) 发生特点

麦岩螨完成 1 代需时 24～26 天，平均 22 天左右。在黄河流域地区，1 年可能发生 3～4 个重叠世代。主要以卵和成虫在土块、土缝等处越冬。来年开始活动危害时期，依各地气候条件而异。在山东沿海地区，当地月均气温达 8℃左右时，越冬成虫开始活动危害，越冬卵亦开始陆续孵化，此时一般在 2、3 月间。此后田间虫口日趋增加，各虫态同时混合发生。到 4 月间，虫量最盛，危害最烈，此时田间始见越夏卵。5月中旬后，田间大部为成虫，此后气温日增，田间大量出现越夏卵，同时成虫密度随之急剧下降，至6月上中旬成虫已极少见。9月中旬后，越夏卵陆续孵化，在寄主上一般可完成1代，由于此时天气日趋寒冷，发生数量较少，危害远较春季为轻，常不为人所注意。冬季来临即以成虫和卵在根标土块或土缝中越冬。麦岩螨成、若虫有一定群聚性和假死性，一遇惊扰即坠地入土潜藏。在1天中活动时刻，常随日间温湿度而变化。一般日出后气温升高时开始上升至植株上取食，至中午前出现虫量高峰，中午日烈高温时刻，虫量趋向下降，高温过后，虫量复趋上升，至日落前出现第2次高峰，日落后活动虫量剧减，此时大多潜于植株根际。因此，白天为施药防治有利时机。麦岩螨对大气湿度较为敏感，如遇小雨或露水较大时则多停止活动，同时也受风势的影响，并可借助风力扩散蔓延。洪水和水流则是远距离传播的主要方式。麦岩螨主要行孤雌生殖卵生，也有少数雄虫，可进行有性生殖。雌虫有2种类型，1种类型产滞育型白卵（夏卵），另1类型只产非滞育型红卵（冬卵）。从3月中旬至5月中旬单头饲养成虫，每头雌虫只产1种类型的卵，产白卵的盛期为4月上旬至5月中旬，末期为5月下旬，白卵耐高温，可以越冬。越夏后的白卵于9月上旬孵化。产红卵的盛期是从10月下旬开始，至次年2～4月，4月产红卵最多。红卵不耐高温，但耐低温很强，为越冬的主要虫态之一。平均每雌产卵24～53粒，产红卵的能力较低，为5～35粒，产白卵的能力较高，为31～74粒。卵多产于植株附近的硬物上，以硬土块和干粪块上较多，此外，如干草、瓦片、秸秆、枯叶上都有卵粒分布。卵在土中的分布以1～1.5 cm表土的物体上为最多，约占85%左右，如遇大雨冲击，可随流水而蔓延。非滞育卵在15～22℃时，通常6～12天，平均8.4天孵化。若虫期平均9天左右，从卵孵化至成虫开始产卵平均需时23.7天。麦岩螨性喜干燥，在黄河流域地区，一般常是春季干旱少雨的年份和地区发生广、虫量多、危害重，多雨年份一般不致造成显著危害。麦岩螨在1年中发生数量的消长变化受温度的影响。在山西南部，麦岩螨大量繁殖和严重危害时期的旬平均气温为8.7～14.7℃；旬平均气温达14.7～17.1℃时，危害仍重，但越夏卵逐增；旬平均气温达17.1～22.7℃时，越夏卵继续增加，同时若虫密度显著减退，至温度达22.7℃以上，成、若虫已趋绝迹，全部以卵越夏。

（三）防治方法

1. 栽培防治

（1）结合灌溉灭虫　麦岩螨喜干旱，灌溉对麦岩螨有抑制作用；同时在害螨的潜伏期进行灌水，或在害期将虫震落进行灌水，能使它陷入泥中而死亡。适时灌水能使草坪生长健壮，增加抗虫能力。

(2) 虫口密度大时，耙耱草坪，可大量杀伤虫体。

2. 药剂防治

常用来防治害螨的农药有0.15（苗期用）或0.2～0.3波美度的石硫合剂；20%三氯杀螨砜可湿性粉剂或20%三氯杀螨醇浮油800～1 000倍液；20%双甲脒乳油1 000倍液；50%久效磷乳油2 000倍液等。

四、二斑叶螨

Tetranychus urticae

(一) 危害

寄主广泛，中国已知有32科113种植物，包括小冠花等草坪草、棉花、豆类、瓜类、麻类及苹果、梨、桃、桑、槐、臭椿等树木以及夏至草、小旋花、车前、小蓟、马鞭草、荠菜等杂草。二斑叶螨在叶背吸食营养液，轻则红叶，重则落叶垮秆，状如火烧，造成大面积死苗。

(二) 发生特点

二斑叶螨在辽宁1年约发生12代，华北地区12～15代，南方地区20代以上，四川省简阳4～10月份共16代，全年估计18代。华北一带以雌虫爬入土缝、树皮下吐丝结网，往往成群蛰伏。湖北省荆州冬季在杂草、土缝、田间枯枝间落叶下，冬季不凋的矮生植物下部，或桑、槐树皮裂缝内越冬，成虫休眠型和活动型并存，越冬期间气温略高，仍能取食活动。一般认为当5日平均气温上升达5～7℃时越冬虫态开始活动，当气温上升达10℃以上越冬卵相继孵化。温度低时卵期可长达1个月。一般在4月中、下旬孵化为第1代。成虫、若虫皆在叶背吸食营养液，当叶背有虫1～2头时叶面显黄白色斑点，叶背有虫5头时现红点，虫越多，红斑越大。每年发生严重时期，东北、西北地区7月下旬至9月下旬约发生1次高峰；黄河流域地区于6月中、下旬至8月下旬约发生2次高峰；长江流域和华南地区于4月上旬到9月上旬约发生3～5次高峰，一般都在6月底到7、8月间。在湖北，二斑叶螨可发生3～5次高峰：第1次在5月下旬，第2次在6月中旬，第3次在7月上、中旬，是全年最重的1次，第4次是8月上、中旬，第5次在9～10月间。每头雌成虫，日产卵量3～24粒，平均6～8粒，一生可产卵113～206粒，平均120粒。卵的孵化率达95%以上。幼虫期1～2天即变为第1若虫。未曾交配受精的雌虫所产的卵孵化后都为雄虫。田间雌雄性比一般为4.45:1，一般雌成虫寿命较长。6～8月份的降雨量和降雨强度与二斑叶螨的发生有密切关系。凡降雨量多（多雨地区为 200 mm 以上，少雨地区为 100 mm 以上），降雨强度大时，对二斑叶螨有抑制作用。但雨水能助二斑叶螨扩散，不可疏忽。凡旬雨量在 20 mm 以下时，虫量增加很快，或虽在 20 mm 以上，但晴天在 5 天以上，则仍增加很快。

（三）防治方法

同麦岩螨。

五、棉 叶 蝉

Empoasca biguttula

（一）危害

食性杂，主要寄主有草坪草、棉花、豆类、白菜等及多种杂草。成虫、若虫危害寄主植物的叶片，以刺吸式口器刺入植物组织内吸取汁液，叶片受害后，多褪色呈畸形卷缩现象，甚至全叶枯死，能传播病毒病。

（二）发生特点

棉叶蝉在江苏 1 年发生 8～9 代，湖北 12～14 代，湖南约 15 代。其越冬虫态及场所各地多有不同。例如在甘肃、宁夏、新疆等地以卵在榆树皮内越冬；在湖北江陵以卵在草坪草、茄子、马铃薯、秋葵等叶柄及顶尖表皮内越冬，少数以成虫越冬；在广东以成虫呈半休眠状态在多年生木棉上越冬；在广西以卵在肖梵天花（野棉花）上越冬；重庆以卵在茄子残株及寒菜叶柄内越冬；在江西、湖南等地越冬代成虫第 2 年 3～4 月间开始活动危害，11 月中、下旬以成虫越冬；在江苏、安徽等地棉叶蝉 8 月下旬至 9 月中下旬发生量大，危害严重；在贵州贵阳棉叶蝉早春首先在梧桐树叶上活动；在山东棉叶蝉每年发生代数不详，发生世代重叠，同时可看到各虫态，特别是秋季田间发生量较多，危害比较严重。秋季寄主叶片受害后，由主脉两侧和叶边缘枯焦，后逐渐遍及全叶似火烤过一样。夏季寄主叶片受害后，一般不呈现枯焦现象，但当虫口密度较大时，则影响植株的正常生长。成虫怕光，常栖息在植株中上部叶片的背面，遇惊扰后立即横向爬行或飞避。成虫在早、晚有露水时活动迟缓。天气晴朗，气温较高时活泼。气温下降或遇暴风雨时成虫、若虫多隐避在寄主植物下部。成虫抗寒力较强，在山东，秋末田间土表已结一层冰霜时，成虫仍不致冻死。越冬前的成虫，多栖息在寄主近地面的叶片背面，温度高时仍可活动。成虫羽化后，次日便可交尾并产卵。卵多产于寄主植物上部叶片背面的叶脉组织内，以中脉组织内较多，每叶片上每次可产卵 3～4 粒以上。卵多在白天孵化，初孵幼虫爬行迟缓，停留在孵化处取食危害，3龄后迁移危害。若虫共5龄，每次蜕皮都粘在寄主叶片背面，故田间是否发生极易发现。在江西彭泽，棉叶蝉各虫态在不同温度条件下历期不同。在28～30℃下，卵和若虫历期分别为5～6天。在24～26℃下，分别为8～10天。在20℃下，分别为11～13天。成虫寿命约15～20天。南方温度在32℃以上，相对湿度70%～80%，最适于棉叶蝉的繁殖。其中以温度影响较大，温度升高，棉叶蝉繁殖速度加快，虫口密度增加，危害严重。温度下降则反之。此外，田间及周围杂草丛生有利于棉叶蝉的发生和繁殖。大风雨对棉叶蝉有抑制作用，对若虫影响尤为明显。

（三）防治方法

对叶蝉类害虫，主要应掌握在其若虫盛发期喷药防治。用40%乐果乳油1 000倍液，50%叶蝉散乳油、90%晶体敌百虫、50%杀螟松乳油1 000～1 500倍液或25%亚胺硫磷乳油400～500倍液喷雾。0.5%波尔多液能够防治棉叶蝉，且可兼治病害。国外用涕灭威（Temik）防治豇豆叶蝉效果较好，可以参考。

此外，冬季和早春清除田间及周围杂草，在成虫盛发初期利用黑光灯或普通灯火诱杀（主要雌虫），可以减少虫口基数。

六、大青叶蝉

Tettigonilla viridis

（一）危害

主要寄主为草坪禾草、豆类、十字花科植物以及树木等。

（二）发生特点

北纬25°以北，皆以卵越冬。长江以北各地，卵产于木本植物枝条皮下组织内，长江以南则多以卵在禾本植物的茎秆内越冬。大青叶蝉在东北一年发生2代，甘肃2～3代，北京、河北、山东、江苏北部等地1年发生3代，湖北5代，江西5～6代。在北京越冬卵4月上旬至4月下旬孵化，第1代成虫羽化期为5月中、下旬，第2代为6月末至7月下旬，第3代8月中旬至9月中旬。在江西南昌越冬卵于3月中旬至4月上旬孵化，成虫羽化期是第1代为4月下旬至5月中旬，第2代6月中旬到7月上旬，第3代8月上、中旬，第4代9月上、中旬，第5代10月中、下旬。成虫有趋光性。非越冬代成虫多产卵于寄主植物的叶背主脉组织中，卵痕如月牙状，每块卵3～15粒，一般为10粒左右，较整齐排列呈弧形口袋状。若虫孵化多在早晨进行，初孵若虫群集枝叶上，以后逐渐分散危害。中午气温高时最为活跃，晨昏气温低时，成、若虫多潜伏不动。

（三）防治方法

同棉叶蝉。

七、白背飞虱

Sogatella furcifera

（一）危害

各种草坪禾草及水稻、大麦、玉米、甘蔗、茭白、稗草、游草、看麦娘等。成虫和若虫均能危害，群集在草丛下部，用口器刺进植株茎秆叶鞘韧皮部吸食汁液，消耗植株养分，阻碍寄主生长，在茎秆上可残留取食造成的伤痕斑点。危害严重时导致全株枯萎。

（二）发生特点

属迁飞性害虫。在东北 1 年出现 3 代，陕西为 4 代，浙江、上海和江苏南部为 4～5 代，四川成都为 5 代，福建 6～8 代，广东 7～8 代。成虫初次出现，自南向北推迟，福建德化于 3 月上旬，田间虫量高峰在 6 月中、下旬；江西南昌成虫初次出现于 6 月上、中旬，虫量高峰在 6 月上、中旬；浙江、上海、江苏沿海初次出同成虫于 6 月上、中旬，田间虫量高峰在 7～8 月。盛发期较褐飞虱为早，但迟于灰飞虱。白背飞虱在福建闽北，1 年中出现 3 次虫口数量高峰，第 1 次高峰出现于 6 月中旬至 7 月上旬，虫量最大；第 2 次高峰在 8 月上旬至 9 月上旬，虫量居次；第 3 次高峰在 10 月间，通常虫量较少。综合各地结果，卵历期在平均温度 14℃ 时为 20 天，22℃ 为 8～10 天，25℃ 为 8～9 天，28～29℃ 为 6 天左右，若虫历期在温度 21～23℃ 为 29～24 天，25～27℃ 为 19～14 天，29～30℃ 为 18～17 天。成虫寿命一般雌虫为 20 天左右，雄虫为 14 天左右，雌虫产卵前期 4～6 天。夏季气温 28～29℃ 世代历期较短为 24～26 天；秋冬季气温 23～26℃ 世代历期较长为 32～40 天。雌虫产卵期长者可达 29 天，一般 10～19 天；每雌产卵量多者可达 733 粒，一般 180～300 粒。白背飞虱在植株上产卵的部位，随寄主生育期的推延，而逐渐上移。白背飞虱对温度的适应性比较强，在 30℃ 高温或 15℃ 较低温度下都能正常生长发育。对湿度要求较高，以相对湿度 80%～90% 为宜。

（三）防治方法

（1）选育种植对飞虱有抗生性或耐害性的品种，是经济、有效的重要防治措施。

(2) 保护和利用天敌。在农业防治的基础上，采用选择性药剂，调整用药时间，改进施药方法，减少用药次数，主动保护天敌，使天敌能充分发挥对飞虱的抑制作用。

(3) 药剂防治最好把握防治适期。白背飞虱和褐飞虱一般在若虫孵化高峰期至2、3龄若虫盛发期用药，灰飞虱掌握在成虫迁飞扩散高峰期和若虫孵化高峰期用药。目前常用而效果较好的农药有2%混灭威、2%叶蝉散或3%速灭威粉剂，每公顷30～37.5 kg喷粉；5%混灭威或20%速灭威乳油，每公顷1.2 kg加水1 200 kg喷雾，或每公顷1.5 kg加水6 000 kg水泼浇；50%马拉硫磷乳油每公顷1.5 kg加水1 500 kg喷雾，50%甲胺磷乳油，每公顷750 g加水1 500 kg喷雾。

八、稻　绿　蝽

Nezara viridula

(一) 危害

食性广，寄主包括草坪禾草、禾谷类、豆类、蔬菜、梨、苹果等多种植物和树木。若虫和成虫以刺吸式口器吸食寄主植物叶片、茎秆、幼穗、成穗、小穗梗及未成熟籽粒的汁液。寄主受害后，叶色变黄，植株矮缩；若心叶受害，虽仍能抽出，但在插入形成伤口处折断，不能正常生长。

(二) 发生特点

稻绿蝽在浙江1年发生1代，广东可发生3～4代，田间各世代发生比较齐一。各虫态历期视气温而异。在温度26～28℃时，成虫产卵前期为5～6天，卵期5～7天，若虫期21～25天，1世代历期31～36天。广州地区卵的发育起点温度为12.2℃，有效积温74日度；若虫期发育起点温度为11.6℃，有效积温688日度。以成虫群集于田间松土下或田间杂草根部小土窝内、树洞、林木茂密处群集越冬。越冬成虫翌年3、4月陆续飞出，到附近的寄主植物上产卵，第1代若虫在这些植物上危害，秋季气温下降，即以成虫越冬。成虫趋光性强，多在白天交配，晚间产卵，卵多产于叶背、嫩茎或穗（荚）上，整齐地排列成2～6行，1个卵块共有卵30～70粒。若虫共5龄。若虫孵化后，先群集于卵壳附近，到2龄后逐渐分散，除太阳猛烈气温高时移至植株基部外，均集中危害植物的穗部。同型或异型的雌雄个体交配，其子代均有型的分化。寄主植物的种类和营养组分对稻绿蝽的发生数量有很大关系，取食嗜好的寄主，有利其发生，但不同地区嗜好寄主有所不同。同一地区的不同季节里，也有明显的寄主转换现象。天敌有食虫虻、蚂蚁、蜘蛛、鸟类、青蛙等，能捕食其成虫和若虫。有多种卵蜂能寄生稻绿蝽卵粒。

（三）防治方法

(1) 冬春期间清除草坪附近杂草，可减少越冬虫源。

(2) 当蝽类数量多，可用 90%晶体敌百虫、40%乐果乳油、50%马拉硫磷乳油、50%辛硫磷乳油 1 000 倍液或 80%敌敌畏乳油 1 500 倍液喷雾防治，效果很好。

九、绿 盲 蝽

Lygus Lucorum

（一）危害

杂食性害虫，寄主范围十分广泛，除各种草坪草外，还危害苜蓿、草木樨等豆科牧草及棉花、蔬菜、禾谷类和油料作物等。成虫和若虫均以刺吸式口器吸食嫩茎叶、花蕾、子房，受害部分逐渐凋萎，随后变黄，枯干而脱落。

（二）发生特点

在北纬 32°以北，如河北、山东、河南、陕西，1 年多发生 3～4 代，以卵在苜蓿、苕子、蒿类等茎表皮组织中越冬。在长江流域 1 年发生约 4～5 代，以卵在上述植物茎或残茬中越冬。在河南，3 月下旬卵开始孵化，第 1 代若虫 5 月初羽化为成虫，多产卵在草丛茎叶间的缝隙中或嫩茎内。6 月间发生第 2 代，7 至 8 月间发生第 3 代和第 4 代，由于成虫寿命长，产卵期达 30～40 天，故有世代重叠现象，卵散产在植株嫩叶主脉、叶柄、蕾、嫩茎等组织内。第 5 代成虫 9 月底羽化，10 月上旬产卵，11 月下旬陆续死亡。

（三）防治方法

选择若虫初孵盛期或若虫期防治，可用 2.5%敌百虫粉剂、1.5%乐果粉剂或 2.5%甲敌粉剂喷粉，每公顷用量为 30 kg，也可用 40%乐果乳油、50%马拉硫磷乳油、50%辛硫磷乳油 1 000～1 500 倍液喷雾防治。

十、苜 蓿 盲 蝽

Adelphocoris Lineolatus

（一）危害

同绿盲蝽。

（二）发生特点

北京和新疆1年3代，山西、陕西、河南3～4代，以4代为主，南京4～5代。以卵主要在苜蓿茬地茎秆、草枯茎组织内越冬。在新疆莎车，越冬卵4月上旬孵出第1代若虫，成虫于5月上旬开始羽化。第2代若虫6月上旬出现，成虫6月下旬开始羽化，第3代若虫7月下旬孵出，若虫于10月中旬全部结束，第3代成虫8月中、下旬羽化，9月中旬成虫在越冬寄主上产卵越冬。多在夜间产卵，用喙先选适当部位后，每刺1小孔，产卵1粒于其中，卵垂直或略斜插入组织内，卵盖微露，似1小钉，产卵处组织以后逐渐裂开，一排排卵略显露出来。夏季第1、2代成虫产卵，多在植株上部，秋季第3代成虫常产在茎秆下部近根的地方。1～3代雌虫产卵量，以第1代最多，为78.5～199.8粒，第3代产卵量最小，仅20.2～43.7粒。

（三）防治方法

同绿盲蝽。

十一、赤须盲蝽

Trigonotylus ruficornis

（一）危害

主要危害草坪禾草、芦苇、麦类、玉米、谷子等禾本科植物的叶子，有时也危害其茎和穗。被刺吸式口器刺伤的叶子先出现黄色小斑点，小斑点逐渐扩大并造成黄褐色大斑，造成叶片皱褶，轻者阻碍寄主的生长发育，重者则植株干枯而死亡。喜食粗纤维较多的禾草，对粗纤维较少而叶片较柔较的植物受害较轻。

（二）发生特点

赤须盲蝽在内蒙古1年发生3代，以卵在禾草茎、叶上越冬。4月下旬当年平均气温12℃时，多年生禾草返青以后，越冬卵开始孵化，5月初孵化盛期。第1代成虫于5月中旬开始羽化，下旬达羽化盛期。5月中、下旬成虫开始交配产卵。雌虫在叶鞘上端产卵成排，一般1排，有时2排。每头雌虫每次产卵5～10粒，最少2粒，最多20粒。第1代卵6月上旬开始孵化，到6月中旬气温20～25℃，相对湿度45%～50%时，达孵化盛期。从卵孵化到第2代成虫的出现，约需半个月的时间，羽化后的成虫于6月中、下旬又开始交配产卵，7月上旬卵开始孵化，7月下旬第3代成虫出现。8月上、中旬雌虫多在禾草的叶、茎上产卵越冬。因雌虫产卵期不齐，因而出现世代重叠现象。卵产后5～7天孵化，气温为20℃左右、相对湿度45%时为孵化盛期。初孵化的若虫身体瘦小，停留片刻后即开始活动并取食。若虫行动活跃，常群集在叶背面取食危害。各龄若虫发育的天数为1龄3天、2龄2天、3龄1~2天、4龄2天、5龄4天。当气温和相对湿度增高时，发育天数相应缩短。初羽化的成虫体柔软、色浅，约半小时后开始活动取食。成虫一般在上午9时至下午5时左右较活跃，傍晚或清晨气温较低不大活动，阴雨天常隐蔽在植物中、下部叶子背面。成虫羽化后经7~10天开始交配，雌虫多在夜间产卵。

（三）防治方法

同绿盲蝽。

十二、小麦皮蓟马

Haplothrips tritici

（一）危害

除危害草坪禾草外，还有禾本科作物、豆科、十字花科等植物。以锉吸式口器危害寄主的叶、芽、花等部位。嫩叶被害后呈现斑点、卷曲以至枯死；生长点被害后发黄凋萎，导致顶芽不能继续生长及开花，影响青草和种子产量；特别是开花期危害最严重，在花内取食，捣散花粉，破坏柱头，吸收花器营养，造成落花落荚。

（二）发生特点

小麦皮蓟马在华北各地均为1年发生1代，以2龄红色若虫在地下留茬近根部或残株内越冬。越冬前后在土壤的深度可达15 cm，但以1~5 cm的表层为主。春季平均气温达8℃时，越冬后的若虫开始活动，当旬平均气温达15℃时，若虫进入伪蛹盛期。

（三）防治方法

1. 减少虫源基数，防止转移危害

小麦皮蓟马早春主要在游草及其他禾草嫩叶上存活，冬春季清除杂草，特别清除草坪附近的游草，是解决初侵虫源的有效措施。使用药剂防治早期危害草坪蓟马的同时，草坪附近的杂草一并防治，防止游草上的蓟马继续转移到草坪危害。

2. 保护天敌

草坪中天敌种类繁多，都可捕食蓟马，故应注意合理科学用药，以利发挥天敌的控制作用。

3. 药剂防治

应采取以苗情为基础，虫情为依据，主攻若虫，药打盛孵期的对策进行药剂治。有效药剂种类有 40％乐果乳油 2 000～3 000 倍液、90％晶体敌百虫1 500倍液、50％混灭威乳油 1 000 倍液、50％西维因可湿性粉剂500～1 000倍液喷雾，对其若虫和成虫的防治，一般均有良好效果。试验证明，每公顷用 50％乐果乳油 10.5～15 kg 兑水 900 kg 喷雾，除对成虫和若虫有良好防治效果外，杀卵率可达 85％～90％，施药后抑制蓟马的回升效果持久而又稳定。

十三、烟 蓟 马

Thrips tabaci

（一）危害

寄主植物包括豆科草坪草、棉花、烟草、葱、甜菜、苜蓿等。

（二）发生特点

东北 1 年发生 3～4 代，山东 6～10 代。一般发生 1 代 9～23 天，夏季 1 代约需 15 天。卵期和若虫期各 5 天，蛹期 4 天，成虫产卵前期 1.5 天，成虫寿命 6.2 天。越冬虫态各地不同，河北、湖北、江西等地区主要以成虫在土缝、枯枝落叶间、寄主叶鞘内越冬，少数伪蛹在土表层内越冬；新疆以伪蛹为主；东北以成虫越冬。翌年春季开始活动，在越冬寄主上繁殖一段时间后，迁移到早春作物及豆科草坪。一般危害盛期在 6～7 月间。成虫飞翔力强，怕阳光，白天潜伏叶背面，产卵多在花器中或叶表皮下、叶脉内。每雌一生产卵 20～100 粒左右。多发生于较干旱年份，6 月上旬气温为 22～25℃，相对湿度 44％～70％左右有利于发生，气温为 27～28℃时有抑制作用。

（三）防治方法

同小麦皮蓟马。

危害草坪茎叶部的刺吸式口器害虫还有：黍缢管蚜［*Rhopalosiphum padi*（Linnaeus)］，无网长管蚜［*Acyrthosiphon dirhodum*（Walker)］，苜蓿蚜［*Aphis medicaginis*（Koch)］，麦圆叶爪螨［*Penthaleus major*（Duges)］，草竹粉蚧［*Antonina graminis*（Maskell)］，二点叶蝉［*Cicadula fasciifrons*（Stal)］，黑尾叶蝉［*Nephotettix cincticeps*（Uhler)］，白翅叶蝉［*Erythroneura subrufa*（Motshlsky)］，小绿叶蝉［*Empoasca flavescens*（Fabricius)]，褐飞虱 [*Nilaparvata lugens* (Stal)]，灰飞虱 [*Laodelphax striatella* (Fallén)]，稻黑蝽 [*Scotinophara Lurida* (Burmeister)]，大稻缘蝽 [*Leptocorisa acuta* (Thunberg)]，三点盲蝽 (*Adelphocoris taeniphorus* Reuter)，中黑盲蝽 (*Adelphocoris stuturalis* Jackson)，牧草盲蝽 (*Lygus pratensis* Linnaeus)，稻蓟马 [*Stenchaetothrips biformis* (Bagnall)]，稻管蓟马 [*Haplothrips aculeatus* (Fabricius)]，端带蓟马 [*Taeniothrips distalis* (Karny)]，花蓟马 [*Frankliniella intonsa* (Trybon)]。

第四节 钻蛀类害虫

一、麦 秆 蝇

Chlorops mugivorus

(一) 危害

寄主植物主要包括早熟禾、黑麦草、羊茅等草坪禾草、麦类以及禾本科、莎草科杂草等。麦秆蝇以幼虫危害，从叶鞘与茎间潜入，在幼嫩的心叶或穗节基部1/5～1/4处或近基部呈螺旋状向下蛀食幼嫩组织。危害状以被害茎的生育期不同而分4种情况：分蘖拔节期，幼虫取食心叶基部与生长点，使心叶外露部分干枯变黄，成为“枯心苗”；孕穗期，被害嫩穗及不能正常发育抽穗，到被害后期，嫩穗因组织破坏并有腐烂，叶鞘外部有时呈黄褐色长形块状斑，形成“烂穗”；孕穗末期，幼虫入茎后潜入小穗危害小花，穗抽出后，被害小穗脱水失绿变为黄白色，形成“坏穗”；抽穗初期，幼虫取食穗基部尚未角质化的幼嫩组织，使外露的穗部脱水失绿干枯，变为黄白色，形成“白穗”。

(二) 发生特点

在华北北部，麦秆蝇1年发生2代，以幼虫在禾草茎中越冬。在内蒙古西部，越冬代成虫产卵前期为1～19天，平均5.5天，产卵期间1～22天，平均11天。雌虫平均产卵11.8粒，最多可达41粒。卵均散产，大多产于叶面基部，与叶脉呈平行状。卵经4～7天孵化第1代幼虫，盛孵期在6月上、中旬。幼虫在苗茎中危害约经20余天成熟化蛹。蛹期为3～12天，平均9.9天，7月中旬为化蛹盛期。第1代成虫于7月下旬羽化。在山西晋南、陕西关中地区，麦秆蝇1年发生4代，以幼虫在麦苗和禾草寄主内越冬。来年2、3月间越冬代幼虫开始化蛹，蛹期10～12天。4月中、下旬为越冬代成虫羽化盛期，第 1 代成虫盛期为 5 月下旬至 6 月上旬，第 2 代成虫盛期为 7 月中、下旬。第 3 代成虫盛期为 9 月下旬左右，在禾草上产卵孵化寄生以至越冬，在冬季较暖之日仍能取食危害。成虫早晚及夜间栖息于叶片背面，且多在植株下部。晴朗之日上午10:00 左右，气温升高，开始大量活动交尾。中午前后，日光强烈，温度过高，又潜伏植株下部，至14:00 以后又逐渐活动，17:00 ～18:00 活动最盛，雌虫于田间产卵也以此时为主。茎部、叶片基部无茸毛或茸毛短而稀疏、叶子宽阔、叶鞘短、叶舌短的禾本科植物种类（品种）着卵较多，被害也较重。植物生长茂密的田间，通风透光较差，温度低，湿度大，湿温系数较高，不适于秆蝇生活，成虫密度较低，着卵较少，受害较轻；生长稀疏的田间则相反。

（三）防治方法

秆蝇的防治，应采取以栽培防治为基础，结合必要的药剂防治的综合措施。

1. 栽培防治

在越冬幼虫化蛹羽化前，及时清除越冬幼虫的杂草寄主（看麦娘、猫猫草、棒头草等）以压低当年的虫口基数；选用抗虫品种是控制秆蝇类最经济有效的手段。另外，因地制宜的进行深翻土地，消灭杂草，精耕细作，增施肥料，适期灌水，适当浅播，合理密植等一系列生产措施，都能创造对草坪生长发育有利，对秆蝇繁殖危害不利的条件，从而达到减轻危害的效果。

2. 药剂防治

重点为第 1 代幼虫，因第 1 代幼虫危害重，盛孵期明显，发生整齐，有利于药剂防治。掌握成虫盛发期或幼虫盛孵期，可用 50% 甲基对硫磷乳油 3 000倍液喷雾，对成虫和卵效果都很好（科学施药，注意安全），或用 40%乐果乳油与 50%敌敌畏乳油（按 1:1 混合）1 000 倍液、50%马拉硫磷乳油2 000倍液、50%杀螟威乳油 3 000 倍液喷雾；也可用 1.5%对硫磷粉剂、4.5%甲敌粉剂喷粉防治，每公顷用量 22.5 kg。

二、豌豆潜叶蝇

Phytomyza atricornis

（一）危害

主要危害各种草坪草及豌豆、白菜、甘蓝等多种蔬菜和苍耳等多种杂草，寄主植物有 21 科 130 余种。以幼虫蛀入寄主植物的叶片内部潜食叶肉危害，被害处仅剩上、下表皮，内有该虫排下的细小黑色虫粪，在被害的叶片上可见迂回曲折的灰白色蛇形隧道。

（二）发生特点

豌豆潜叶蝇1年发生多代，代数随地区而异。辽宁为4～5代，华北地区5代，江西省南昌12～13代，福建省福州13～15代。在辽宁和淮河以北是以蛹在被害的叶片内越冬；在长江以南、南岭以北则以蛹越冬为主，也有少数以中、大幼虫和成虫越冬；在华南地区终年可以生长发育，不存在越冬问题。在辽宁，越冬代成虫于第2年4月中、下旬出现，第1代幼虫危害早发草坪、阳畦菜苗、采种、十字花科蔬菜、油菜和豌豆，以后随着寄主的增加而扩大其危害对象。5～6月危害最重，夏季气温较高时虫量减少，在田间很少见到危害，到秋天又开始活动，但数量不大。成虫白天活动，吸食花蜜，交尾产卵，性活泼，受惊常作螺旋状飞行。夜晚静伏隐蔽处，但在气温15～20℃的晴天夜晚或微雨之后，仍可爬行或飞翔。成虫产卵前期为1～3天。成虫产卵喜欢选择幼嫩叶片，用产卵器将卵产于叶片背面边缘的叶肉里，尤以近叶尖处为多。卵散产，一处产卵1粒。叶片被产卵器刺伤处出现灰白色小斑伤痕，在田间这种伤痕数远多于实际产卵数（有的刺伤后并不产卵）。成虫产卵时间以上午最盛。1头雌成虫产卵量约45～98粒，日产卵量约9～20粒。成虫寿命一般7～20天，气温高时4～10天。幼虫孵化后就从孵化处开始向内潜食叶肉。随着虫体的增大，隧道也日益加粗。潜食的隧道曲折迂回，没有一定的方向，在叶上形成花纹形灰白色条纹，故有“绣花虫”之称。严重时在1个叶片内可有几十头幼虫，以致全叶发白、枯干。幼虫还可潜食嫩荚和花梗。幼虫经3龄老熟，老熟后就在潜食的隧道末端化蛹，并在化蛹处穿破表皮而羽化。豌豆潜叶蝇各虫态历期：13～15℃下卵期3～9天，幼虫期11天，蛹期15天，合计30天左右；在23～28℃下，卵期2.2天，幼虫期5.2天，蛹期6.8天，合计14天左右。

（三）防治方法

（1）适时灌溉，清除杂草，消灭越冬、越夏虫源，降低虫口基数。

（2）掌握成虫盛发期，及时喷药防治成虫，防止成虫产卵。成虫主要在叶背面产卵，应喷药于叶背面。或在刚出现危害时喷药防治幼虫，防治幼虫要连续喷2、3次，农药可用40%乐果乳油1 000倍液，40%氧乐果乳油1 000～2 000倍液，50%敌敌畏乳油800倍液，50%二溴磷乳油1 500倍液，40%二嗪农乳油1 000～1 500倍液。

三、稻小潜叶蝇

Hydrellia griseola

（一）危害

早熟禾、羊茅、黑麦草、雀稗、假俭草等草坪禾草，还可危害水稻、麦类等，并取食看麦娘、游草等。以幼虫潜入叶体内部，潜食叶肉留下两层表皮，使叶片呈现白条斑。当叶内幼虫较多时，整个叶体发白和腐烂，并引起全株枯死，受害的地块大量死苗。

（二）发生特点

在东北各省1年发生4～5代，以成虫在禾草上过冬。在浙江奉化，4月中旬前为第1代幼虫取食危害，4月下旬至5月上旬第2代幼虫危害。4月下旬风和日暖的白天交尾产卵最盛。成虫羽化后当天即交尾，第2天产卵最多，第3天就很少，成虫寿命在无补充营养的条件下为4天，每雌产卵最多为23粒，最少为11粒。卵期平均4.5天。幼虫孵化后，在2 h内即以锐利的口钩，咬破叶面，侵入叶肉，随着虫龄长大，7～10天潜道加长至2.5 cm左右，幼虫有转株习性，当叶片倒伏于地面时转株率和成活率均增加，幼虫老熟后在潜道内化蛹。成虫喜在幼嫩叶片和荫蔽的部位产卵，大多数分散产于叶腋间。初孵幼虫很快蛀入叶片取食叶肉，形成白色线状潜道，幼虫一生主要在叶鞘内蛀食，叶鞘被害，叶片枯黄，影响植株正常生长。若禾草心叶被蛀断，则呈现枯心苗。稻小潜叶蝇是对低温适应性强的温带性害虫，在我国以北方寒冷地区发生多，长江下游地区，在4、5月份气温较低的年份，发生危害较重。气温在5℃左右成虫即可活动、交尾、产卵。冬季只要日最高温达8～9℃以上时，各个虫态均可发育。当气温达11～13℃时，成虫最为活跃；气温达30℃时是其正常活动的极限，因此高温可以限制该虫的危害。

（三）防治方法

同豌豆潜叶蝇。

草坪上的钻蛀类害虫还有：瑞典秆蝇（*Oscinella frit* Linnaeus），稻秆蝇（*Chlorops oryzae* Matsumura），金纹小潜细蛾［*Phyllonorycter ringoniella* (Matsumura)］，紫云英潜叶蝇（*Phytomyza peniculatae* Sasakawa），甜菜潜叶蝇［*Pegomyaia hyosciami*（Panzer)］，美洲斑潜蝇（*Liriomyza sativae* Blanchard）。

第五节 草坪害虫综合防治

自20世纪60年代提出综合防治以来，在理论和实践两方面均发展很快，并已经为国内外广大科技工作者所接受，并加强研究和应用。目前的害虫防治工作均不同程度地向着综合防治这个方面发展。综合防治的对象最初仅指害虫，其后发展到病虫害，现代综合防治对象的范围扩大到一切危害植物的生物，称为有害生物综合防治（integrated pest control，简称IPC），亦有称为有害生物综合治理（integrated pest management，简称IPM），或有害生物综合管理。我国自20世纪70年代迄今，仍习称综合防治。

我国1975年制订的“预防为主，综合防治”的植保工作方针，对综合防治的阐述内容，其实质与国外的综合治理是一致的。

一、组建害虫综合防治技术体系的原则

关于制订害虫综合防治方案中的问题，综合防治最终要落实到具体方案的实施。制订一个理想的方案并不是朝夕即成，而需要在充分研究并掌握所面向的草坪生态系统的特点和各组成成分相互关系的基础上，才能使制订的方案切实有效。在综合防治方案的内容中，一般应注意以下几个问题。

（1）搞清当地草坪生物群落的组成结构和害虫种类及种群数量，以明确主要防治对象和兼治对象以及保护利用的重要天敌类群。

（2）研究不同防治对象的主要生物学特性、环境因素对其发生消长的影响作用，与植物物候关系等生物学、生态学问题，以明确害虫种群数量变动规律和防治的有利时期。

（3）研究不同防治对象与寄主作物、天敌生物相互之间的关系以及害虫种群密度与危害损失程度的关系，结合防治成本、草坪产值等经济、社会因素，制订科学的经济阈值或防治指标。

（4）在对各种防治对象的防治技术研究的基础上，按照综合防治的策略原则，协调组建成系统防治措施。

（5）方案的实施采取试验、示范、检验、推广的程度，并对其反馈信息加以分析总结再行改进。

二、草坪害虫的综合防治技术

针对草坪害虫的发生危害特点，按照一年春、夏、秋、冬的季节进程，以组建草坪综合防治技术体系的原则为指导，根据害虫发生的预测预报情

况，酌情采用以下草坪害虫综合防治技术。

1．种子健康检验

（1）搞好植物检疫

在调种和引种时，应有有关部门的检疫证明，以免带入危险性的害虫。

（2）使用抗虫性强的品种

尤其是对茎、叶害虫抗性较强的品种，应以优先选择使用。

（3）搞好选种和种子处理

在播种前，应搞好选种工作，除去干瘪的草籽，选用饱满健壮的草籽。选好种后，在播种时用敌百虫或呋喃丹拌种播撒，以防治地下害虫和鼠害等。

2．整地及栽培管理防治

（1）整地

在整地时，应深耕深翻土地、翻耕耙压，这样由于机械损伤和鸟兽啄食，可以大大压低虫口基数。

（2）施肥

在施底肥时，应施入腐熟的有机肥。因为腐熟的有机肥在其腐熟过程中，由于产生高温，能将虫卵及幼虫杀死。而且腐熟的有机肥可改善土壤结构，促进根系发育、壮苗，增强抗虫能力。适当施入一些碳酸氢铵、腐殖酸铵等化肥做底肥，这对抑制蛴螬有一定的作用。

（3）灌水

在秋冬和初春季节，适时大水漫灌，对地下害虫和在土中化蛹的蛾类害虫有一定的杀死作用，这样可以压低虫口基数。

3．春季防治害虫技术

春季3～5月是金龟子成虫羽化危害期、地下害虫上升到地表危害期以及蛾类害虫和蜡类害虫羽化产卵期、蚜虫开始扩散危害期，应采取以下防治措施。

（1）诱杀防治

①灯光诱杀　金龟子成虫、蛾类害虫、蝼蛄类、叶蝉类、飞虱类害虫都具有趋光性，尤其是对黑光灯具有极强的趋性，采用黑绿单管黑光灯比普通黑光灯诱杀效果可提高7.89%～13.68%，对铜绿丽金龟可提高诱虫量90%以上。

②糖醋液诱杀　糖醋液对地老虎成虫和粘虫成虫具有很好的诱杀作用。糖醋液的配置方法为：红糖6份、米醋3份、白酒1份、水2份，加入少量的敌百虫，放在小盆或大碗里，天黑前放置在草坪上，天亮后收回，收集盆

中的蛾子，并将它深埋。为了保持原味和诱杀效果，每晚加半份白酒，每10～15天更换1次。

③毒饵诱杀　用50％敌敌畏乳剂1 000倍液喷洒在莴笋叶或泡桐叶上，于黄昏后几张叶堆放一堆，可诱杀金龟子成虫。用麦麸（米糠、玉米糁、高粱糖、马粪亦可）100份＋水100份＋1.5％敌百虫粉剂2份混合拌匀，每公顷22.5kg，随配随撒，不宜过夜，对诱杀蝗虫类、蟋蟀类害虫效果显著。用50％敌敌畏或8％灭蜗灵喷拌蚕豆叶、绿肥或油菜叶，傍晚堆放于草坪，次日清晨收回清理，可诱杀蜗牛、野蛞蝓。

④杨树枝把诱杀　将杨树枝叶扎成把，傍晚放入草坪，次日清晨收回，可诱杀地老虎、粘虫和沙潜成虫。

(2) 农业防治

对干旱地区或干旱成分的草坪，适当灌水，可以抑制金针虫等地下害虫。在灌水的同时，配入50％的辛硫磷或50％的马拉硫磷1 000～1 500倍液，可以有效地防治各类地下害虫。

4．夏季防治害虫技术

夏季是各类茎、叶害虫的发生盛期，应采用以下防治措施：

(1) 人工捕捉

在数量不大时，可用捕虫网捕杀蝗虫类。利用斜纹夜蛾产卵成块的习性，在成虫盛期，人工摘除卵块和消灭初孵群集幼虫。在地老虎发生量不大，枯草层又薄的情况下，用手轻拂被害苗周围的表土，即可找到潜伏的幼虫，每天清晨捕捉，坚持10～15天，效果显著。

(2) 化学防治

在害虫发生量较大时，可采用药剂防治，首先应采用无公害农药，又应针对某一时期的主要害虫，同时兼治其他害虫。

①杀虫抗生素　在蚜虫、螨类、蛾类害虫的低龄虫期，可采用爱福丁1.5％的乳剂3 000～5 000倍液喷洒，可起到很好的杀虫效果。同时也可以兼治麦秆蝇、蓟马等害虫。对人畜无害。

②敌用激素类农药　卡死克、灭幼脲类农药是仿昆虫激素类农药，对人畜、天敌无害。可有效地防治蝗虫、蟋蟀、蛾类害虫。还可以兼治其他一些害虫。

③采用对人畜无毒的化学农药　如溴氰菊酯、功夫菊酯类农药，可兼治蛾类害虫、蚜虫、红蜘蛛、蓟马、麦秆蝇、蜗牛、蛞蝓等各类害虫。

④采用对剧毒农药随水漫灌或洒毒土的方式防治害虫　如敌敌畏、呋喃丹、马拉硫磷、甲基异柳磷等农药，对人畜毒性较大，应采用随水漫灌或洒

毒土的方式、隐蔽施药，防治各类害虫可收到良好效果，对人畜危害也不大。

5. 秋季防治害虫技术

①清洁田园

清除草坪内和草坪周围的垃圾堆，减少害虫的栖息场所。尤其在秋冬季节，应清除枯枝落叶、枯草等，集中堆沤，以消除上面的虫卵。

②适时灌水

在9～10月份，适时大水漫灌，使许多害虫不能入土化蛹，或化蛹不久的害虫可提高其死亡率。也可使各种地下害虫不宜栖息，使其露出地面，以便于集中喷药防治。

第八章

草坪杂草及其防除

第一节 草坪杂草的危害

杂草防除是草坪建植与养护管理中的一个关键环节，尤其是建植的新草坪，一旦杂草未能得到有效控制，很可能导致整片草坪彻底毁灭。

一、定义及其危害

杂草，一般是指人们非有意识栽培的植物，或指长错了地方的植物。针对草坪而言，指草坪中不希望有的、阻碍草坪草生长发育的、影响草坪稳定性及其景观效果的各种植物均为杂草。

但应指出，杂草是一个相对的概念，具有一定的时空性。在时间上，同一种植物某一时间下是杂草，这个时间以外，就不一定是杂草；在空间上，同一种植物在某块地域范围内是杂草，其他地方就是一种很好的草坪草，如高羊茅、匍匐翦股颖、狗牙根都可以是杂草，也可以单独形成很好的草坪。

由此就可以把草坪杂草的防除理解为：任何用来防止草坪杂草出现或把不需要的植物从期望的草坪中去掉的措施。

杂草对草坪的危害是非常可观的，轻者影响草坪景观效果、影响草坪的稳定性以及草坪的总体一致性；重者甚至可以毁掉一块草坪，造成生态效益和经济效益的严重损失。

杂草对草坪的具体影响是：杂草与草坪争水、争肥、争光能，侵占地上、地下空间，严重影响草坪草的生长发育。

杂草为多种病虫害的中间寄主，为病虫提供越冬、繁殖场所，如：簇生卷耳、繁缕、荠菜、婆婆纳、车前草等一些常见的杂草都是蚜虫、红蜘蛛的越冬寄主；看麦娘是叶蝉、飞虱的寄主；小旋花是地老虎和盲蝽的寄主；蟋蟀草可以传播飞虱；狗尾草传播粘虫和水稻细菌性褐斑病等；另外，很多杂草，经常带有病毒，往往这种带病毒的杂草就成了病毒病害的初侵染源。

杂草不仅降低草坪种子的产量，而且混杂其中的杂草种子也降低了草坪种子的纯度，使其质量受到严重影响，商品价值下降。

某些杂草影响人畜健康，如：豚草和荨麻草的花粉可使人患病；有毒的曼陀罗、猪殃殃、龙葵、毒麦和田冠草等的种子、汁液、气味都对人体有毒害；带有芒、刺的白茅、蒺藜等都会给人造成伤害。

杂草防除，增加了养护管理费用。

二、主要生物学特性

杂草作为一种野生植物，由于长期的生态适应具有顽强的生命力，形成了许多草坪草不具备的特殊的生物学特性和发生规律。如：在抗旱、耐瘠薄、抗病虫害等多方面都远远超过人工种植的草坪草。

1. 杂草的多实性、连续结实性和落粒性

杂草的繁殖能力强，种子数量多，常见的狗尾草、稗、繁缕平均每株结籽可达 1 000～1 500 粒、蟋蟀草可高达 50 000～135 000 粒，1 株生长正常的藜平均结籽量为 200～200 000、艾蒿更甚能结 1 000 万粒种子等。而且杂草种子成熟期不一致，落粒性强，随熟随落粒。另外，杂草不仅繁殖力强，种子的寿命也长，而且具有出苗的不整齐性，在条件适宜时可随时萌发，也就是在相同的条件下，并不一起萌发，而是每年萌发一部分，同年的种子要分几年陆续萌发出苗生长；而且种子又具有休眠特性，在不良环境下能休眠几年甚至几十年，保持其生命的延续。

2. 多种传播方式

杂草可以有多种方式进行传播，如：随着引种可将混杂在草坪草种子中的杂草种子，人为地进行远距离传播；或随风进行远距离传播，如小白酒草、一年蓬、蒲公英等；依靠种子上的钩毛或刺等附属物，附着在动物和人的衣裤上进行传播蔓延，如苍耳、野燕麦；或依靠种子的自动弹射及其种子上的黏液，黏附在动物身上或人的衣裤和物体上而被传播，如常见的蓝花酢浆草；还可随水流传播等。

3. 生态的适应性和抗逆性

杂草种子个体小、生长迅速、幼苗粗壮，很快形成庞大群体将草坪草覆盖。抗逆性（抗旱性、抗渍性等），如果抗旱性强，伏旱时，草坪生长受抑，而杂草却生气勃勃，如白茅、刺儿菜等；抗渍性强，草坪在降水多，地下水位高，灾害严重情况下生长受抑，而杂草却如鱼得水，生长更旺，如空心莲子草、天胡菜、双穗雀稗等；抗寒性强，越年生长杂草在严冬之下长得葱葱

绿绿，而且具有地下根茎或宿根；抗瘠性强，在贫瘠土壤中能繁茂生长。

4. 繁殖方式多样

杂草一般既能异花授粉，又能自花授粉，而且对传粉媒介要求不严格，其花粉都可以通过风、水、昆虫、动物或人进行传播 。同时有的还能无融合生殖，就是可以不经过受精而产生胚胎和种子。这些现象在蒲公英属、早熟禾属、委陵菜属中均有存在。此外，还有许多杂草再生能力非常强，如田旋花，只要有一段根状茎上有一营养芽，1 年后它的根状茎的总长度就能达几百米，其上的营养芽可达万个，很快会长成一片。

由此不难看出，在草坪建植和养护管理中，防除杂草是十分重要的。

第二节　常见草坪杂草的识别

草坪杂草的种类很多，据报道，我国目前已发现杂草种类约 1 000 种以上，常见杂草有 600 种左右，草坪杂草近 450 种，分属 45 科 127 属，其中主要杂草有 60 种。

由于杂草种类多，形态各异，加之有些杂草具有拟态性，更增加了杂草识别的困难。杂草可以按形态、生物学习性、生态学特性，以及研究和防除目的等多种方法进行分类。通常按生物学特性可分为：一年生、二年生和多年生杂草。一年生杂草从种子开始一年内完成生活周期，又有冬季一年生杂草和夏季一年生杂草之分。冬季一年生杂草夏末或秋初发芽生长，第二年夏季死亡，如一年生早熟禾、普通卷耳、宝盖草。夏季一年生杂草春季发芽，一般秋后第一次寒霜后死亡，如蓼、大戟、马唐等；二年生杂草如球茎田蓟活一年以上但不超过两年；多年生的杂草可存活两年以上，如以种子繁殖为主但根茎也能繁殖的蒲公英、车前草等，以匍匐茎、地上茎、果实及其他类型营养繁殖，也可通过种子繁殖的如匍匐冰草、卷耳等。

本书以防除为目的，结合其他特性，将草坪杂草分成 3 种功能类型，即一年生禾本科杂草、阔叶杂草和多年生杂草。

一、一年生禾本科杂草

1. 马唐（*Digitaria sanguinalis*）：禾本科，一年生草本。又称鸡爪草。株高 30～60 cm。茎基部倾斜或横卧，着土后节易生根。叶片条状披针形。叶鞘短于茎节，鞘口具毛，叶舌钝圆，膜质。总状花序 3～8 枚，呈指状排列于穗顶。小穗双行互生于穗轴一侧，颖果。它是黄河、长江流域及以南地区的主要杂草。为夏季一年生禾草，春末夏初萌发，生长在温、湿和中度光照、强光照条件下，穗的顶端有指状突起，横向生长竞争性很强。夏末初秋，温度变低时生长缓慢或停止生长，第一次霜冻后死亡，常在草坪中形成暗淡的褐色斑块。

2. **狗尾草**（*Setaria viridis*（L.）Beauv.）**和黄狗尾草**（*Setaria Glauca*（L.）P.B.）：禾本科，夏季一年生草本。发芽晚，常见于新播的草坪，在已建植好的草坪中不常见，并常与马唐相混淆，但不像马唐那样横向扩展。株高 30～60 cm。茎秆直立或基部曲膝，有分枝。叶条形，长 5～30 cm，叶鞘松弛，叶舌毛状。近基部叶片上有茸毛，穗黄色，圆柱型为其鉴定特征。

3. **蟋蟀草**（*Eleusine indica*（L.）Gaertn.）：禾本科，夏季一年生草本。又称牛筋草。须根，发达，入土深很难拔除。株高 15～60 cm，秆扁，丛生。叶条形，长达 15 cm，叶鞘压扁具脊。穗状花序顶生，2～7 个分枝呈指状排列于秆顶，小穗成双行紧密着生于压扁穗轴一侧。颖果长 1.5 mm，三角状卵形，有明显的波状皱纹。广布于全国各地。它在马唐萌发几周后开始萌发，外观上与马唐相似但颜色较深，中心呈银色，穗呈拉链状，常见于暖温带及更势气候区的板结、排水不良的土壤上。

4. **画眉草**（*Eragrostis pilosa*（L.）Beauv）：禾本科，一年生草本。秆丛生。叶鞘具脊，光滑或鞘口具柔毛。叶舌为一圈短纤毛。叶片狭长形。圆锥花序较开展，枝腋间具长柔毛，

小穗长圆形。颖果长圆形。分布于全国各地。

5. **稗草**（*Echinochloa crusgalli*）：禾本科，一年生草本。株高 50～130 cm。秆直立或斜生，下部节上还会长出分蘖，无毛。叶条形长可达 40 cm，中脉灰白色，叶鞘光滑，无叶耳、叶舌。圆锥花序顶生，直立或垂头，紫褐色，小穗密集于穗轴一侧，有芒。谷粒椭圆形，黄褐色，平滑有光泽。新建草坪危害严重。

6. **毒麦**（*Lolium temulentum* L.）：禾本科，一年生或越年生检疫性杂草。株高 60～130 cm。直立，苗期基部微带紫色。叶片线装披针形。无叶耳，叶舌膜质。穗状花序，长 10～15 cm，穗轴节间较长，小穗单生第二颖片较硬，有狭膜质边缘。芒自外稃顶端稍下处伸出，刚直或稍弯。颖果长圆形，与内稃联合，不易脱离。该草原产欧洲，后传入我国。主要随草坪草种子传播。

7. **野燕麦**（*Avena fatua* L.）：禾本科燕麦属，一年生草本植物。又称燕麦草或铃铛麦。株高 40～120 cm。秆直立，光滑。叶片阔条形，长 10～30 cm。叶舌透明膜质。圆锥花序直立而疏散，塔形，长 10～25 cm。小穗柄细长，弯曲下垂，有 2～3 个小花。外稃质地坚硬，芒从稃稍下方伸出，

长2～4 cm，膝曲，可扭转。颖果纺锤形，被绒毛，腹面有纵沟。是西北、东北、华北等草坪的主要恶性杂草

8. **看麦娘**（*Alopecurus aequalis* Sobol）：禾本科，一年生或二年生草本植物。株高15～40 cm。直立或基部曲膝。秆单生或丛生。叶线形，灰绿色，叶鞘光滑，叶舌膜质。圆锥花序细圆柱状，长3～8 cm，小穗具短柄，密集在穗轴上。颖膜质，外稃与颖近等长，基部中央有一芒，无内稃。花药澄黄色。颖果长椭圆形，约1 mm。它是长江流域常见主要杂草。

9. **一年生早熟禾**（*Poa annua* L.）：一年生或多年生，在潮湿遮阴条件下，草坪土壤板结时发生蔓延。生长习性从疏丛型到匍匐型，在冷的气候下，在草坪中表现为淡绿色斑块，常在炎热的夏季干枯死亡。整个生长季节都长穗，4、5月份抽穗最多。在温凉的气候条件下，只要无病害、灌水及时、修剪低矮就可形成非常漂亮的草坪。

10. **秋稷**（*Panicum dichotomiflorum* Michx.）：夏季一年生禾草，发芽较迟，可在秋季新建草坪上危害，短紫色叶鞘，种穗可长成舒展的圆维花序。

11. **少花蒺藜草**（*Cenchrus paciflorus* Benth.）：夏季一年生禾草，常见于稀疏草坪中，尤其在贫瘠砂质土壤上多见。可结出坚硬刺球，常粘到衣服上。

12. **棒头草**（*Polypogon monspeliensis*（L.）Dest.）：禾本科，一年生草本。又称稍草。株高20～60 cm。秆丛生，直立或基部膝曲，节上生根。叶条状披针形，长5～8 cm；叶鞘短于节或稍长，节部稍凹，黑褐色；叶舌抱茎，干膜质，长4～5 mm。圆锥花序呈穗状生于茎顶，长6～10 cm。小穗密生穗轴上，灰绿色或略带紫色，有极短的梗，含1花。颖片的芒短于小穗。颖果，椭圆形或纺锤形。主要分布于华东、西南、华南等。

二、多年生禾本科杂草

1. **香附子**（*Cyperus rotumdus* L.）：莎草科，多年生禾草，株高15～60 cm。具匍匐根状茎和块茎，块茎坚硬，褐色，有香味。秆三棱形，平滑，长单生。叶条形，叶鞘紫褐色，常裂成纤维状。通过种子、根茎和小而硬的地下球茎繁殖，常通过其三棱茎和茎的颜色来鉴别。球茎可在土壤中存活几年，并能重新产生植株。晚春地下球茎发芽后地上枝条出现，夏季生长旺盛，数量大量增加。秋天上部枝条消失，而下部球茎继续存活越冬，常见于暖温带或更暖的气候区。而紫香附子（*Cyperus rotundus* L.）则主要分布于亚热带或温暖的气候区。

2. **狗牙根**（*Cynodon dactylon*（L.）Pers）：禾本科，多年生旱田杂草，又称拌根草。匍匐根状茎发达，覆盖地面或埋于浅土层，质硬，多分枝，节上生根。株高10～30 cm。叶条形，叶鞘具脊，鞘口常有长柔毛，叶舌短呈小纤毛状。穗状花序呈指状排列于秆顶，小穗侧偏，灰绿色或淡紫色，无柄，呈覆瓦状2形排列于穗轴一侧。颖果。暖季型多年生禾草，常见于暖温带气候区内，也可用作草坪。

3. **白茅**（*Imperata cylindrica*（L.）Beauv.var.*major*（Nees）C.E.Hubb.）禾本科，多年生杂草，又称茅草。根状茎发达，黄白色，有甘汁，节有鳞片和不定根。地上茎直立，叶线状披针形，主脉明显，脊部突出。叶多聚集茎基部，有叶舌，膜质钝尖。圆锥花序，长5～15 cm，小穗长圆形，基部密生白色长丝状柔毛，花药黄色，小穗成熟后自柄上脱落，种子随风飞散。遍部全国。

4. **匍匐冰草**（*Agropyron repens*［L.］Beauv.）：多年生杂草，靠强壮的根茎扩繁，是寒温带气候最严重的杂草，淡灰绿，叶耳长而紧扣。

5. **高羊茅**（*Festuca arundinacea* Schreb.）：质地粗糙，冷季型常绿禾草，在草坪中常形成丛状。然而，全为高羊茅时，可形成良好的草坪，特别是在温带和亚热带之间的过渡带表现良好。

6. **翦股颖**（*Agrostis palustris* Huds.）：冷季型多年生禾草，通过地上匍匐茎蔓延，可形成松散致密的斑块，最终可占据整个草坪。修剪低短，管理适当，可形成很好的草坪，否则可视为严重的杂草。

7. **隐子草**（*Muhlenbergia shreberi* J. F. Gmel.）：匍匐多年生禾草，在草坪中形成与翦股颖类似的斑块，常分布在暖温带或更暖地区的潮湿、遮荫处。叶片短小、扁平、带有宽的皱折，指向顶端。

8. **毛花雀麦**（*Paspalum dilatatun* Poir.）：多年生禾草，质地粗糙，靠种子繁殖，热带及亚热带气候条件下生长旺盛，喜欢温暖土壤环境，簇状，可严重影响草坪的外观质量，也影响草坪的可运动性。

9. **芦苇**（*Phragmites communis* Trin.）：禾本科，多年生草本。又叫苇子。根状茎粗壮，匍匐地下，纵横交叉。茎直立，高1～2 m。有节，节上有白粉。叶鞘圆桶形，无毛或有细毛，叶舌有毛。叶片宽披针形或阔条形。圆锥花序，小穗上除第一小花为雌花外，其余全为两性花，外稃窄披针形，基盘有长丝状柔毛。主要分布于东北、西北、华南垦区及东部沿海地区。

10. **双穗雀稗**（*Paspalum distichum* L.）：禾本科，多年生草本。株高20～60 cm。具根状茎和匍匐茎。叶片条形或条状披针形。总状花序2（3）枚呈指状排列于秆顶，小穗椭圆形，成两行排列于穗轴一侧，第一颖缺或微小，第二颖被微毛，与第一外稃等长，中脉明显．颖果椭圆形，长约 8 mm，贴生于内稃，极不易分离。主要分布于南方各地。

11．**碱茅**（*Puccinella distans*（L.）Parl.）：禾本科，多年生或越年生杂草。又称碱茅草。茎秆直立，基部膝曲多分蘖，高 15～40 cm。叶鞘短于节间，光滑无毛，叶舌膜质；叶片窄披针形，暗绿色。圆锥花序展开，每节又有 6 个细长分枝，平展或上举。颖与外稃顶端钝，有不规则细齿。颖果纺锤形。该草是华北及黄淮海地区的严重杂草。

12．**苔草**（*Carex* spp.）：莎草科。多年生草本。株高 5～40 cm 左右，茎秆三棱形。分布于东北、华北、西北、西南 等，繁殖力强，危害严重。

三、阔叶杂草

1．**播娘蒿**〔*Descurainian sophia*（L.）Schur〕：十字花科，一年生或越年生草本植物。又称麦蒿。株高 30～120 cm，茎直立，多分枝，密生灰色绒毛，叶二至三回羽状深裂，背面多毛，下部叶有柄，上部叶无柄。总状花序顶生，花淡黄色。长角果窄条形，果梗长。种子一行，长圆形至卵形，褐色，有细网纹。主要分布于华北、西北、华东、四川等。

2．**荠菜**〔*Capsella bursa-pastoris*（L.）Medic.〕：十字花科，一年生或二年生草本植物。株高 20～50 cm。茎直立，有分枝，全株被白色的分枝毛。基生叶丛生，平铺地面，大头羽状分裂，裂片有锯齿，叶柄长，抽苔后叶互生。茎生叶不分裂，窄披针形，基部抱茎，边缘有缺刻或锯齿。总状花序多生于枝顶，少生于叶腋。花小，白色，有梗，成十字形排列。果实为短角果倒三角形或倒心形，扁平，先端微凹。种子长椭园形，淡褐色。全国各地都有分布。

3．**藜**（*Chenopodium album* L.）：藜科，一年生早春性草本植物。又称灰菜。株高 30～120 cm。茎直立，多分枝，有条纹。叶互生，叶形变化大，多为菱、卵形或三角形，先端尖，基部宽楔形，叶缘具不整齐的粗齿，叶背有灰绿色粉粒，叶柄细长。花小、聚合成圆锥花序，排列甚密，顶生或腋生。胞果包于花被内或顶端稍露，种子双凸状，黑色，有光泽。全国各地都有。

4．**卷茎蓼**（*Polygonum convolvulus* L.）：蓼科，一年生草本。又称荞麦蔓。茎缠绕、细弱，具分枝。叶互生，多呈圆形或心形，先端渐尖，基部宽心形，托叶鞘状褐色，无毛。花序顶生或腋生，穗状花序间断状稀疏排列。花稀疏，白色或淡红，苞片淡绿色，边缘白色。花被 5 深裂，果实稍增大。瘦果三菱形，黑色，无光泽，包于宿存花被内。主要分布于东北、西北、华北等。

5. **香薷**（*Elsholtzia ciliata*）：唇形花科，一年生草本。又称野苏子。株高30～50 cm。茎直立，上部分枝，四棱形，有倒向疏生短软毛。叶对生，有柄，叶片椭圆状或披针形，端锐尖，边缘有锯齿，基部楔形，两面均被柔毛。轮伞花序，多花，形成偏向一侧顶生假穗状花序。花冠淡紫色，上唇直立，下唇3裂。小坚果近圆形，褐色或黑色。主要分布在东北、青海、内蒙古等地。

6. **猪殃秧**（*Galium aparine* L.）：茜草科，一年蔓生或攀缘草本植物。茎自基部多分枝，茎有四棱，棱上、叶缘及叶被中脉均有倒钩刺。叶4～8片轮生，叶条状倒披针形，近无柄。聚伞花序，腋生或顶生，疏散，花小，花冠黄绿色，有细梗。小坚果双头状，密生钩状刺。主要分布在黄河以南各地。

7. **繁缕**〔*Stellaria media*（L.）Gyr.〕：石竹科，一年生或越年生草本植物。又称鹅肠草。株高10～30 cm。茎直立或平卧，自基部多分枝，下部节上生根，茎的一侧有一行短柔毛。叶对生，卵形，全缘，顶端锐尖，下部叶有长柄，上部叶无柄。花单生于叶腋或排成顶生的聚伞花序，花梗长约3 mm，花白色。硕果卵形或长圆。种子近圆形，稍扁，褐色，密生刺状小突起。全国各地都有分布。

8. **大马蓼**（*Polygonum lapathifolium* L.）：蓼科，一年生草本。又称酸模叶蓼。株高20～100 cm。茎直立呈绿色至粉红色，有分枝，光滑无毛，茎节膨大。叶互生，叶片披针形或宽披针形，大小变化很大，顶端渐尖，基部楔形；前期叶片上常有新月形黑斑，全缘。花序圆锥形，顶生或腋生。花淡红色或白色。瘦果卵形，扁平黑褐色，有光泽，全部包于宿存花被内。分布于东北、华北、华中，陕西等地。

9. **田旋花**（*Convolvulus arvensis* L.）：旋花科，多年生草本。又称箭叶旋花，小喇叭花。茎细弱，横生或缠绕。叶互生，卵状长圆形或箭形，全缘或3裂，中裂片较长，两侧裂片展开，略尖，叶柄长。花单生于叶腋，花冠漏斗形，粉红色或白色，顶端5浅裂。朔果球形或圆锥形，种子4粒，卵圆形，黑褐色。与田旋花相似的为小旋花，又叫打碗花、兔耳草。全国各地都有分布。

10. **刺儿菜**（*Cephalanoplos segetum*）：菊科，多年生草本。又叫小蓟、刺蓟。有较长的根状茎。株高20～50 cm，茎直立，无毛或有蛛丝状毛。叶互生，无柄，茎生叶椭圆形或椭圆状披针形，全缘或有齿裂，边缘有刺，两面有蛛丝状毛。头状花序，单生于植株顶端，苞片多层，花管状，紫红色。

瘦果椭圆形或长卵形，褐色，冠毛羽状。该草再生能力强。全国各地都有分布。

11. **大巢菜**（*Vicia sativa* L.）：豆科，越年生或一年生蔓性草本。又称救荒野豌豆。茎自基部分枝，长 25～70 cm，有棱，疏生短绒毛。羽状复叶，有卷须；小叶长椭圆形或倒卵形，先端截形，凹入，有细尖，基部楔型，两面疏生黄色柔毛；托叶戟形。花 1～2 朵生于叶腋，花梗短，有黄色疏短毛；花萼钟状，萼齿 5，有白色疏短毛；花冠紫红色或红色。荚果条形，扁平。种子近球形。幼苗子叶留土；第一、二羽状复叶有小叶 1～2 对，长圆形。全国都有分布。

12. **铁苋菜**（*Acalypha australis* L.）：大戟科，一年生草本。株高 30 cm，光滑无毛，茎直立，有分枝。叶互生，卵状棱形，叶缘有钝齿，叶柄长。穗状花序腋生，雌花生于叶状苞叶内，苞片展开时呈肾形。蒴果小，钝三角形，被粗毛。主要分布于长江及黄河流域中下游、沿海及西南、华南各地。

13. **苣荬菜**（*Sonchus brachyotus* DC.）：菊科，多年生草本。株高 20～50 cm。地上茎直立，常呈紫红色，上部分枝。基生叶长圆状披针形，长 10～20 cm，先端钝尖，基部渐窄成柄，叶缘有稀缺刻或浅羽裂，中脉白色，较宽。茎生叶无柄，基部耳状抱茎。头状花序在茎顶排成伞房状。苞叶多层，舌状花鲜黄色。瘦果长椭圆形，冠毛白色。全国都有分布。

14. **问荆**（*Equisetum arvense* L.）：木贼科，多年生草本。地上茎二型。孢子茎黄褐色，肉质圆柱形，不分枝，鞘大而长，茎顶着生孢子囊穗；营养茎鲜绿色，高 15～60 cm，具 6～15 条纵棱。叶退化，下部联合成鞘，鞘齿三角状披针形、膜质，与鞘筒近等长；分枝轮生，中实，有棱脊 3～4 条，单一或再分枝。

15. **鸭趾草**（*Commelina commumis* L.）：鸭跖草科，一年生草本。株高 20～40 cm。茎直立或匍匐，下部节上生根。叶互生，似竹叶，卵状披针形，长约 7 cm，基部有宽膜质的叶鞘，有缘毛。花序外总苞片心形、有柄，。花腋生或顶生，蓝色，花冠不整齐，花瓣 3，分离。蒴果椭圆形，白色，干后开裂。种子 3 粒，表面有皱纹。

16. **苍耳**（*Xanthium sibiricum* Patrin）：菊科，一年生草本。又称老苍子。茎直立粗壮。叶三角状卵形或心形，3 条叶脉明显，叶柄长 3～11 cm。头状花序单性腋生或顶生，成簇生长；雄花序球形，密生柔毛；雌花序椭圆形，成熟后包在瘦果外的总苞片变硬，颜色由绿色变成淡黄或褐色。表面有稀疏钩刺。瘦果，倒卵形。遍部全国各地。主要靠种子繁殖，也可以通过匍匐茎繁殖。叶片小，多茸毛，深绿，生长致密，与繁缕生长习性相似。是潮湿和板结土壤的指示植物。

17. **菟丝子**（*Cuscuta chinensis* Lam.）：旋花科或菟丝子科，一年生茎寄生杂草。又称黄藤子。无根、茎丝状、黄色、蔓生，左旋缠绕。叶退化成鳞片状或完全退化。花簇生，花萼杯状5裂，花冠白色，壶形或钟形上部5裂。蒴果球形，被宿存的花冠包住，成熟时整齐的周裂。种子黄褐色，表面粗糙，椭圆形。分布于全国各地。

18. **龙葵**（*Solanum nigrum* L.）：茄科，一年生草本，又称野葡萄。茎直立，多分枝，略有棱。株高20～100 cm。叶互生，有柄，卵形，顶部渐尖，全缘或有不规则波状粗齿。花序生于叶腋外，簇生呈伞房状，有梗。多花，下垂，花冠白色，辐射。浆果球形，成熟时黑色。种子压扁，近卵形。生长于酸性至中性土壤。全国都有分布。

19. **繁缕**〔*Stellaria media*（L.）Gyr.〕：石竹科，冬季匍匐一年生植物。叶片小，浅绿，茎多茸毛，多分枝，由枝生根，向四周扩展面积大，与草坪草竞争力强，冷凉季节白色星状花出现，是潮湿、板结土壤的指示植物，常见于果领上病虫引起的稀疏草坪区。

20. **凹头苋**（*Amaranthus ascendens* Loisel）：苋科，一年生草本。又称紫苋。株高10～30 cm。全株无毛。茎平卧上升，基部分枝。叶菱状卵形，顶端钝圆而有凹陷，基部宽楔形，全缘，叶柄长 。花簇腋生于枝上部，形成穗状花序或圆锥花序。胞果卵形，略扁，不开裂，稍皱缩。种子黑色，有光泽。全国都有分布。

21. **反枝苋**（*Amaranthus retroflexus* L.）：苋科，一年生草本。又称西风谷、野苋。茎粗壮，稍有钝棱，株高20～120 cm，多分枝，密生短柔毛。叶互生，有柄，叶菱状卵形或椭圆状卵形，顶端有小尖头，基部楔形，叶全缘或波状缘。叶脉明显突起。圆锥花序顶生或腋生。苞片膜质，花白色，有一淡绿色中脉。胞果扁球形，种子倒卵形或近求形，棕黑色。广布于温暖潮湿地区。

22. **马齿苋**（*Portulaca oleracea* L.）：马齿苋科，夏季一年生草本。又称马齿菜、晒不死。茎匍匐，多分枝，光滑无毛，绿色或紫红色。单叶互生或对生，叶短圆形或倒卵形，肉质肥厚，无柄，全缘，光滑。花黄色，生于枝顶。蒴果圆锥形，盖裂。种子极多，肾状卵形，黑色，表面有小突起。在温暖、潮湿肥沃土壤上生长良好。在新建草坪上竞争力很强。

23. **葎草**〔*Humulus scandens*（Lour.）Merr.〕：桑科，一年生缠绕性草本。又称拉拉秧。茎细弱，藤性，长可达1～6 m，六棱形，茎和叶柄密生倒刺。叶对生，掌状5～7深裂，边缘有粗锯齿，两面有硬毛。花单性黄绿色，雌雄异株。雄花序圆锥形，顶生或腋生；雌花近球形、穗状花序，腋生，苞片卵状披针形。瘦果扁球形，淡黄色。分布南方及北方南部较暖地带。

24. **蒲公英**（*Taraxacum morgolicum* Hand. -Mazz.）**和长叶蒲公英**（*Plantago lanceolata* L.）：菊科。多年生种子繁殖，主根长，具有再生能力。叶片尖裂，花浅黄，种子成熟后变白，随风飘移。长叶蒲公英多见于贫瘠、生长不良的草坪上，常与车前子共生。

25. **阔叶车前和车前**（*Plantago major* L. 和 *Plantago Rugelli* Dcne.）：车前草科。多年生，种子繁殖，叶子形成莲座叶丛，指状花轴，直立生长，常见于植株稀疏、肥力低的草坪。

25. **白三叶**（*Trifolium repens* L.）：豆科。多年生，匍匐生长，竞争性强，喜潮湿，耐贫瘠。有强壮的直立根和根茎，三个短柄叶片连在一起，花圆形、白色。以前常认为三叶草是许多草坪中的重要组成部分，现在大都把它划归为杂草。

26. **天蓝苜蓿**（*Medicago lupulina* L.）：豆科。一年生，与白三叶极相似，但花为黄花，叶片花长在茎上，叶阔，叶片有短叶柄。而三片叶片直接长到茎上。晚春或夏季草坪缺水的干旱季节蔓延发展。

27. **酢浆草**（*Oxalis corniculate* L.）：酢浆草科。淡绿色，种子繁殖，一年生或多年生，心形叶片，花黄色、五个瓣。一般生长在潮湿、肥沃的土壤上。常见于温带气候区内。

28. **扁蓄**（*Polygonum aviculare* L.）：蓼科。生长低矮，一年生，早春发芽生长。阶段不同外观有所不同。幼苗时有细长、暗绿色叶片，互生于有节的茎上。生长后期，叶小，淡绿色，不明显的小白花。长主根，抗干旱。在板结土壤上生长良好，主要分布在温带和亚热带气候区。

29. **皱叶酸模**（*Rumex crispus* L.）：多年生，种子繁殖，肉质主根，叶片大而光滑，边缘卷曲，常生长在潮湿、细质地、肥沃的土壤上。

30. **菊苣**（*Cichorium intybus* L.）：菊科。又称苦菜。多年生，种子繁殖，肉质粗主根。莲座叶片，浅蓝色花，花梗坚硬。常见于路边、不常修剪、土壤贫瘠的草坪上。

31. **酸模**（*Rumex acetosella* L.）：蓼科。丛状多年生，叶片箭形，主根粗，种子及侧枝匍匐茎繁殖。是酸性、低肥力土壤的指示植物，主要分布于温带气候区。

32. **圆叶锦葵**（*Malva neglects* Wallr.）：锦葵科。一年或二年生，种子

繁殖，主根长，圆叶，明显五裂，花白色，春末始花，后继续开花，是肥沃土壤的指示植物，广泛分布于温带或亚热带地区。

33. **婆婆纳**（*Veronica* spp.）：包括了几种一年和匍匐多年生品种，常在草坪上形成致密斑块。漂亮的蓝花，常用于园林中的装饰植物，一旦侵入草坪就很难用传统的阔叶除草剂去除。

34. **鳢肠**（*Eclipta prostrata* L.）：菊科，一年生草本。株高 15～60 cm。又称旱莲草、墨草。全株被粗毛。茎微带红褐色，直立，有时平卧，着土后易生根。叶对生，长披针形，全缘或有细齿，无柄或基部有叶柄。头状花序腋生或顶生，花白色。筒状花的瘦果三棱形，舌状花的瘦果四棱形，表面有疣状突起。茎叶揉之有黑色汁液，是判断该草的主要特征。广布于全国各地。

第三节　除草剂及杂草防除

化学防除草坪杂草是当前草坪养护管理的一种重要措施。它具有效果好、省时省工的最大优点。因此普遍被人们重视。但化学除草技术要求严格，一旦有所疏漏，就会出现药害，甚至严重损害草坪。

一、除草剂概述

由于杂草与草坪草在同一生态环境中，其生长与发育受土壤环境和气候因素的影响，因此必须根据杂草与草坪草种类、生育阶段与状况，结合环境条件与除草剂特性等诸多因素综合考虑，采取适宜的使用技术与方法，才能避免药害，充分发挥它的作用。

(一) 除草剂类型

除草剂分类标准很多。

(1) 按施用靶标分为土壤处理剂和茎叶处理剂。

(2) 按在草株体内传导方式分为触杀性除草剂和内吸性除草剂。

(3) 按作用的时间和杂草生育期可分为芽（萌）前除草剂和芽（萌）后除草剂。

(4) 按选择特性分为选择性除草剂和非选择性除草剂。

(5) 按使用方法分为直面处理除草剂和带状除草剂。

(6) 按化学结构分为芳香类、苯甲酸类、酰胺类等 17 个类型。

(7) 按防除对象可分为单子叶杂草除草剂和阔叶杂草除草剂。

(二) 除草剂的作用机制

1. 抑制光合作用

绿色植物是靠光合作用来获得养分，光合作用是植物体内各种生理生化活动的基础，是植物所特有的生理机制。这类除草剂对光合作用中二氧化碳的固定、氧的释放以及光合产物形成产生抑制，造成植物体内糖的缺乏，植物只靠消耗储存的养分维持生命，最后饥饿而死。

2. 破坏植物的呼吸作用

呼吸作用是碳水化合物等基质的氧化过程，以供生命活动的各种需要。用药之后使呼吸成为一种无用的消耗，造成能量亏损，使植物体内的各种生理、生化过程无法进行而死亡。

3. 干扰植物的激素作用

激素是调节植物生长、发育、开花和结果不可缺少物质，在植物的不同组织中都有适当的含量。当低浓度时对植物有刺激作用，高浓度时则产生抑制作用。其干扰植物体内的组织可以表现刺激与抑制两种症状。核酸、蛋白质和脂肪的合成使植物在形态、生长发育及代谢活动等方面发生变化，抑制生长、畸形而死亡。除草剂对植物的干扰、破坏作用往往不是单一的，而是多种作用共同发生，有些是直接作用，也有些是间接作用。当药剂被茎叶吸收后，在顶端抑制核酸代谢和蛋白质的合成，使生长点停止生长，幼嫩叶片不能伸展，抑制光合作用的正常进行，传导到植物下部的药剂，使植物茎下组织的核酸和蛋白质的合成增加，筛管堵塞，韧皮部破坏，有机质运输受阻，从而破坏植物正常的生活能力，最终导致死亡。

(三) 使用原则

(1) 正确选择除草剂品种

由于不同除草剂品种的作用特性、防治对象不同，所以要根据草坪草种类、田间杂草发生、分布与群落组成，选用适宜的除草剂品种。

(2) 正确确定用药量

根据除草剂的品种特性、杂草种群数量、生育状况、气候条件及土壤特性，确定单位面积最佳用药量。

(3) 确定最佳使用时期和方法。

(4) 作好除草剂的轮换和交替使用计划，以避免杂草群落的演替。

(四) 使用方法

(1) 播种前土壤施用。

(2) 播种后苗前土壤施用。

(3) 苗后茎叶喷雾。

(4) 其他，有泼浇、滴灌等多种方法。

（五）产生药害的原因及预防和解救措施

1. 药害产生的原因

①雾滴漂移；②药剂挥发；③误用、过量使用或使用时期不当；④喷雾机具的问题，如喷嘴流量不一致，后滴、压力过大等造成局部性药害；⑤混用不当；⑥除草剂降解产物造成药害；⑦异常的气候条件；⑧土壤残留；⑨其他，如由于喷雾机具清洗不彻底，造成某些敏感草受害。

2. 预防措施

①避免过量使用，根据土壤与气候条件，调节好用药量，正确掌握使用适期；②调节好喷雾器械，均匀喷雾，作到不重不漏，喷药后要彻底清洗喷雾器械；③使用残效期长的除草剂，要作好间隔期的安排。

3. 解救措施

①对光合作用抑制剂造成的药害，应及时追施速效性肥料；②对酰胺类除草剂造成的药害，可喷施赤霉素；③施用有机肥、活性炭以及耕翻等，都可消除或减轻除草剂在土壤中的残留。

萌后除草剂又有两种类型：触杀型和内吸型。触杀型除草剂是当除草剂被施用后破坏其杂草

二、除草剂的选择

目前所有除草剂中只有 10％可用于草坪除草。除了应用非选择性除草剂进行局部处理或草坪重建以外，草坪除草剂必须在草坪群落内，有效地控制杂草而不伤害草坪植物。尽管某些除草剂在其他草坪上可以应用，对特别的草坪品种来说，由于抗性差，限制很大。可用于草坪的除草剂见表8-1。

表 8-1 中给的草坪抗性的数据仅仅是参考，某些草坪品种可根据管理强度、植物的生理状况、自然环境条件不同而有所变化。当草坪处于胁迫状态时容易受到除草剂的损害。

三、不同杂草种类的具体防除方法

（一）一年生杂草的控制

1. 夏季一年生禾本科杂草防除

大多数一年生禾本科杂草是草坪中的一类恶性杂草．如马唐、止血马唐、牛筋草、狗尾草、金色狗尾草和湖南稷子等。这些杂草在种子发芽到柔嫩幼苗生长期阶段对除草剂较敏感，因此，可以通过萌前或萌后除草剂来控制。播后苗前常用的除草剂有氟草胺（Benefin）、地散磷（Bensulide）、敌草索（DCPA）、环草隆（Siduron）和芽眠灵（Terbufol）等；成坪期可选择的

表 8-1 用于控制草坪杂草的除草剂及草坪草的敏感性

普通名	英文名	使用	时间	早熟禾	剪股颖	细羊茅	高羊茅	黑麦草	狗牙根	结楼草	钝叶草	假俭草	BAHIA	杂草
莠去津	Atrazine	叶,土	萌前,后	伤害	伤害	伤害	伤害	伤害	中等	中等	安全	安全	伤害	阔叶,一年生禾草
氟草胺	Benefin	土	萌前	安全	中等	中等	安全	安全	安全	安全	安全	安全	安全	一年生禾草
地散磷	Bensulide	土	萌前	安全	安全	安全	安全	安全	安全	安全	安全	安全	安全	一年生禾草
噻草坪	Bentazon	叶	萌后	安全										
2,4-D	2,4-D	叶	萌后	安全	伤害	安全	安全	安全	安全	安全	伤害	安全	安全	阔叶
敌草索	DCPA	土	萌前	安全	中等	伤害	安全	安全	安全	安全	安全	安全	安全	一年生禾草
麦草畏	Dicamba	叶	萌后	安全	中等	中等	安全	安全	安全	安全	中等	安全	安全	阔叶
灭草灵	Ethofumisate	叶	萌后	中等	伤害	伤害	伤害	安全	伤害	伤害	伤害	伤害	伤害	一年生早熟禾
涕丙酸	Fenoxapropethyl	叶	萌后	安全	伤害	安全	安全	安全	伤害	伤害	伤害	伤害	伤害	一年生禾草
草甘膦	Glyphosate	叶	萌后	—	—	—	—	—	—	—	—	—	—	所有,多年生
二甲四氯	Mecoprop	叶	萌后	安全	安全	安全	安全	安全	安全	安全	中等	中等	安全	阔叶
赛克津	Metribuzin	叶,土	萌前,后	伤害	伤害	伤害	伤害	伤害	安全	中等	中等	中等	中等	阔叶,一年生禾草
茶丙酰草胺	Napropamide	土	萌前	伤害	伤害	伤害	伤害	伤害	安全	安全	安全	安全	安全	一年生禾草
有机砷	Org. Arsenicals	叶	萌后	中等	中等	伤害	中等	中等	安全	安全	伤害	伤害	伤害	一年生禾草
恶草灵	Oxadiazon	土	萌前	中等	伤害	中等	安全	未知	安全	安全	—	—	—	一年生禾草
二甲戊乐灵	Pendimethalin	土	萌前	安全	安全	安全	安全	安全	安全	安全	安全	安全	安全	一年生禾草
拿草特	Pronamide	土	萌前,后	伤害	伤害	伤害	伤害	伤害	安全	—	—	—	—	一年生早熟禾
稀禾定	Sethoxydim	叶	萌后	伤害	伤害	伤害	伤害	伤害	伤害	伤害	伤害	安全	伤害	一年生,多年生杂草
环草隆	Siduron	土	萌前	安全	中等	安全	安全	安全	安全	安全	安全	安全	安全	一年生禾草
西玛津	Simazine	土	萌前,后	伤害	伤害	伤害	伤害	伤害	中等	安全	安全	安全	伤害	阔叶,一年生禾草
绿草定	Triclopyr	叶	萌后	安全	伤害	中等	安全	安全	伤害	伤害	伤害	伤害	中等	阔叶

引自张志国“草坪建植与管理”

除草剂有甲肿钠（DSMA）、甲肿一钠（MAMA）等。萌前除草剂只要施用时间得当会非常有效。但在杂草严重的地方，需隔6～8周第二次施用才能达到满意的控制效果。常通过一次性萌后施用涕丙酸，用以防除冷季型草坪中夏季一年生杂草。如果用有机砷，常需要喷几次，通常每隔7～10天施1次，施用2～4次才能达到完全控制。在冷季型草坪内，有机砷对植物毒性非常大，过量使用或在高温下使用（＞32℃），可以伤害草坪，同时可以加速杂草的蔓延。在狗牙根草坪中，最常用于控制蟋蟀草的除草剂为甲砷一钠和赛克津的化合物。

2. 冷季一年生禾本科杂草的防除

此类杂草由于其生长在草坪部分或全部休眠的时期，可以强烈地侵占草坪，故采用化学防除，用适量的除草剂是比较理想的措施。对卷耳类杂草可用麦草畏或2，4-D，最好在秋季根据杂草幼苗生长的情况作一次性防治，到翌年春季开花结子之前再重复处理一次。对一年生早熟禾，使用地散磷，于夏季或初秋，当种子产生大量幼苗时施用，早春再重复喷药以除掉剩余植株。在精细管理的草坪上，冬季一年生恶性杂草是一年生早熟禾，它可以在狗牙根草坪中用拿草特来控制，但除草剂几周后才能发挥作用。在夏末狗牙根草坪上一次施用地散磷可以萌前控制一年生早熟禾。狗牙根草坪用冷季型草覆播90天之前应用除草剂，可以除掉大多数一年生早熟禾，而除草剂不致残留土壤伤害临时性冷季草坪草。等狗牙根完全休眠以后，可用草甘膦除掉一年生早熟禾杂草。但要覆播冷季型草时则不能用草甘膦。在冷季型草坪群落中，一年生早熟禾则很难控制。萌前除草剂（除环草隆外）可以用来控制由种子重新长出的杂草，但对已发芽的一年生早熟禾无效果，灭草灵对控制萌后一年生早熟禾特别有效，但是，只有多年生黑麦草真正对其有抗性，而其他冷季型和暖季型草则会被其损伤或杀死。

由于一年生早熟禾常在大块、草坪出苗不全的地方大量侵入，使得问题更加复杂化。在除掉杂草后造成大块秃斑，此时需要补栽，除草剂残留会影响种植新草坪。另外，即使除草剂充分消失，一年生早熟禾也会重新进入，并非常有竞争性，影响其他草坪的进入。因而，在冷季型草坪上，一年生早熟禾的控制很大程度上取决于草坪草对除草剂的抗性及竞争能力。

（二）多年生杂草的控制

在冷季型草坪群落内，多数多年生杂草难以控制。用非选择性除草剂人工去除或局部处理（多数情况下用草甘膦），可能是唯一的方法。为防止一年生早熟禾进入，在去除多年生杂草后，留下的空缺需立即重建新的草坪。然而大多数情况下，用草甘膦处理土壤没有残留问题，多年生杂草也不会通过种子而重新侵入草坪。只要除草剂有足够的时间在目标植物体内传输（通常 3 天），就可以建植与原草坪相配的草坪。

在暖季型草坪群落中，某些多年生杂草可以有选择地控制。狗牙根草坪中雀稗和斑点雀稗用几次有机砷除草剂后则可控制。草甘膦用来局部处理某些杂草，并常被用来控制高尔夫球场沙坑或其他由草坪内蔓延出来的草。

香附子在冷季型和暖季型草坪都是个问题。尽管不是禾本科杂草，但它是单子叶杂草，传统的控制方法是用有机砷。噻草坪效果也可以，因为它对草坪草危险性很小、效力高。紫色的香附子尽管外貌同香附子相似，但更难以控制。

（三）阔叶杂草的控制

大多数阔叶杂草可用选择性内吸型除草剂，2，4-D 丁酯、麦草畏、二甲四氯等苯氧羧酸类除草剂。若适时使用 2，4-D 喷雾或颗粒撒施，可使大多数阔叶杂草得到控制而不伤害草坪。对有抗性的品种则可加入或单独使用二甲四氯丙酸（MCPP）或三氮苯氧丙酸（Silvex），施后杂草在 3～7 天后开始表现中毒症状，然后逐渐死亡。有些阔叶杂草较其他种类的杂草难以杀死，应在 1 个月后再作 1 次放施药，以确保较好的效果。对生命力非常强的杂草，如天胡荽、酸模等，使用 2，4，5-T 较 2，4-D 有更好的效果。近年上海使用园林 6 号除草剂不仅对天胡荽、酸模有效，而且可以兼治白车轴草、空心莲子草、车前子、马兰、野慈姑、田旋草、婆婆纳等双子叶杂草及香附子、异型莎草。

通常提倡上述除草剂的混合使用，如 2，4-D 与二甲四氯混用，2，4-D 和麦草畏混用或三者混合施用等。

使用这类除草剂时，一是要避免喷雾时的药液漂移，二是要防止药剂在土壤中的移动，而对邻近的乔木、灌木、花、草（双子叶植物）的影响，如麦草畏，在土壤中移动性很强，木本植物根部吸收量达到一定程度就会受到严重的影响，因此麦草畏应当远离桧类观赏树木的地方施用。

在暖季型草坪群落中，其他的除草剂包括莠去津类、赛克津类和拿草特，均可用来控制阔叶杂草。在钝叶草和假碱草草坪中，可用莠去津来控制阔叶杂草，因为这些草对苯氧羧酸类除草剂非常敏感。

表 8-2 列出了对苯氧羧酸类除草剂相对敏感的杂草种类。

表 8-2　阔叶杂草对 2，4-D、二甲四氯、麦草畏选择控制的敏感性

杂草名	拉丁名	2，4-D	二甲四氯	麦草畏
田旋花	*Convolvulus arvesis* L.	敏感～中等	中等	敏感
碎米荠	*Cardamine hirsuta* L.	敏感～中等	敏感～中等	敏感
加州苜蓿	*Medicago polymorpha* L.	中抗	敏感	敏感
毛茛	*Ranunculus repens* L.	敏感～中等	中等	敏感
粟米草	*Mollugo verticillata* L.	敏感	敏感	敏感
野胡萝卜	*Daucus carota* L.	中等	中等	敏感
菊苣	*Cichorium intybus* L.	敏感	敏感	敏感
繁缕	*Stellaria media*（L.）Cryillo	抗	敏感～中等	敏感
卷耳	*Cerastium vulgatum* L.	中抗	敏感～中等	敏感
委陵菜	*Pottentilla canadensis* L.	敏感～中等	敏感～中等	敏感～中等
绛车轴	*Trifolium incrnatum* L.	敏感	敏感	敏感
红三叶	*Trifolium agrarium* L.	中等	敏感	敏感
白三叶	*Trifolium repens* L.	中等	敏感	敏感
老鹳草	*Geranium carolinianum* L.	敏感～中等	敏感～中等	敏感
英国雏菊	*Bellis perennis* L.	抗	中等	敏感
茼蒿	*Chriysanthemum laucanthmum* L.	中等	中等	中等
蒲公英	*Taraxacum mongolicum* Hand.－Mazz.	敏感	中等	敏感
野蒜	*Allium vineale* L.	中等	抗	敏感～中等
山柳菊	*Hieracium pilosella* L.	敏感～中等	抗	敏感～中等
夏枯草	*Prunella vulgaris* L.	敏感～中等	敏感～中等	敏感
宝盖草	*Lamium amplexiaule* L.	中抗	中等	敏感
欧亚活血丹	*Glechoma hederacea* L.	中抗	中等	敏感～中等
矢车菊	*Centaurea maculosa* Lam.	中等	中等	敏感
扁蓄	*Polygonum aviculare* L.	中抗	中等	敏感
藜	*Chenopodium album* L.	敏感	敏感	敏感
胡枝子	*Lespedeza striata* Turcz.	中抗	敏感	敏感
圆叶锦葵	*Malua rolundifolia* L.	中抗	中等	敏感～中等
天蓝苜蓿	*Medicago lupulina* L.	抗	中等	敏感
野艾	*Artemisia vulgaris* L.	中等	中抗	敏感～中等
野芥芥末	*Brassica kaber* L.	敏感	中等	敏感
野葱	*Allium canadense* L.	中等	抗	敏感～中等
漆姑草	*Sagina procumbens* L.	中抗	敏感	敏感
遏蓝菜	*Thlaspi arvense* L.	敏感	中等	敏感
天胡荽	*Hydrocotyle sibthorpioides* Lam.	敏感～中等	敏感～中等	－
独行菜	*Lepidium campestri*（L.）R.Br.	敏感	敏感～中等	敏感
羽衣草	*Alchemilla microcarpa boissier reuter*	抗	敏感	敏感

（续）

杂草名	拉丁名	2，4-D	二甲四氯	麦草畏
北美苋	*Amaranthus blitoides* Wats.	敏感	敏感	敏感
母菊	*Matricaria matricarioides*（Less.）Poter	中抗	中等	中等
宽叶车前	*Plantago major* L.	敏感	中等	抗
长叶车前	*Plantago lanceolata* L.	敏感	中等	抗
马齿苋	*Portulaca oleracea* L.	中等	抗	敏感
荠菜	*Capsella bursa-pastoris*（L.）Medic.	敏感	敏感～中等	敏感
红酸模	*Rumex acetosella* L.	中抗	抗	敏感
婆婆纳	*Veronica* spp.	中抗	中抗	中抗
斑地锦	*Euphorbia supina* raf.	中等	中等	敏感～中等
裸柱菊	*Soliva anthemifolia* R.Br.	中抗	敏感～中等	中抗
野草梅	*Fragaria vesca* L.	抗	抗	敏感～中等
蓟	*Cirsium* spp.	敏感～中抗	中等	敏感
堇菜	*Viola* spp.	中抗	中抗	中抗
酢浆草	*Oxalis stricta* L.	抗	中抗	中等
千叶蓍	*Achilles millefolium* L.	中等	中抗	敏感
山芥	*Barbarea vulgaris*（R.）Br.	敏感～中等	中等	敏感～中等

引自张志国“草坪建植与管理”

由于2，4-D类和麦草畏除草剂，在生产中常因使用技术不当而出现药害，为此很有必要将使用技术做详细介绍。

1．2，4-D**类除草剂**

(1) 防除的杂草对象　对2，4-D类除草剂敏感的杂草种类有藜、碱蓬、猪毛菜、苋、野豌豆、苍耳、苘麻、鸭跖草、田旋花、小旋花、马齿苋、荠菜、问荆、播娘蒿等，这些杂草在施药后，很快就出现叶片卷曲、顶叶下垂，以后逐渐变黄卷缩，最后死亡的现象；对2，4-D类较敏感的杂草种类有苦荬菜、小蓟、盐蒿、地肤、刺儿菜、卷茎蓼、野麻黄、黄花和白花草苜蓿等，施药后1～2天这些杂草略受抑制，叶片逐渐卷曲萎缩，停止生长，但不死亡；抗性杂草有扁蓄、车前等；抗性强的有芦苇、野燕麦、稗、狗尾草、看麦娘、马唐等多种禾本科杂草。

(2) 使用适期　禾草的分蘖末期为最适施药期。在禾草三叶期以前抗药性很弱，以后随叶龄的增加抗性逐渐加大，至4～5叶即分蘖末期抗性最强，拔节后又逐渐减弱，特别是抽穗扬花期最弱。

(3) 使用方法　主要采取兑水喷雾茎叶处理的方法，也可采用毒土撒施法，即把药与细砂土充分混拌后均匀撒施后，立即灌水。

(4) 剂量　0.454 kg/hm²。与百草敌（麦草畏）混用，可增加对扁蓄、卷茎蓼等对2，4-D类有抗性的杂草的防治效果，也可与酸性化肥如硝酸铵、磷酸铵、过磷酸钙等混合使用。

(5) 影响药效、药害的因素　气象因素对药效、药害的影响较大。一般温度高时有利药剂的吸收，在18～30℃范围内，温度越高效果越好，低温不仅药效缓慢，而且作物解毒作用差，易产生药害。应选择无风晴天时喷药，严防药液被风吹到邻田引起药害，尤其是采用低容量喷雾时，由于雾滴很细，更要严格掌握喷药技术。喷药时一般风速不能大于2 m/s，同时要和种植敏感作物的田地相距一定的距离。特别强调用过的喷雾器一定要认真充分地清洗，最好专用。湿度大有利于药剂的吸收，但不要在叶面结露时施药，否则会造成药剂流失；施药后如果降雨，也会降低药效，需及时补喷。

(6) 禾草药害症状　受害草株矮小、不长，形成筒状叶，心叶抽不出来，丛生，叶片僵直增厚变脆、浓绿、呈畸形。

(7) 配制药液时不要用硬水，最好用河水、渠水，尤其在使用2甲4氯钠盐时更需注意，否则可能发生化学反应，影响药效。

2. 百草敌（麦草畏）

(1) 防除对象　百草敌可以防除多种一年生和多年生阔叶杂草，如反枝苋、藜、鸭跖草、鼬瓣花、蓼、苍耳、猪毛菜、香薷、卷茎蓼、刺儿菜、田旋花、问荆、播娘蒿、猪秧秧、繁缕、苣荬菜、扁蓄、荠菜、小旋花、麦瓶草等。杂草接触药剂后1～2天植株出现畸形卷曲，一周内变褐，7～14天完全枯死。百草敌在麦田与2，4-D混用，除草作用增强，杀草谱扩大，特别对2，4-D类除草剂较难防除的扁蓄、卷茎蓼、猪秧秧及多年生根茎繁殖的杂草如田旋花等有较好的防效。

(2) 适期和方法　百草敌单独使用时，适期为小麦4叶期至分蘖末期，拔节开始后绝对不能使用。若与2，4-D除草剂混用，可在小麦分蘖初至分蘖末期使用；抗性杂草如卷茎蓼蔓长10～25 cm时喷雾处理，兑水量视喷雾器械而定。

(3) 剂量　1.0 kg/hm²。与2，4-D除草剂混用时要减半。

(4) 影响药效、药害的因素分析　禾草生长不良时不宜使用。气象因素及对喷雾器械的要求与2，4-D类除草剂相同

（四）芽前芽后除草剂使用技术一览表（表8-3、8-4、8-5）

表 8-3 防除草坪中杂草的芽前除草剂

除草剂种类	防除的杂草种类	抗药的草坪草种类	用量（kg/hm²）
草坪宁 1 号	马唐、狗尾草、看麦娘、婆婆纳、天胡荽、藜、繁缕等	结缕草、细叶结缕草、马尼拉矮生狗牙根、狗牙根等	0.1
绿茵 1 号	马唐、婆婆纳、繁缕、狗尾草、看麦娘等大多数禾本科杂草和双子叶阔叶杂草	结缕草、狗牙根、马尼拉、矮生狗牙根等	—
氟草胺	马唐、稗、金色狗尾草、牛筋草、芒稗、一年生早熟禾、扁蓄、一年生黑麦草、马齿苋、藜苋、砧草	草地早熟禾、多年生黑麦草、地毯草、高羊茅、细羊茅、结缕草、狗牙根、St 钝叶草、巴哈雀稗	091～1.36
地散磷	马唐、金色狗尾草、稗、一年生早熟禾、荠菜、藜、宝盖草	草地早熟禾、结缕草粗茎早熟禾、匍匐翦股颖、多年生黑麦草、St 钝叶草、高羊茅、细羊茅、狗牙根、地毯草、小糠草	3.4～4.54
敌草索	马唐、一年生早熟禾、美洲地锦、草稗、金色狗尾草、大戟、牛筋草	所有草坪草，除在球穴区划剪高度的翦股颖	4.54～6.08
草乃敌	大多数禾本科杂草	仅仅除个别暖季型草坪草	4.54
灭草灵	一年生早熟禾、马唐、繁缕、稗、金色狗尾草、马齿苋	多年生黑麦草、休眠的狗牙根	0.34～0.68
灭草隆	一年生禾本科杂草、鸡脚草、酢浆草	仅仅除个别暖季型草坪草	0.45
恶草灵	牛筋、马唐、一年生早熟禾、稗、秋稷、碎米草、婆婆纳、酢浆草	多年生黑麦草、草地早熟禾、狗牙根、高羊茅、地毯草、St 钝叶草、结缕草	0.91～1.18
胺硝草	牛筋草、马唐、一年生早熟禾、稗、秋稷、碎米草、婆婆纳、酢浆草	草地早熟禾、多年生黑麦草、羊茅、狗牙根、地毯草、St 钝叶草、巴哈雀稗、结缕草	0.68
环草隆	马唐、稗、看麦娘	草地早熟禾、高羊茅、多年生黑麦草、海岸与高地翦股颖、鸭茅	2.72～5.44
西玛津	一年生早熟禾、小盆花草、马唐、耕地车轴草、宝盖草、稗、金色狗尾草	狗牙根、St 钝叶草、结缕草、野牛草、地毯草	0.45～0.91

引自黄复瑞等“现代草坪建植与管理技术”

表 8-4　用于草坪中有选择性防除一年生禾草的芽后除草剂

除草剂种类	用量（kg/hm²）	抗药草坪草	防除的杂草种类	备　注
甲胂钠	1.81～2.72	查对该药注解。不能用于 St 钝叶草、狗牙根、细羊茅等	马唐、毛花雀、铁荸草	对于成长马唐用量要大；每隔 5～10 天重复 3 次；在温度低于 29．4℃时施；施后常会导致草坪草时失绿或变黄
甲胂-钠	1.81～2.72	查对该药注解。不能用于翦股颖，St 钝叶草、紫羊茅、细羊茅、结缕草	马唐、毛花雀稗、铁荸草	敏感度决定于气温和草坪草种类；在温度低于 29.4℃时施；大多数草坪草对甲胂-钠比甲胂钠敏感要大
拿草特	0.454	狗牙根	一年早熟禾	苗前苗后均可用
涕内酸	0.053～0.114	草地早熟禾、多年生黑麦草、细羊茅、高羊茅及一年生早熟禾等	马唐、牛筋草、稗、狗尾草等大多数一年生禾本科杂草	在芽-分蘖之前施；不要施入生长期少于一年的草地早熟禾；同时应注意不要与其他除草剂混用
绿茵 5 号	1.5～1.8	结缕草	马唐、牛筋草、狗尾草等大多数一年生禾本科杂草	杂草 3～5 叶期最佳，如已抽穗开花防效则下降；应选择晴天喷洒

引自黄复瑞等“现代草坪建植与管理技术”

表 8-5　用于选择性防除草坪中阔叶杂草的芽后除草剂

除草剂种类	用量（kg/hm²）	备　注
噻草平	0.454	在草坪中有选择地防除铁荸草；要完全防除该杂草，有时需要重复施用
溴苯腈亲酸酯	0.17～0.91	可用于坪床中防除阔叶杂草，也可与 2，4-D 二甲四氯丙酸和灭草畏等混合施用来防除翦股颖以外已建成的草坪
2，4-D	0.454	除繁缕、鼠曲草、英国雏菊、春白菊、欧亚活血丹、扁蓄、胡枝子、锦葵、苜蓿、野斗蓬草、丝状婆婆纳、大戟、堇菜、野草莓以外
二甲四氯丙酸	0.23～0.45	除酸模、蒜荠、山柳菊、野葱、宽叶车前、长叶车前、马齿苋、丝状婆婆纳、野草莓、堇菜、欧着草以外
灭草灵	0.11～0.45	除宽叶车前、长叶车前、丝状婆婆纳、堇菜以外
2，4-D＋二甲四氯丙酸＋灭草畏	0.45～0.68	
2，4-D＋定草酸	0.34～0.45	
绿茵 5 号	1.5～1.8	用于结缕草草坪中防除牛繁缕、碎米苋、

引自黄复瑞等“现代草坪建植与管理技术”

第九章

草坪养护示例

第一节 新建草坪的养护

新建草坪的养护管理非常重要，关系到草坪建植的成败。新建草坪的养护一般包括覆盖、浇水、施肥、修剪、病虫害及杂草防治等，但它又不同于成熟草坪，因为新建草坪的草坪植物处于苗期阶段，对各种不适的外界环境适应性较弱，所以需更精心的养护。

一、覆 盖

覆盖是用某些材料覆盖坪床的作业。一般用于播种的坪床上。

（一）覆盖的目的

调节地表温度，防止温度过高或过低损害已萌发的种子或幼苗；稳定种子，防止暴雨或喷灌的冲刷，防风；减少土壤水分蒸发，减少地面板结的形成，提供一个较湿润的小生镜。

（二）覆盖的材料

覆盖材料有如专门生产的地膜、纤维、无纺布等和一些农副产品如农作物秸秆、刨花、锯末等。秸秆中不要含有种穗，若有条件可采用熏蒸法杀死种子。在喷播中采用专门的纤维覆盖物。

（三）覆盖物的揭除

各种草坪草的出苗时间有所不同，要根据草种和温度而定。在15～25℃温度下，各种草坪草出苗所需天数为：多年生黑麦草7～14天，苇状羊茅7～14天，细羊茅7～21天，匍匐翦股颖4～12天，草地早熟禾14～28天，野牛草14～30天，假俭草14～20天，普通狗牙根10～30天，白三叶5天。种子发芽整齐后，就可揭去覆盖物。若覆盖物很快就腐烂可不揭。不易腐烂的覆盖物要及时揭去，否则会影响新芽的生长，并易引起病虫害。

二、浇　水

浇水是干旱地区新建草坪管理的关键措施之一。尤其在比较干旱或炎热的季节浇水就更为重要。在新播坪床上，第一次浇水应浇透，使土壤湿润至15 cm深，以后，土壤表层1.3 cm必须保持不干燥，因土壤发芽种子根系浅，需要经常给水分，若土壤干燥就会脱水死亡。但避免大水灌溉。浇水应少而慢，一般采用微喷或水滴细小的设备浇水。在炎热干旱期，每天至少灌溉3～4次，播种后，至少3周内要经常浇水。对于新铺设的草皮，滚压后应浇1次透水，草皮底下土壤应湿15～20 cm深。草皮的交接边缘或过道边缘是最易干燥和最后与土壤结合部位，可能需要每天特殊浇灌。新铺草皮需每天进行浇水，保持底下土壤湿润。一旦草皮与土壤紧密结合（大约需要10～14天），就开始减少浇水次数，按正常的浇水计划进行浇水。植生带铺植的草坪，铺完后，即可浇水，浇水同样采用微喷或水滴细小的设备，以免喷走覆土，每天浇2～3次，保持土表湿润，至苗全部出齐后，可减少灌水次数，视降水情况来灌溉，以后每次以浇透为宜。

总之，初期的草坪浇水应掌握均匀、少量、多次的原则。

三、修　剪

新建草坪的修剪应遵循1/3原则，当幼苗有50%达到高于应修剪的高度时，一般冷季型草发芽后1个月，就应修剪，铺设的草皮一般在铲起之前已修剪一遍，铺完后1个月以后可修剪。剪草机的刀片要锋利，否则伤害幼苗。根据草坪类型选择适宜的剪草机，第一次剪草前要减少浇水，使土壤坚实，防止剪草机陷入土壤，避免使用重型剪草机具。

四、施　肥

新建草坪是否施肥要根据具体情况而定。在坪床准备时，若基肥施的较多，新播的草坪一般在2个月内不用追肥，如果幼苗出现不健康的黄绿色，就开始追肥；若基肥施的较少，可在幼苗出土后，施少量的复合肥，氮肥的比例稍高为宜，新建草坪每次磷的施肥量不能高于1 kg $P_2O_5/100m^2$，1年中草坪施用P_2O_5的量根据土壤速效养分水平来施，土壤速效养分分别为0～5 mg/kg（很低）、6～10 mg/kg（低）、10～20 mg/kg（中）、20～50 mg/kg（高）、>50 mg/kg（很高）时，每100 m^2 P_2O_5的施用量分别为2.5、2、1.5、0.5～1、0 kg。若是新铺的草皮，一般磷肥比例稍高些，以利于草皮生根。施肥总的原则是均匀、少量、多次。施肥时必须保证均匀，因为肥料不能平行转移，没有撒到的地方就不会有肥料，施肥不匀，会引起草坪草生长不均匀，致使叶色深浅不一，影响外观。为了保障均匀，最好用施肥机或手推式播种机施肥，采用横向施一半，纵向施一半的方法。施肥后通常需要浇水，以防叶片灼伤。在降雨较大时不要施肥，以防肥料流失。

五、杂草与病虫的防治

杂草是新建草坪危害的大敌，直接影响建植的成败。所以防治杂草的最好方法是选择纯净的草坪草种在适宜的播种期播种或采用营养繁殖方法如铺草皮等。播种应躲过杂草旺盛出苗一生长期，防止草坪种子中存在杂草种子，如冷季型草坪草适宜在早春或秋季播种，暖季型草坪草适宜在春末或夏初。如果杂草发生很严重，必须采取措施，多采用人工拔除的方法，也可选用对幼苗无伤害的除草剂，如溴苯腈和环草隆；其他如 2，4-D 或麦草畏除草剂，也可按半标准浓度使用。幼苗对除草剂很敏感，易受伤害，所以，幼苗至少生长 1 个月后或草已经修剪 2 次后再使用除草剂。

新建草坪提倡播种前用杀菌剂处理种子即药剂拌种或药剂包衣。对种传病害、土传病害和苗期病害有明显的防治效果。如防止腐霉菌凋萎病，最常用的拌种剂为氯唑灵，防治德氏霉叶枯病最好的办法是播前拌种，即用种子重量的 0.2%～0.3%的 25%三唑酮粉剂或 50%福美双拌种。此外，还可用克菌丹和福美双等防治草坪草根茎腐病。发现病虫害应及时喷洒杀菌剂和杀虫剂，药量应严格按照药品说明书配制。

新建草坪虫害一般不甚显著，有时蝼蛄常通过打洞活动危害草坪草，此时可用毒死蜱或二嗪农进行防治。

六、覆土与镇压

用草皮新铺设的草坪，一般在草皮接口处难免不平整，可以通过覆土来解决。覆土分接口处覆土和全面覆土两种，所覆的土要细，有条件的用黄沙更好。同时注意土里不要混入杂草种子。新铺设的草皮一般需要进行多次镇压，促使草皮与坪床密接，促进生根，还能使草坪更加平整，一般第一个月进行 4 次左右。以后视情况而定。

第二节 运动场草坪的养护

运动场草坪包括足球场、橄榄球场、曲棍球场、草地网球场等。一般运动场草坪养护水平要求较高，而护坡、环保用草坪养护水平则较低。

下面以草地早熟禾（60%）与多年生黑麦草（40%）混播运动场草坪为例，介绍运动场草坪养护措施，由于各地区气候与土壤条件等诸多因素的不同，直接影响草坪的表现性能，所以应根据当地的环境条件进行修正调整来应用。

一、灌　溉

中高养护水平的草坪草在生长季节每周约需要25～38 mm的水，在3～11月，通常需要每周灌溉1次，最好在清晨灌水（4:00～8:00时），浇灌量为25～30 mm，如果土壤是沙性，则每3～4天浇灌1次，浇灌量15～20 mm（以水分浸润土壤30 cm深度计算，沙性坪床用水量约为20 mm，大约喷灌15～20 min）。浇灌后2天内，不要强度使用。在7月～8月特别炎热天气，也可在下午喷灌几分钟，为植物喷些冷水，减少叶面水分损失。在入冬前（霜降之前）最好冬灌1次，保证草坪的安全越冬。在12月～2月，草坪处于休眠时期，如果遇天热、风大的季节，土壤过于干燥时也需要浇灌1次，以免草坪植物失水干枯。总之，灌溉时间要看草坪草的需要，步行后草坪有脚印或发暗蓝绿色可能是缺水迹象，应及时灌溉。

二、修　剪

一般运动场草坪的修剪高度更决定于比赛的需求，运动员通常需求修剪的高度要比维持草坪健康生长高度要低，若想维持一个健康的高质量的草坪表面，草坪就要有健康的根和茎，要求较高的修剪高度，以满足草坪草根和茎的碳水化合物需求。所以在草坪不用的情况下，尤其在仲夏时节，应提高修剪高度（6月下旬～8月末修剪高度为6.4～7.6 cm），促进根与茎的生长。当运动场启用时，应按实际需要经常性地修剪（9月～11月和3月～6月，通常修剪高度为3.8～5.0 cm），但1次修剪勿超过30%（遵循1/3修剪原则），如果由于比赛需要更低的修剪高度，修剪还是要按1/3原则进行，确保提前经过几周慢慢地降低至比赛的高度，避免一下剪至所需高度。所剪下的草屑一律清走，不留在草坪上。

三、施　肥

施肥根据草坪的营养需要，避免过多施肥。具体的施肥方案要根据土壤测试来确定。如果草坪在秋季由于比赛遭到损害，春季必须追施氮肥。磷、钾肥对提高草坪的耐磨性起着重要的作用。通常情况下，4月20日～4月30日生长月施氮量2.5～5 g/m^2，5月20日～5月31日，施氮3.8～5 g/

m^2，7月～8月基本不施肥，9月1日～9月15日施氮量为3.8～5 g/m^2，10月15日～11月15日施氮量5～10 g/m^2。肥料中50%为缓释肥最好。避免在早春（3月与4月初）重施肥，否则易染病害、易受高温胁迫和干旱损伤。在高温环境条件下，避免施肥。磷钾肥要根据土壤测试结果来施用（表9-1），推荐氮、磷、钾比例为4:1:2、3:1:2和3:1:1。测试土壤pH值，若土壤pH值过高，很可能铁不充分，若土壤pH值过低，土壤可能缺乏镁，尤其是沙质的坪床。

表9-1 土壤速效养分水平与建议施肥量

单位：kg/100m^2·a

项目	土壤养分水平与施肥量				
土壤速效磷 P_2O_5 水平（mg/kg）	0～5	6～10	10～20	20～50	>50
磷 P_2O_5 施用量	2	1.5	1	0～0.5	0
土壤速效钾 K_2O 水平（mg/kg）	0～40	41～175	175～250	250～300	>300
钾 K_2O 施用量	2.5	1.5～2	0～0.5	0～0.5	0

四、杂草与病虫害防治

控制杂草主要选用人工拔除和化学防除。春季发生阔叶杂草时，应及时防治，阔叶杂草多选用2，4-D等除草剂。夏季是杂草多发季节，禾本科杂草如马唐、蟋蟀草等应进行芽前喷施除草剂。对多年生顽固杂草可用草甘膦或茅草枯点喷或选用人工拔除。

病虫害的防治是草坪养护管理中重要的内容，病害中真菌引起的病害最严重，草地早熟禾易发生的病害有褐斑病、锈病、币斑病、立枯病、叶斑病等，夏季为多发季节。每年春季开始要及时喷洒杀菌剂，预防真菌孢子的侵染。控制的药剂有百菌清、多菌灵、甲基托布津、代森锰锌、粉锈宁等，施用方法为从5月初开始至9月底控制夏季病害，每7～10天喷洒1次杀菌剂，从8月初开始至10月底开始控制锈病，每两周喷洒1次粉锈宁，在德氏霉叶枯病发病初期用25%敌力脱乳油、25%三唑酮等控制。喷洒时采用机托式药物喷洒机，在上午9：00～10：00时喷洒，药剂要采用触杀型和内吸型轮换施用方式，以降低病菌的抗药性，提高防治效果。

草坪害虫以茎叶部为主，危害草坪草叶子和茎部，主要有蝗虫、夜蛾、甲壳类、麦蚜、蜡类等。在蝗虫类发生期用50%马拉硫磷、75%杀虫双乳剂或40%氧化乐果乳剂1 000～1 500倍液喷雾。夜蛾类如粘虫、劳氏粘虫、斜纹夜蛾等的防治最好抓住3龄前喷洒杀虫剂，可用敌百虫、辛硫磷、敌敌畏、西维因、溴氢菊酯。叶甲类如麦茎叶甲、黄曲条跳甲等一般3～4月危害严重，防除的药剂有乐果、马拉硫磷乳剂、辛硫磷乳剂等。其他如蚜虫、叶蝉等对草坪危害不太严重，一般药剂即可杀死。草坪根茎部害虫主要有蝼蛄、蛴螬、金针虫等，其中蛴螬危害草坪最严重。食叶害虫可用的农药很多，但对于地下害虫，较难控制。在蛴螬轻发生时（1 头/m^2），草坪受害 6%～7%，可普通防治；重发生时（3～5 头/m^2），草坪受害 10%～15%，应重点防治。特重发生（5 头/m^2 以上），草坪受害 20%，应采取紧急措施。防治方法有：根翻土地，用机械或其天敌降低虫口密度，用黑光灯诱杀或药物防治，用辛硫磷乳油、乐果乳油拌种。或用辛硫磷乳油 250～300 mL 倍喷洒在草坪上。

五、滚　压

滚压能增加草坪草分蘖和促进草坪草匍匐茎的伸长，抑制匍匐枝的突起，使草坪草节间变短，草坪变密，具有使损伤和松动的草皮与地表的结合、平整表面等修饰坪床的作用。一般在冬季多雨、多雪的地区，春天在土壤半干半湿情况下进行滚压，使地表密缝，免受春季干风危害，土壤过湿时干不宜滚压。有时运动场草坪使用后，草皮受损或松动，在修补后可进行滚压。滚压用人力或机引滚筒进行，手推滚筒重为 60～120 kg，机引滚筒为 80～500 kg。

六、打　孔

运动场在长期使用后，地面会变得非常坚实，通气透水能力明显降低，需要打孔每季至少 1 次。应在春季 2 次，早秋 1 次（9～11 月）用钉齿滚筒，在草坪上滚压刺孔，也可使用叉子在草坪上叉孔，采用专业草坪打孔机效果会更好，可以将心土塞打出，并使心土塞干 1～2 天后，再用耙或旋刀剪草机把心土塞弄碎。打孔之后 3 周内尽量避免大强度使用。如果气温持续超过 25℃，请不要打孔。

七、覆沙

覆沙可使草坪表面得到平整，对不定芽、匍匐茎的再生和发育有促进作用。覆沙一般在冬、春、秋季进行，多数是伴随着打孔作业而进行。一般一个运动场覆沙量每年为 20～60 t。覆沙时通常要和肥料与补播种子混合使用。

八、草坪修补与更新

当运动场草坪使用后，有受损的草坪就应及时修补，对磨损较大的地带，在秋季或早春补播草种。或在9～11月进行铺草皮。

九、补　播

运动场草坪由于运动受到严重的磨损与踩实，尤其是在踩踏比较严重地区，为了维持草坪质量和运动性，每年需要在春季（4月中下旬）补播，补播的草种为：60%草地早熟禾（其中20% Baron，20% Glade，20% Touchdown），40%多年生黑麦草（40% Manhattan），播种量为10～15 g/m²，补播步骤为：

（1）尽可能低的修剪草坪，但不能齐根，并把所剪下的草屑移走。

（2）用与坪床类似土壤填平下陷地方，确保原有的等高和地表排水。

（3）以3～4个不同的方向进行打孔通气。

（4）用圆盘播种机或补播机补播或打孔后撒播。

（5）用耙耙一下，确保种子与土壤接触。

（6）播种后立即喷洒环草隆除草剂，防止一年生禾本科杂草入侵竞争。

（7）每天浇水，维持草坪表面湿润，确保草坪草快速萌发成坪。

十、其　他

一般在草坪返青前进行草坪内枯枝落叶的清理。秋冬季（9～12月）应及时清除去落叶，特别是草坪边缘有乔木、灌木的地上落叶覆盖草坪，会遮蔽阳光，影响补播幼苗的生长，并容易繁殖病菌。利用冬季休闲时期，清洗和整修各种草坪机械与设备，备齐零件，以便翌年开春后使用。对翌年所需的肥料、除草剂、杀菌剂、沙虫剂、土壤改良剂、着色剂、沙子等作预算，并订货预购，以便开春后使用。在草坪草进入休眠停止生长而土壤尚未冻结时，应取土壤样品，进行土壤理化成分的测定（pH值、有机质、氮、磷、钾、铁、镁、钙等），以供翌年施肥等改良土壤措施的参考。

第三节　公园、植物园草坪的养护

公园、植物园草坪的养护依赖于草坪草种或品种、资金的充足与否等因素，下面以北京的天坛公园草地早熟禾草坪、颐和园混播草坪、北京市植物园草地早熟禾草坪为例，介绍公园、植物园草坪的养护。

一、天坛公园的草坪养护

(一) 地理环境条件

天坛公园地处北纬39°53′，东经116°24′，海拔43 m，暖温带大陆季风气候，冬季寒冷干燥，夏季炎热多雨，雨季集中在6、7、8、9四个月，分别占全年降水量的12.8%、37.5%、24.8%、9.3%，月最高气温也在5、6、7、8四个月，分别为38.1℃、42.6℃、50.5℃、38.3℃，月平均风速最小处于7、8、9三个月，分别为1.7 m/s、1.6 m/s、1.8 m/s，月均相对湿度最大处于7、8、9三个月，分别为73%、75%和67%，土壤为壤质淋溶褐土，肥力中等。

(二) 草坪草种

天坛公园草坪草种种植情况见表9-2。有的地块单播，有的地块2个或多个草种的混播，有的地块是同一草种不同品种的混合。

表9-2 天坛公园不同地段种植的草坪草

地　点	种植的草坪草种与品种	播种时间
管理处	草地早熟禾：康尼（Conni）、亨特（Huntsville）	1996年春
西二门—丹陛桥	草地早熟禾：伊克利（Eclipse）、康尼（Conni）、福雷登（Freedom）、纽布鲁（Nublue） 多年生黑麦草：高兴（Pleasure）	1996年9月3日
职工食堂西侧	草地早熟禾：伊克利（Eclipse）、午夜（Midnight）（Midnight）、福雷登（Freedom）、纽布鲁（Nublue） 多年生黑麦草：爱神特（Accent）	1998年4月25日
坛墙北侧	草地早熟禾：亨特（Huntsville）、朋友（Sidikick）、伊克利（Eclipse）、午夜（Midnight）、福雷登（Freedom）、兰神（Nublue）、新疆早熟禾 苇状羊茅：卡玛里罗（Camarillo）、爱瑞（Arid） 多年生黑麦草：丹迪（Dandy） 落草：(*Koeleria cristata*（L.）Pers.) 硬羊茅 匍匐紫羊茅：巴哥那 鸭茅	1998年3月26～27日
绿化一队西侧	草地早熟禾：朋友（Sidikick）、亨特（Huntsville）、伊克利（Eclipse）、午夜（Midnight）、福雷登（Freedom）、兰神（Nublue）、新疆早熟禾、哥来德（Glade）、纳苏（Nassau） 多年生黑麦草：爱神特（Accent） 苇状羊茅：爱瑞（Arid）、卡玛里罗（Camarillo）、猎狗（Houndog V） 落草：(*Koeleria cristata*（L.）Pers.)	1998年

（三）新坪的养护管理

播种时坪地深翻 30～40 cm，施有机肥 100 g/m^2，在管理处西侧草坪，在建植前曾用溴甲烷（CH_3Br）熏蒸，溴甲烷用量 68 g/m^2，熏蒸时间为 72 h，通风时间为 7～10 天，熏蒸后有效地控制了杂草的发生。播种出苗前每天浇水，用喷头喷，不能用管子直接浇，多年生黑麦草 5～7 天出苗，草地早熟禾 7～10 天后出苗，当多年生黑麦草处于 3 叶期（高度为 6.5 cm），草地早熟禾 2 叶期（高度为 1.5 cm）施分蘖肥 10 g/m^2 尿素，当多年生黑麦草高度为 13 cm，草地早熟禾 3.1 cm，进行第一次修剪，留茬 4.5 cm，修剪 3 次后进行正常的养护管理。

（四）浇灌

浇灌的原则是见干见湿，每次浇灌均要浇灌透。根据返青情况制定不同的浇灌时间，西二门—丹陛桥两侧由于返青比较早，2 月 26 日浇第一次水，以后每周浇灌 1 次；进入 4 月中旬至 6 月，由于气温逐渐增高，蒸腾作用加大，草坪需水增加，每周浇灌 2～3 次；夏季高温多雨季节，冷季型草坪草由于处于半休眠状态，需水量减少，但为了降低草坪表面温度仍需浇灌，浇灌时间为9:00～11:00，14:00～16:00；9 月以后基本每周浇灌 1 次，冬季最后 1 次浇灌冻水直到水管结冰为止，根据气温，约 11 月中下旬浇 1 次冻水。管理处草坪 3 月 6 日开始返青，3 月 3 日开始浇灌；职工食堂浇灌与西二门—丹陛桥两侧的一样。

（五）修剪

2 月底 3 月初，进行第一次修剪，留茬 4 cm，目的为清除枯草及落叶，加速返青，春秋季草坪草生长快，需勤修剪，4 月 8 日（草高 15 cm）进行第二次修剪，修剪按 1/3 原则，留茬 8～9 cm；过 3～4 天在修剪 1 次，留茬 4～5 cm，春秋一般 5～7 天修剪 1 次，留茬 4～5 cm，夏季一般 7～10 天修剪 1 次，留茬 10 cm。秋季最后一次修剪在 11 月 1 日，留茬 10 cm。1998 年管理处冷季型草坪草共修剪 35 次，西二门—丹陛桥修剪 23 次，职工食堂草坪草由于是 1998 年新建草坪，修剪共 15 次。

（六）施肥

根据土壤测定，管理处与西二门—丹陛桥草坪缺乏 N、P 肥，所以 3 月 15 日施尿素 15 g/m^2，KCl 15 g/m^2，4 月 17 日管理处与西二门—丹陛桥施磷酸二铵 20 g/m^2，5 月中旬若草坪草颜色浓绿，就不用施肥，个别地块颜色黄绿，植株细弱，应少量追肥。5 月 20 日～7 月 2 日，为了提高草坪抗热性，减少夏季病害，在每隔 10 天 1 次药剂防治草坪病害的过程中，加入 0.3%的 KCl，从 7、8、9 三个月的病害发生情况看，这样做是非常有效的。

秋季施肥是非常重要的，可以提高草坪草越冬能力、延长绿期和提早返青。从 8 月 28 日施秋肥，硫铵 30 g/m^2；9 月 25 日管理处草坪施硫铵 30 g/m^2，西二门—丹陛桥施尿素 30 g/m^2，11 月 2 日所有冷季型草坪草普遍施 1 次硫铵，施肥量为 30 g/m^2。

（七）病害及杂草防治

从 4 月 30 日对草坪进行病害预防，灌井冈霉素 1 000 倍；5 月 12 日，乙磷铝 500 倍；5 月 20 日，用杀毒矾 500 倍，以后根据病害发生的种类及发生的面积，采取不同地段喷、灌不同的药剂。如褐斑病（7 月 2 日在管理处草坪上发生病害）的防治措施是灌甲基托布津 1 000 倍 + 井冈霉素 500 倍，过 5 天再在病斑处灌用井冈霉素 500 倍，可有效地防治；秋季发生小面积褐斑病可用井冈霉素 500 倍 + 乙磷铝灌，防治效果也很好。叶斑病（5 月 13 日在西二门—丹陛桥草坪上发生病害）可用乙磷铝 500 倍防治，过一周用杀毒矾 500 倍防治。腐霉枯萎病在 5 月 29 日在职工食堂西侧曾用溴甲烷熏蒸过的草坪上发病，于 6 月 14 日第一次打杀菌剂乙磷铝 500 倍 + 瑞霉素 500 倍来治疗有效地控制病害的蔓延，6 月初草坪基本恢复，以后同公园其他处草坪一样，每隔 10 天左右喷洒杀菌剂来预防。7 月 2 日发病仍为腐霉枯萎病，继续用乙磷铝 500 倍 + 瑞霉素 500 倍来治疗，直到 8 月 26 日此块地没有其他病害发生。

天坛公园杂草防除主要依靠人工拔草，在草坪建植前做过溴甲烷熏蒸土壤来控制杂草试验（溴甲烷用量为 68 g/m^2，熏蒸 72 h，通风 7～10 天）熏蒸，获得了很好的效果。

二、颐和园的草坪养护

（一）立地条件

北京颐和园与天坛公园的气候一样，但颐和园立地条件十分复杂（表 9-3）；从土质看，砖、瓦、石灰渣多，较贫瘠，pH 值偏高（表 9-4），绝大部分土壤 pH 值都在 8.0～9.15；从地形看，地形起伏多变，土壤结构复杂，不同部位温差大；从植被看，植被类型不同，光照条件变幅大。

表 9-3 颐和园立地条件

地 点	壤土厚度 (cm)	石砾含量 (%)	光照强度 (100lx)	坡 度 (%)
队部门口	5	1~3	229	3~5
小湖周围	20	25	101.6	5~10
后湖北岸	20	20	740.67	40~60
中御路东段	10	20	301.83	15~60
南环路	20	35	142.3	3~5
南湖岛院内	20	10	303	5

表 9-4 颐和园不同地段土壤理化性质（1998 年 8 月）

地点	碱解氮 mg/kg	速效磷 mg/kg	有机质 %	Fe mg/kg	Cu mg/kg	Zn mg/kg	Mn mg/kg	pH 值
队部门口	16.11	18.65	0.33	29.4	1.0	8.8	45.7	7.8
小湖周围	96.95	28.21	2.93	56.1	18.0	18.5	85.2	7.8
后湖北岸	100.8	10.27	2.19	38.3	4.9	17.4	62.0	7.8
中御路东段	153.3	8.93	2.93	47.1	2.9	24.5	102.8	7.6
南环路	79.8	9.56	2.04	41.3	3.5	9.4	82.7	8.0
南湖岛院内	79.1	2.37	2.93	43.5	7.6	25.9	53.1	7.9

（二）草坪草种与品种

颐和园草坪多选用混播（表 9-5）。

表 9-5 颐和园草坪草种与品种

地点	草坪草种与品种	种植时间	种植方式
队部门口	草地早熟禾（伊克利 25%，福雷登 25%，纽布鲁 25%，肯利 25%）	1998 年 4 月	播种
小湖周围	苇状羊茅（爱瑞 70%），草地早熟禾（福雷登 20%），多年生黑麦草（丹迪 10%）	1998 年 4 月	播种
后湖北岸	苇状羊茅（爱瑞 50%），多年生黑麦草（丹迪 50%）	1996 年	栽草苗
中御路东段	草地早熟禾 70%（福雷登 40%、纽布鲁 40%、肯利 20%），苇状羊茅（教练 20%），多年生黑麦草（丹迪 10%）	1996 年	播种
南环路	苇状羊茅（教练 50%），多年生黑麦草（丹迪 50%）	1997 年	播种
南湖岛院内	苇状羊茅（教练 40%），草地早熟禾 40%（亨特 50%、福雷登 50%），紫羊茅（维斯塔 10%），多年生黑麦草（丹迪 10%）	1997 年	播种

(三) 灌溉

清晨4:00～8:00时灌水是最佳的时间。一般避免在中午灌溉，因此时水的蒸发损失最大，也避免在晚上灌溉，此时虽然水蒸发损失少，但空气相对湿度大，水在草坪叶表面滞留的时间长，易引起草坪病害。灌溉次数应根据草坪草的需要，在草坪草萎蔫前灌溉，草坪发暗、蓝绿色，而且走后有脚印留下，此迹象说明草坪需水，需要灌溉。公园草坪灌溉不应频繁，只有当草坪草缺水情况下，才浇灌，一次尽可能浇灌透，这样可以促进草坪根向深处扩展，提高抗旱性。浇灌量应根据草坪草品种（表9-6）、土壤质地与结构、地面斜坡程度、当地的气候条件、栽培利用的强度、生长季的长短来确定。草坪生长在砂质土上灌溉次数比黏土的频繁，黏重土壤吸收水分慢，每小时不超过0.25～0.76 cm，这样的土壤喷灌需30 min，当草坪表面发生径流时停止灌溉。有的地方是房后或树下比较遮荫处不需要经常浇水，而靠近路边、房阳面等处土壤容易干旱，需要经常浇水，所以不均衡处需要手工浇灌是必需的。

表9-6 草地早熟禾品种水利用率的相对排序

草地早熟禾品种	相对水分利用率
Birka	很高
Bonnieblue	
Majestic	
Merion	
Nugget	
Sydsport	
Bristol	高
Enprima	
Fylking	
Geary	
NuDwarf	
Park	
South Dakota Certified	
A-34	中等
Aquila	
Delta	
Enita	
Enmundii	
Parade	
Pennstar	
Vantage	
Victa	
Banff	低
Baron	
Cheri	
Cougar	
Entopper	
Galaxy	
Glade	
Plush	
Touchdown	
A-20	很低
Adelphi	
Enoble	
Newport	
S-21	

1995年以前，颐和园草坪浇灌主要采用水泵抽湖水和用胶皮管接自来水，费水费工。1996年以后主要采用微喷方法，采用微喷后每次可节约用水5 041 t（全园冷季型草坪草22.4万m^2，每次用水量为7696 t，微喷每次用水量为2655 t）。1998年冷季型草坪草主要生长季浇水32次。

（四）修剪

修剪按照1/3修剪原则，平地或主要游览区当冷季型草坪草长到13～15 cm左右时修剪，留茬高度为8～10 cm（夏季修剪高度为10 cm左右），坡地或非主要游览区草坪草长到18 cm左右时修剪，剪草的留茬高度为12 cm。使用烯效唑喷洒草坪，用量为300 mg/kg，可有效地减少草坪修剪次数。但在混播草坪上施药，由于草坪草种的不同对药的耐性也不同，喷后出现一些高矮不齐的现象，影响景观效果。

（五）施肥

具体的施肥方案要根据土壤测试来确定。通常情况下，4月20日～5月10日生长月施氮量0.25～0.5 kg N/100m^2，6月5日～6月15日，施氮0.38～0.5 kg N/100m^2，7月～8月基本不施肥，9月1日～9月15日施肥量为0.38～0.5 kg N/100m^2。10月15日～11月15日0.5～0.75 kg/100m^2。避免在早春（3月与4月初）重施肥，否则易染病害、易受高温胁迫和干旱损伤。在高温环境条件下，避免施肥。磷钾肥要根据土壤测试结果来施用（表9-1）。测试土壤pH值，若土壤pH值过高，很可能铁不充分，若土壤pH值过低，土壤可能缺乏镁。颐和园在5月中上旬，做过施用0.2%的磷酸二氢钾（喷雾）、硫铵40 g/m^2、复合肥30 g/m^2、草坪专用肥60 g/m^2等试验都能明显地提高草坪质量与观赏效果，但施用0.2%的磷酸二氢钾（喷雾）既经济又取得良好的效果。

（六）病害及杂草防治

一般在建植时进行药剂拌种，如用0.3%的50%五氯硝基苯可湿性粉剂拌种，对各种病害防治效果很好，持效期可达2个月左右，至少减少打药3次。使用化学药剂防治始期应不迟于5月10日，间隔天数应不超过20天。在颐和园杂草主要是人工拔草，本着“除早、除小”的原则及早进行。也做了化学除草试验，对冷季型草坪草苇状羊茅与草地早熟禾草地双子叶（阔叶）杂草防除采用苯磺隆，在杂草3叶期喷施，用药量16.5 g/hm^2，当杂草5叶期用药量为21 g/hm^2。配制药剂时需加600 g/hm^2中性洗衣粉，药效更好。对旋覆花较难治的杂草隔15～20天再打药，连续打3次，才能基本根除。防治禾本科杂草，如在草坪草未出土前或刚露尖时，杂草2～3叶期，采用除草通450 g/hm^2防治效果最好。在草坪草1叶期，禾本科杂草2～3

叶期，采用丁草胺1200 g/hm² 防治效果最好。

（七）枯草层的处理

大多数草坪草很易形成枯草层，薄的枯草层对草坪有利（1.3 cm），可以提高草坪的韧性与耐磨性，抵抗高温的变化。枯草层超过1.3 cm就易染病虫害。草地早熟禾是易形成枯草层的草种，所以当草坪枯草层厚度大于1.3 cm时就应除去，可用手工或动力耙，手工耙用于小面积地块，动力耙用于大面积地块。对于草地早熟禾草坪除去枯草层的最佳时期为春季草坪草返青前和秋季，春季除去枯草层最好结合喷洒一些芽前除草剂，以防一年生杂草的入侵。心土耕作也可以减少枯草层的积累。

（八）其他

在靠近路边或人们践踏较严重的地方，土壤紧实，应进行打孔，改善草坪环境条件，受严重破坏已形成光秃的地方，可采取补播或铺草皮。对观赏有图案组合的草坪应用修边机进行修边，保持草坪线条的清晰。

三、北京植物园的草坪养护

（一）环境条件

北京植物园地处山地，含砾石多，质地为轻壤土，土壤贫瘠，水肥渗透性强。北京植物园各处土壤养分含量见表9-7。

表9-7 北京植物园土壤养分含量（0～20 cm）

地点	有机质 %	全 氮 %	碱解氮 mg/kg	速效磷 mg/kg	速效钾 mg/kg	pH值
盆景园	1.11	0.072	62.3	18.1	103.0	8.75
办公楼	2.24	0.094	78.9	18.5	58.0	8.30
月季园	1.56	0.096	72.0	13.4	88.1	8.75
科普楼南部	1.53	0.075	52.6	19.2	90.0	8.75
科普楼北部	1.98	0.105	67.8	16.7	94.0	7.55
科普楼西部	1.88	0.105	72.0	16.5	79.1	8.60

2. 草坪草种与品种

选用的草坪草种：盆景园和办公楼前为草地早熟禾，温室外围为苇状羊茅，科普楼前为苇状羊茅和草地早熟禾或紫羊茅和草地早熟禾混播（表9-8）。

表 9-8 北京植物园各处种植的草坪草种

地 点	草坪草种或品种	播种日期
盆景园	草地早熟禾：福雷登（Freedom）、伊利克（Eclipse）、纳苏（Nassau）、维瓦（Viva）	1996年5月12日
办公楼	草地早熟禾：福雷登、伊利克（Eclipse）、康尼（Connni）、巴林（Balin）	1996年8月27日
科普楼南部	草地早熟禾：伊利克（Eclipse）、康尼（Connni）、道温（Dawn）	1997年9月7日
科普楼北部	草地早熟禾、紫羊茅	1997年9月7日
科普楼西部	草地早熟禾、苇状羊茅	1997年6月22日

（三）浇灌

根据不同地段和不同草种确定浇灌量，办公楼前草地早熟禾草坪由于有地埋式喷灌系统，每周浇灌2次左右；盆景园草地早熟禾草坪配有移动式喷灌系统，每周浇灌1次；科普楼的苇状羊茅、紫羊茅和草地早熟禾草坪，由于水源不充足，根据干旱情况每月浇灌1～2次。夏季高温季节，由于冷季型草坪草生长缓慢，多处于休眠状态，草坪草需水量减少，但水分蒸发强度大，为降温每周浇灌1～2次。冬季最后1次冻水直到水管结冻时止，一般在10月底至11月上旬。早春返青水则在日均气温超过零度时，即2月底至3月初。冻水与返青水要浇灌透。

（四）施肥

施肥一般一年2次，春季与秋季各1次。肥料为尿素20 g/m^{2}和复合肥50 g/m^2，夏季高温一般不施肥，局部缺肥地区喷洒0.3%尿素溶液作叶面追肥。对生长比较弱的草坪在打药时加入磷酸二氢钾，以增强植物的抗逆性。

（五）修剪

在草坪返青前，即4月中下旬低修剪1次，留茬4 cm，然后在将枯草碎屑搂干净，春秋季一般每月修剪3～4次，即在草高15～20 cm时修剪，留茬6 cm，夏季修剪次数减少，一般每月2次左右，留茬要高一些。秋季最后1次修剪时间在浇冻水前2周左右，留茬稍高，即10～15 cm。这样修剪可延长草坪的绿期。

（六）杂草与病虫害防治

草坪草在5月到8月底病害发病率高，主要病害有褐斑病、叶斑病、腐霉枯萎病和镰刀枯萎病，还有黑粉病和白粉病。通常在5月20日普遍喷洒1次600倍的井岗霉素，以叶片上液滴开始往下流为度。病害开始时，6月

2 日喷洒 1 000 倍的多菌灵，6 月 6 日喷 1 次 1 000 倍的 70% 甲基托布津，6 月 27 日喷洒百菌清防治。

杂草主要通过人工拔除，本着"拔早、拔小、拔了"的原则，拔草一般在杂草高度为 5 cm 时进行。

第四节　街道两侧草坪的养护

街道两侧草坪一般分为街道绿地与摆在街道两侧的平面与立体草花坛。由于街道两侧建筑物、道路两侧沥青路面的温度高、汽车尾气的排放和灰尘以及树木对养分和水分的争夺等问题，对草坪草的生长影响较大，草坪易退化，为了使草坪使用长久，更应加注意养护。下面以北京西客站、三元桥、前三门以及街道两侧摆放的平面或立体花坛为例，介绍街道两侧草坪的养护。

一、北京西客站、三元桥、前三门的草坪养护

(一) 立地条件

西客站草坪面积 10 000 m^2，位于西客站北侧地下过车通道之上，为水泥浇筑池子，土层厚度 45～50 cm，1996 年 4 月建植。三元桥草坪面积为 20 000 m^2，1996 年春季建植。前三门隔离带草坪面积22 000 m^2，1996 年 5 月建植。土壤养分含量见表 9-9。草坪草种为草地早熟禾的福雷登、亨特、肯利、纽布鲁 4 个品种的混合。

表 9-9　土壤养分含量

地点	土壤深度 cm	有机质 %	速效磷 mg/kg	速效钾 mg/kg	氮 %	pH 值
西客站	0～20	0.62	12.30	166.9	0.027	7.8
三元桥	0～20	0.92	6.98	93.2	0.058	7.7
	20～30	0.44	5.94	74.3	0.026	7.8
前三门宣西	0～20	2.09	15.39	180.2	0.065	7.5
	20～30	1.34	14.06	159.6	0.053	7.7
前三门宣东	0～20	2.53	37.33	182.1	0.055	7.7
	20～30	2.39	20.00	175.3	0.039	7.8

(二) 浇水

西客站 1996 年 11 月底浇冻水，1997 年 3 月 3 日浇返青水，1997 年 11

月中旬浇冻水，1998 年 3 月 16 日浇返青水；三元桥 1996 年 11 月上旬浇冻水，1997 年 3 月 15 日浇返青水，1997 年 11 月底浇冻水，1998 年 3 月 9 日浇返青水；前三门 1996 年 11 月上旬浇冻水，1997 年 3 月 9 日浇返青水，1997 年 12 月 4 日浇冻水，1998 年 3 月 15 日浇返青水。返青水浇后，每隔 10～15 天浇 1 次透水，进入雨季，根据降雨情况减少浇水或停止浇水，9 月份以后每月至少浇 3～4 次水，直至灌冻水。西客站因无水源常年采用水车浇水。由于草坪是建立在水泥浇铸的池子，且土层薄，所以浇水时不能太多也不能太少，太多水分不能渗漏、排出，太少又会出现旱象，影响草坪生长。三元桥以喷灌浇水为主，前三门拉管子浇水。

（三）修剪

修剪要根据草坪草种与草坪草生长速度来决定，像野牛草这样矮的草坪草一年可以修剪 1～2 次，管理粗放的地方也可以不修剪，而对于植株较高的草种如草地早熟禾等就必须定期进行修剪。修剪时采用小型的灵活修剪机，刀要锋利，才能保证草坪草的修剪质量。常见草坪草修剪留茬高度列于表 9-10。

表 9-10　常见草坪草修剪留茬高度

草坪草种	季节修剪高度（cm）		
	春	夏*	秋
冷季型草坪草			
草地早熟禾	3.8～5.1	7.6～8.9	5.1
多年生黑麦草	3.8～5.1	5.1～8.9	5.1
苇状羊茅	5.1～7.6	7.6～8.9	5.1～7.6
匍匐紫羊茅	5.1	7.6	5.1
羊　茅	5.1	7.6	5.1
硬羊茅	5.1	7.6	
暖季型草坪草			
结缕草	2.5～5.1	2.5～5.1	3.8～5.1
野牛草	2.5～5.1	2.5～5.1	3.8～5.1
格兰马草	5.1	5.1	5.1

* 注：夏季修剪高度是草坪草生长在有树荫的情况下的推荐高度，结缕草、野牛草、格兰马草不是树荫下的推荐修剪高度。

1997～1998 年对西客站、三元桥、前三门采取不同的修剪措施。西客站草坪修剪工作每 10 天进行 1 次，从 4 月至 10 月全年共修剪 18 次（4 月 25 日，5 月 5、15、24 日；6 月 6、16、25 日，7 月 8、19、30 日，9 月 2、10、18、30，10 月 11、20 日），1998 年共修剪 19 次（3 月 4 日，4 月 15、

29日，5月15、26日，6月6、15、23日，7月3、10、22日，8月4、11、19、27日，9月7、19日，10月7、27日），修剪留茬高度7 cm，最低时3～4 cm。三元桥1997年草坪修剪根据长势进行修剪，草坪高度超过15 cm进行修剪，5～10月全年共修剪9次，1998年共修剪9次（4月中旬、下旬，5月8、20日，6月7、24日，7月8日，8月4日，9月4日），留茬高度为6～7 cm。前三门1997年草坪修剪4月～6月每月修剪1次，7月～9月每15天修剪1次，10月修剪1次，全年共修剪10次；1998年共修剪14次，6～9月每月修剪2次，3月、10月、11月每月修剪1次。

从三处修剪情况看，西客站5、6、7三月景观最好，而进入7月中下旬开始出现小面积枯死斑，8月中旬秃斑严重，草坪严重受损无法恢复。三元桥修剪7～8月每月修剪1次，平时视草高超过15 cm以上进行修剪，草坪基本无枯死斑。前三门7、8月修剪次数比前后几个月多，但修剪的间隔时间比西客站长，出现秃斑现象也很严重，但秃斑直径小于20 cm。

从上可以看出，7、8月气温较高且持续干旱，对草坪草生长不利，草坪进入休眠期，应提高修剪高度，延长修剪间隔时间，减少修剪次数。以提高草坪的抗逆性。同时，修剪一定要按照1/3修剪原则，草地早熟禾易感病害，尤其在北京夏季高温、高湿情况下，修剪下的草屑要及时清理干净。

（四）施肥

土壤贫瘠，草坪草枝叶发黄时要及时施肥，多采用化肥，每年1～2次，施肥量也要根据草坪草种。西客站、三元桥和前三门施肥采用春秋两季，春季施肥为4月3日，秋季施肥为10月6日。肥料可选用磷酸二氢钾、硫铵、腐草坪复合肥、膨化鸡粪、尿素等。根据土壤养分状况进行施肥，在施用腐草坪复合肥时可加入3 000 mg/kg多效唑，可有效地控制草坪草的高度，减少浇水量。

（五）病虫害防治

发现病虫害及时喷洒杀菌剂、杀虫剂，杂草目前多采用人工拔除，对阔叶杂草可选用2，4-D丁酯防治。

（六）其他

冷季型草坪草除了日常的浇灌、施肥、修剪外，土壤板结还应进行打孔梳草，曾在春季对西客站、三元桥草地早熟禾草坪进行打孔和梳草试验，采用美国产TURFCO85375型打孔机，TURFCO85355型梳草机作业，打孔深度为6 cm左右，孔间距离为10 cm；梳草深度为3～4 cm，梳齿间距3.5 cm。打孔后能切除部分老根，改善了土壤的结构，增强了通透性，对草坪的生长起到促进作用。梳草除去了草坪上枯草层，增加草坪的通气与透水性，促进草坪的正常生长发育。

二、街道两侧以草为主体花坛的养护

（一）浇水

对于草花坛可以每日浇水 1～2 次，夏季高温天气要增加浇水次数，高大立体景物更要及时浇水，用细孔喷壶喷浇，切忌用水管大水喷浇，以防冲刷，浇水要每次浇匀浇透，但也要防止浇水过多造成烂根。

（二）施肥

土壤贫瘠也应追肥，氮肥用量为 150～225 kg/hm^2，并在施肥后及时浇水，也可将肥料溶于水中，再用肥水浇灌花坛。

（三）修剪

对于花坛，平面花坛修剪一般在草坪草恢复生长后剪第一次，剪要做到剪平，不能剪到分枝点以下，以防露出地面。第一次剪草后，以后每隔15～20 天剪 1 次。立体花坛修剪的次数可少，1～2 次即可，但要精细。修剪一般只限于主体的三色苋和衬地的草坪草，对于点缀或镶嵌的花草，要根据设计要求适时整枝整形，及时去掉枯叶和凋谢的花。

（四）杂草病虫害防治

对花坛除草一般采用手工拔草，拔草时要用手按住草坪草根，以防带出草坪草。除草时不要踩花坛，最好搭上跳板等。发生病虫害要及时喷洒杀菌剂、杀虫剂。

（五）其他

道路两侧一定要经常清理人为所造成的环境污染，如污水、杂物、废纸等。用于花坛的草坪草如三色苋等不耐践踏，所以花坛严禁踩踏。

第五节 飞机场草坪的养护

飞机场草坪主要功能是美化环境、减少噪音、降低粉尘、减少事故发生。飞机场各区的养护要求不同，跑道两侧、迫降区养护相对较低，而停机坪与林荫等草坪养护水平相对要求较高。

一、灌 溉

由于喷气所产生的温度较高，通常中型喷气式飞机起飞与降落时地表面的气温可高达 200℃，飞过的一刹那的气流相当于 5～6 级的风力。使跑道两侧土壤易干燥，不但要求跑道两侧草坪草种具有较强的抗高温和强大气流的性能，而且要经常进行灌溉，尤其在炎热的夏季，要根据草坪生长状况及时灌溉，通常每周灌溉 1 次。一般非跑道区每年最好也要对草坪进行 1～2 次灌溉（春灌和冬灌），以保证草坪草春季返青与安全越冬。在冬季积雪期，为了保证机场的正常运行，常施用氯化钙或氢氧化钠进行化学除雪。

二、修 剪

机场飞行区的养护管理比其他区要求高，修剪一般每 2～4 周修剪 1 次，留茬高度不低于 5cm，机场边缘草坪每年至少修剪 3～4 次。

三、施 肥

飞机场飞行区草坪的施肥同运动场草坪要求差不多，根据土壤肥力和草坪草生长状况，保证草坪的正常生长，使飞机能正常安全起降，非飞行区草坪施肥主要是 N、P、K 肥为主，施肥应视情况而定，一般每年施 1～2 次氮肥。避免在高温高湿季节施氮肥，施肥提倡春秋两季，春季轻施肥，秋季重施肥。年施用量为 300～350 kg/hm^2。

四、杂草病虫害防治

杂草采用人工与化学防除相结合，阔叶杂草采用 2，4－D 丁酯防治，难治的杂草可选用草甘膦点喷；对草坪褐斑病采用 20％粉锈宁 1 500 倍液防治，对腐霉菌、镰刀菌、丝核菌采用消菌灵 1 000 倍液、或代森锰锌 500 倍液、甲基托布津 1 000 倍液、杀毒矾 500 倍液等均有良好的防治效果。对于虫害发现后应及时防治喷洒杀虫剂。

五、覆沙与镇压

跑道草坪每年还要覆沙，寒冷区霜冻后草坪还需镇压、以保持草坪表面平整，使飞机安全起降，也保证草坪根系的正常生长。

六、修补与更新

跑道草坪由于频繁利用，草坪若出现草坪稀疏或缺损斑，要及时通过补播或铺草皮来修补。补播可在秋季进行，铺草皮一般不受时间的限制，春、夏、秋均可，但以春秋为佳。

第六节　高速公路护坡草坪的养护

随着我国高速公路的迅猛发展，为提高高速公路的建设质量，对高速公路的路基、路堑边坡的绿化和坡面防护提出了更高的要求，并列入公路验收的重要条件。高速公路绿化的目的是恢复自然、保证交通安全、改善道路环境。由于高速公路具有条带状分布、表土缺乏、土质条件差、边坡陡峭、小气候复杂等特点，要求其养护水平不同于其他草坪。

一、灌　溉

高速公路护坡草坪播种后，要根据土壤墒情、降水等情况，适时喷洒浇水，确保草坪草种子萌发出苗和草皮快速生根。浇水可采用水车、喷播机或机动水箱进行浇水。浇水时要求水流细而缓，应选用直流喷雾水枪。每次必须浇透。待苗出齐或草皮生根后停止经常性的浇水。

二、修　剪

高速公路草坪最好修剪，一般每年 1～2 次，修剪要在抽穗前，若在抽穗正进行生殖生长时修剪，对草坪的损伤较大。管理较粗放的地区可不修剪。

三、施　肥

由于高速公路多为挖方土，土壤较贫瘠，土质差，最好在建植草坪时就施复合肥，建植后根据草坪草的生长情况适量追施肥料或叶面喷施叶肥，追施量为 100～150g/m^2。避免在高温高湿情况下施肥。

四、杂草与病虫害防治

若杂草严重，及时用化学或人工方法除草。发现病虫害及时喷洒杀菌剂、杀虫剂。

附表1 草地早熟禾草坪养护管理工作历

工作项目	日期	内容
修剪	3月20日～4月10日	清理草坪（例如石头、木棍等），尽可能低的修剪草坪，并移走所剪下的草屑等
	4月10日～6月15日	草坪修剪高度为5.1 cm，根据1/3修剪原则与草坪草生长率来确定修剪频率。修剪至少以周为基础
	6月15日～8月30日	提高修剪高度至6.3～7.6 cm，维持修剪频率，仍按1/3修剪原则
	9月1日～9月15日（或最后1次修剪）	修剪高度降至5.1 cm，修剪在每周的基础上
施肥	4月20日～5月10日	施氮肥0.48 kg/100m^2，缓释氮肥最好
	6月5日～6月15日	施氮肥0.48 kg/100m^2
	7～8月	避免施肥
	9月1日～9月15日	施氮肥0.48 kg/100m^2，缓释氮肥最好
	10月15日～11月15日	施氮肥0.73～0.98 kg/100m^2
浇水	4月～11月	在需要的时候灌水，避免草坪植物萎蔫和干旱。在春秋季一般每周需水2.5 cm，夏季一般每周需水3.8 cm
杂草防除	4月20日～5月5日	喷洒芽前除草剂，控制蟋蟀草、马唐、狗尾草等
	5月1日～5月20日	喷洒2，4-D丁酯等阔叶除草剂，控制蒲公英和一年生阔叶杂草
	5月25日～6月20日	在马唐等杂草严重侵染的地块第二次施用芽前除草剂（第一次施用6周后），
	9月15日～10月30日	控制多年生阔叶杂草，是防治蒲公英与三叶草最好的时期
病害防治	4月10日～6月15日和9月15日～10月15日	控制叶斑病，施用量根据药剂说明书
	5月30日～7月30日	在过去发生过夏季斑和褐斑病的应在此时防治
	8月15日～10月15日	防治叶锈和秆锈病
虫害防治	5月10日～5月20日	防治象甲成虫，尤其有象蚆危害历史的草坪
	6月15日～6月30日	检查草地螟幼虫，若必要就应防治
	7月15日～8月15日	检查草地螟幼虫，若必要就应防治
	8月1日～9月30日	检查蛴螬，若必要就防治
除枯草层	4月1日～4月30日和/或9月5日～9月30日	若枯草层超过1.3 cm，用耙耙去枯草层
打孔通气	4月1日～5月5日和/或9月5日～10月15日	在黏土上进行打孔通气，减少紧实，改良根系

附表 2　苇状羊茅草坪养护管理工作历

工作项目	日　　期	内　　容
修剪	3 月 20 日～4 月 10 日	清理草坪（例如石头、木棍等），草坪修剪高度为 5.1cm，并移走所剪下的草屑
	4 月 10 日～6 月 15 日	草坪修剪高度为 6.3～7.6 cm，根据 1/3 修剪原则与草坪草生长率来确定修剪频率。修剪至少以周为基础
	6 月 15 日～8 月 30 日	提高修剪高度至 7.6～8.9 cm，维持修剪频率，仍按 1/3 修剪原则
	9 月 1 日～9 月 15 日（或最后一次修剪）	修剪高度降至 6.3 cm，修剪在每周的基础上
施肥	5 月 1 日～5 月 15 日	施氮肥 0.48 kg/100m^2，缓释氮肥最好
	8 月 20 日～8 月 31 日	施氮肥 0.48 kg/100m^2，缓释氮肥最好，根据草坪草可以选择
	10 月 15 日～11 月 15 日	施氮肥 0.48 kg/100m^2，缓释氮肥最好
浇水	4 月～11 月	在需要的时候灌水，避免草坪植物萎蔫和干旱。苇状羊茅较抗旱，能生长在无灌溉条件的地区
杂草防除	4 月 20 日～5 月 5 日	喷洒芽前除草剂，控制蟋蟀草、马唐、狗尾草等
	5 月 1 日～5 月 20 日	喷洒 2，4-D 丁酯等阔叶除草剂，控制蒲公英和一年生阔叶杂草，秋季防治更好
	9 月 20 日～10 月 31 日	控制多年生阔叶杂草，是防治蒲公英与三叶草最好的时期
病害防治	4 月 1 日～6 月 15 日	病害一般很少有问题，在早春（即 3、4 月）施速效肥易患叶斑病，施用量根据药剂说明书
	6 月 1 日～8 月 15 日	在严重遮荫或过多施氮的情况下，易感染褐斑病，应防治
	8 月 15 日～10 月 15 日	防治叶锈和秆锈病
虫害防治	5 月 15 日～6 月 30 日	苇状羊茅草坪很少发生虫害，草地螟和蛴螬偶尔是问题，若必要就检查并防治草地螟幼虫
	8 月 1 日～9 月 30 日	检查蛴螬，若必要就防治
除枯草层		苇状羊茅草坪枯草层一般不是问题
打孔通气	4 月 1 日～4 月 30 日和/或 9 月 5 日～9 月 30 日	苇状羊茅草坪耐磨，但易紧实，在黏土上或使用强度大的草坪上进行打孔通气，减少紧实，改良根系
补播	4 月 15 日～6 月 15 日和/或 8 月 20 日～9 月 20 日	由于冬季冻害而稀少的草坪可以进行补播，选择的品种有 Adventure，Brookston，Falcon，Houndog，Jaguar，Mustang，Olympic，Rebel，K-31 等，播量为 0.03～0.04 kg/m^2，施氮肥 0.48 kg/100m^2，春季补播应伴随施用环草隆除草剂，防治马唐竞争

附表 3　结缕草草坪养护管理工作历

工作项目	日　期	内　容
修剪	4 月 20 日～5 月 15 日	清理草坪（例如石头、木棍等），草坪修剪高度尽可能低，并移走所剪下的草屑
	5 月 20 日～9 月 20 日	修剪高度 3.8 cm，修剪次数根据 1/3 修剪原则和草坪草生长情况，修剪在每周的基础上
	9 月 20 日～第一次霜	坪修剪高度为 5.1 cm 直至第一次霜，霜后，结缕草开始变黄、休眠
施肥	5 月 20 日～6 月 1 日	施氮肥 0.38～0.48 kg/100 m^2，至少 50％的缓释氮肥最好，可用完全肥料
	7 月 1 日～7 月 7 日	施氮肥 0.38～0.48 kg/100 m^2
	8 月 1 日～8 月 7 日	施氮肥 0.38～0.48 kg/100 m^2
浇水	4～11 月	结缕草是比较抗旱的，灌溉是维持草坪的质量、颜色和正常生长，当需要灌水时，不应频繁灌溉，但每次灌溉要深，即灌透，促进根向深处扩展
杂草防除	4 月 20 日～5 月 5 日	喷洒芽前除草剂，控制蟋蟀草、马唐、狗尾草等
	5 月 1 日～5 月 30 日	喷洒 2，4-D 丁酯等阔叶除草剂，控制蒲公英和冬季一年生阔叶杂草
	9 月 15 日～10 月 31 日	喷洒芽后除草剂，控制多年生阔叶杂草，是防治蒲公英与三叶草最好的时期
病害防治		结缕草草坪病害一般不是主要问题，若发生也应及时进行防治
虫害防治		结缕草草坪虫害一般不是主要问题，若发生也应及时进行防治
除枯草层	6 月 1 日～7 月 15 日	若枯草层超过 1.3 cm，用耙耙去枯草层
打孔通气	6 月 1 日～7 月 15 日	在黏土上或使用强度大的草坪上进行打孔通气，减少紧实，改良根系
修补	6 月 1 日～7 月 15 日	从草坪密集的地方取草塞移至由于强度使用或环境因素等造成的草坪稀疏处。这是结缕草草坪养护的一个方法

附表4　草坪主要病害防治简表

病害及病原	感病草种	栽培防治	药剂防治
褐斑病 *Rhizoctonia solani*	匍匐翦股颖，草地早熟禾，高羊茅，多年生黑麦草等多种禾草	合理水肥，增施磷钾肥，通风透光，种抗病草种和品种	药剂拌种或种子包衣，灭霉灵，杀度矾，代森锰锌百菌清等喷雾
腐霉枯萎病 *Pythium* spp.	早熟禾，多年生黑麦草，细叶羊茅，翦股颖，高羊茅等	改善立地条件有良好的排灌系统，清除周围杂草以增加透气性，适度修剪	甲霜灵，乙磷铝，杀毒矾，百菌清，灭霉灵等拌种和喷雾
夏季斑 *Magnaporthe poae*	草地早熟禾、早熟禾	抗病品种，无病种子，干热阶段少量多次灌水以减轻干热协迫，忌大水漫灌和深灌，合适N量	用粉锈宁，特普唑，立克莠病剂拌种或包衣
镰刀枯萎病 *Fusarium* spp.	草地早熟禾，黑麦草，羊茅等	抗病耐病种子，合理水肥，增施磷钾肥，清除枯草层，适度修剪	根颈腐症状始期打药，如；多菌灵
币斑病 *Lanzia* spp. *Moellerodiscus* spp.	匍匐翦股颖、早熟禾、多年生黑麦草、细叶羊茅、细弱翦股颖、草地早熟禾、狗牙根、结缕草	种抗病品种，合理水肥，适度修剪，通风透光	百菌清，粉锈宁等药剂喷雾
全蚀斑 *Gaeumannomyces graminis*	匍匐翦股颖、细弱翦股颖受害最重	合理水肥，增施有机肥和磷钾肥，避免施用石灰，清除枯草层	药剂拌种或包衣，发病早期也可打药
灰斑病 *Pyricularia grisea*	钝叶草为主，也侵染多年生黑麦草，狗牙根，羊茅等	降避免偏施N肥，减少湿度	百菌清，代森锰锌，杀毒矾等喷雾
离蠕孢叶斑病 *Bipolaris* spp.	草地早熟禾，多年生黑麦草，细叶羊茅，匍匐翦股颖，狗牙根	抗病草种和品种，合理水肥，清除病残体和枯草层，适度修剪等	百菌清，代森锰锌，托布津，杀毒矾，灭霉灵等喷雾
德氏霉叶枯病 *Drechslera* spp.	草地早熟禾，高羊茅，黑麦草，翦股颖，狗牙根等	同离蠕孢叶枯病	同离蠕孢叶枯病
弯孢叶枯病 *Curvularia* spp.	早熟禾，翦股颖,，紫羊茅，高羊茅，黑麦草等	同离蠕孢叶枯病	同离蠕孢叶枯病
锈病 *Puccinia* spp.	草地早熟禾，多年生黑麦草，结缕草，狗牙根，翦股颖	抗病草种和品种，合理水肥，增施磷钾肥，经常修剪	粉锈宁，特普唑，立克莠拌种或喷雾

（续）

病害及病原	感病草种	栽培防治	药剂防治
条黑粉病 *Ustilago striiformis*	草地早熟禾、匍匐翦股颖	抗病草种和品种，无病种子，加强水肥，及时修剪	粉锈宁，特普唑，立克莠拌种或喷雾
白粉病 *Erysiphe graminis*	草地早熟禾，细叶羊茅，狗牙根最感病	抗病草种和品种，减少隐蔽，通风透光，合理水肥	粉锈宁，特普唑等喷雾
炭疽病 *Colletotrichum graminicola*	早熟禾，匍匐翦股颖，高羊茅，细叶羊茅，黑麦草等多种禾草	合理水肥，增施磷钾肥，清除病残体，栽种抗病品种	粉锈宁，甲基托布津，百菌清，多军灵，乙磷铝等，800～1 000倍喷雾
红线病 *Laetisaria fuciformis*	羊茅，黑麦草，早熟禾，翦股颖等	抗病品种，增施氮肥，土壤保持 pH 为 6.5～7.7，清除枯草，灌水要少灌深灌	百菌清，粉锈宁，代森锰锌，福美双
霜霉病 *Sclerophthora macrospora*	早熟禾、草地早熟禾、匍匐翦股颖	避免积水和偏施氮肥，及时修剪	甲霜灵，乙磷铝，杀毒矾
白绢病 *Sclerotium rolfsii*	翦股颖，羊茅，黑麦草，早熟禾	精细管理，合理水肥，清楚枯草层，提高土壤的通气性，用石灰改良土壤	适期打药
坏死环斑病 *Leptosphaeria korrae*	草地早熟禾最重，翦股颖，早熟禾，紫羊茅也发生	合理施肥，增施磷钾肥，合理灌水	甲基托布津，多菌灵等
粘霉病 *Myxomycete* spp.	所有草坪草	修剪或耙去	
春季死斑病 *Leptosphaeria narmari*	狗牙根，结缕草	控制施肥量，特别避免夏末施 N	甲基托布津
褐条病 *Cercosporidium graminis*	多种禾草	抗病和无病种子，合理水肥，及时修剪，通风透光	多菌灵，甲基托布津，杀毒矾喷雾
仙环病 （担子菌中的约 50 余种真菌）	所有草坪草	清除受侵草皮和土壤，以无菌土换土，重播或重铺草皮	溴甲烷或甲醛熏蒸土壤，也可打孔浇灌药剂如：灭菌丹或百菌清

（续）

病害及病原	感病草种	栽培防治	药剂防治
雪腐叶枯病 *Microdochium nivale*	早熟禾，匍匐翦股颖，细叶羊茅，多年生黑麦草，草地早熟禾	无病种子，合理施肥，清除枯草，低修剪，避免低洼积水	粉锈宁，特普唑，代森锰锌，福美双，甲基托布津等喷雾
铜斑病 *Gloeocercospora sorghi*	翦股颖，狗牙根，结缕草和其他早熟禾亚科的禾草	合理水肥，增施磷钾肥，改良酸性土壤，通风透光	多菌灵，甲基托布津．代森锰锌等喷雾
黑孢枯萎病 *Nigrospora sphaerica*	主要发生在多年生黑麦草，紫羊茅和草地早熟禾上	抗病品种，合理水肥，增施磷钾肥，通风透光	多菌灵，甲基托布津．代森锰锌，杀毒矾等喷雾
灰斑病 *Pyricularia grisea*	饨叶草为主，也危害狗牙根，翦股颖，羊茅等	避免干旱和偏施氮肥，保持土壤疏松和通风透光	多菌灵，三环唑，甲基托布津等
其他叶斑病（包括：尾孢，壳二孢，壳针孢，灰斑病等）	多种禾草上	抗病品种，精心管理，合理水肥，降低土壤湿度，通风透光	多菌灵，甲基托布津．代森锰锌，粉锈宁，杀毒矾等喷雾
黑痣病 *Phyllachora* spp.	多种禾草上	精心管理，合理水肥，降低土壤湿度，通风透光	
核瑚菌疫病（又叫灰色雪腐病） *Typhula incarnata*	匍匐翦股颖，早熟禾，细叶羊茅，多年生黑麦草	抗病草种和品种，合理施肥，N肥不宜过多，清除枯叶，	积雪前喷施百菌清，扑海因，无氯硝基苯等
藻类	所有草坪草	减少遮荫。避免过度灌水，提高土壤排水性	代森锰锌

附表 5　草坪常用杀虫剂及增效剂

名　称	剂　型	特　点	防治对象	注意事项
乐果 dimetboate	40%、50%乳油，20%、60%可湿性粉	内吸性、触杀和胃毒	蚜虫、叶蝉、潜叶性害虫、蚧类、螨类等刺吸式害虫	不能与碱性农药混用
辛硫磷 phoxim	45%、50%、75%乳油，5%、10%颗粒剂	触杀、胃毒	鳞翅目幼虫、地下害虫	不能与碱性农药混用
速扑杀 supracide	40%乳油	触杀、胃毒和渗透	介壳虫特效，另外蚜虫、叶甲	对人畜高毒
马拉硫磷 malathion	25%、45%乳油，3%粉剂	触杀、胃毒	螨类、钻蛀性害虫、地下害虫	不能与碱性农药混用
二嗪农 diazinon	50%乳油	触杀、熏蒸和胃毒	鳞翅目、同翅目害虫	对鱼和蜜蜂毒性高，不能与铜制剂、敌稗和碱性农药混用
敌百虫 trichlorphon	80%晶体和可湿性粉、5%粉	胃毒、触杀和渗透	双翅目、鳞翅目、鞘翅目害虫	粉剂不耐贮藏，半年分解50%
敌敌畏 dichlorvos	40%、50%、80%乳油	触杀、胃毒和熏蒸	咀嚼式和刺吸式口器害虫	不能与碱性农药混用
乐斯本 chlorpyrifos	48%乐斯本乳油	触杀、胃毒和熏蒸	害虫和螨类	不能与碱性农药混用
西维因 carbaryl	25%可湿性粉	触杀、胃毒	咀嚼式和刺吸式口器害虫	贮运时防湿
抗蚜威 pirimiarb	50%颗粉剂	50%粉剂	触杀、胃毒和渗透	蚜虫
虫威 bendiocarb	20%粉剂	触杀、胃毒和内吸	蓟马等害虫	对蜜蜂高毒
异丙威 isoprocarb	2%、4%粉剂、20%乳油	触杀、胃毒和熏蒸	飞虱、叶蝉、蓟马、蚂蟥等	不能与碱性农药混用
氰戊菊酯 （速灭杀丁） fenvalerate	20%乳油	广谱，触杀和胃毒	鳞翅目、同翅目、直翅目、半翅目等害虫	不能与碱性农药混用
三氟氯氰菊酯 （功夫） cyhalothrin	2.5%乳油	广谱，触杀和胃毒	鳞翅目、同翅目、直翅目、半翅目害虫及螨类	不能与碱性农药混用

（续）

名 称	剂 型	特 点	防治对象	注意事项
抑太保（定虫隆）chlorfuazuron	5%乳油	广谱、胃毒、触杀	鳞翅目、直翅目、鞘翅目、膜翅目、双翅目等害虫	
尼索朗 hexythiazox	5%乳油	触杀和渗透	螨、若螨及螨卵	
哒螨灵（速螨酮）pyridaben	20%粉剂 15%乳油	触杀	螨、若螨及螨卵	
害极灭 agrimec	1.8乳油	广谱，胃毒触杀	双翅目、鞘翅目、鳞翅和螨类害虫及线虫	
效力增 xiaolizen	25%水乳剂	广谱增效剂	对杀虫剂、杀菌剂、除草剂、植物生长调节剂及叶面肥都有极好的增效作用	

参考文献

1. 中华人民共和国动植物检疫局，农业部植物检疫实验所编. 中国进境植物检疫有害生物选编. 北京:中国农业出版社，1997

2. 甘肃农业大学主编. 草原保护学，第三分册(牧草病理学). 北京:农业出版社，1984

3. 方中达编著. 植病研究方法. 北京:中国农业出版社，1998

4. 李敏. 草坪品种指南. 北京:北京农业大学出版社，1990

5. 许志刚. 普通植物病理学. 北京:中国农业出版社，1997

6. 孙吉雄. 草坪学. 北京:中国农业出版社，1995

7. 张中义. 观赏植物真菌病害. 成都:四川科技出版社，1992

8. 张祖新等. 草坪病虫草害的发生及防治. 北京:中国农业科技出版社，1997

9. 南志标，李春杰. 中国牧草真菌病害名录. 草业科学(增刊)，1994，1～160

10. 商鸿生，王凤葵. 草坪病虫害及其防治. 北京：中国农业出版社，1996

11. 韩金声，侯天爵，罗禄怡. 牧草病害. 北京：北京农业大学出版社，1988

12. 赵美琦等. 草坪病害. 北京:中国林业出版社，1999

13. 李孙荣. 杂草及其防治. 北京:北京农业大学出版社，1991

14. 张志国. 草坪建植与管理. 济南:山东科学技术出版社，1998

15. 黄复瑞等. 现代草坪建植与管理技术. 北京:中国农业出版社，1999

16. 中国农业科学院土壤肥料研究所主编. 中国肥料. 上海:上海科学技术出版社，1994

17. 甘肃农业大学草原系编. 草原学与牧草学实习实验指导书. 兰州:甘肃科学技术出版社，1991

18. 孙吉雄. 草坪技术指南. 北京:科学技术文献出版社，2000

19. 张志国. 草坪建植与管理. 济南:山东科学技术出版社，1998

20. 国家标准总局. 国家标准 GB6141—85，豆科主要栽培牧草种子质量分级，北京:技术标准出版社，1985

21. 国家标准总局. 国家标准 GB6142—85，禾本科主要栽培牧草种子质量分级. 北京:技术标准出版社，1985

22. 国家标准总局. 国家标准 GB2930—82，牧草种子检验规程，北京::技术标准出版

社，1982

23. 萧文一,孙忠晏,赵云成. 中国草坪植物栽培.哈尔滨:黑龙江教育出版社,1990

24. 黄必志,曹文波,陈佐忠主编.草坪营养与施肥.北京:中国林业出版社,1999

25. 黄复瑞,刘祖祺主编. 现代草坪建植与管理技术.北京:中国农业出版社,1999

26. 韩建国.实用牧草种子学.北京:中国农业大学出版社,1997

27. 中国农业大学. "冷季型草坪草的新技术研究" 技术报告之二:冷季型草坪草的病害诊断及化学防治技术研究,1998

28. 北京市天坛公园. "冷季型草坪草的综合技术研究"技术报告之六:冷季型草坪适应性评价与建植养护技术技术,1998

29. 北京市植物园. "冷季型草坪草综合技术研究"技术报告之四:耐旱冷季型草的评价筛选和应用,1998

30. 园林局绿化处. "冷季型草坪草的综合技术研究"技术报告之七:草地早熟禾在不同立地条件下最佳养护管理模式,1998

31. 颐和园园艺队. "冷季型草坪草综合技术研究"技术报告之三:颐和园冷季型草的建植与管理模式,1998

32. Emmons, Robert D. Turfgrass science and management(2nd ed). Albany: Delmar publishers, 1995

33. ISTA. International Rules for Seed Testing. Seed Sci. & Technol., 27: Supplement, 1999

34. Nick Christians. Fundamentals of turfgrass management. Chelsea: Ann Arbor Press, 1998

35. Turgeon A J. Turfgrass management(5th ed). upper saddle river: Prentice Hall, 1999

36. Couch, Houston B. Diseases of turfgrass. Robert E. Krieger Publishing Company. Huntington, New York. 1976

37. Smiley, Richard W. Compendium of Turfgrass Diseases. 2nd Edition. APS press. 1996

38. Smith , J. D. Diseases of Amenity Turf Grasses (3nd ed). E & F. N Spon, Ltd, New York. 1989

39. Vargas J. M., Jr. Management of Turfgrass Diseases. USA: Bursess Publishing Company. 1994

中国林业出版社　北京市西城区德内大街刘海胡同 7 号（100009）
发行部　（010）66513115　66513119（20/21/22）

中国农业大学神内楼前草地早熟禾草坪

蚂蚁危害钝叶草

草地早熟禾草坪褐斑病

草地早熟禾草坪中的杂草

草坪养护技术（图版2）

草坪喷灌

道路草坪

居住区草坪

狗尾草与马唐入侵草地早熟禾草坪